日本UFO研究史

UFO問題の検証と究明、情報公開

天宮清

Amamiya Kiyoshi

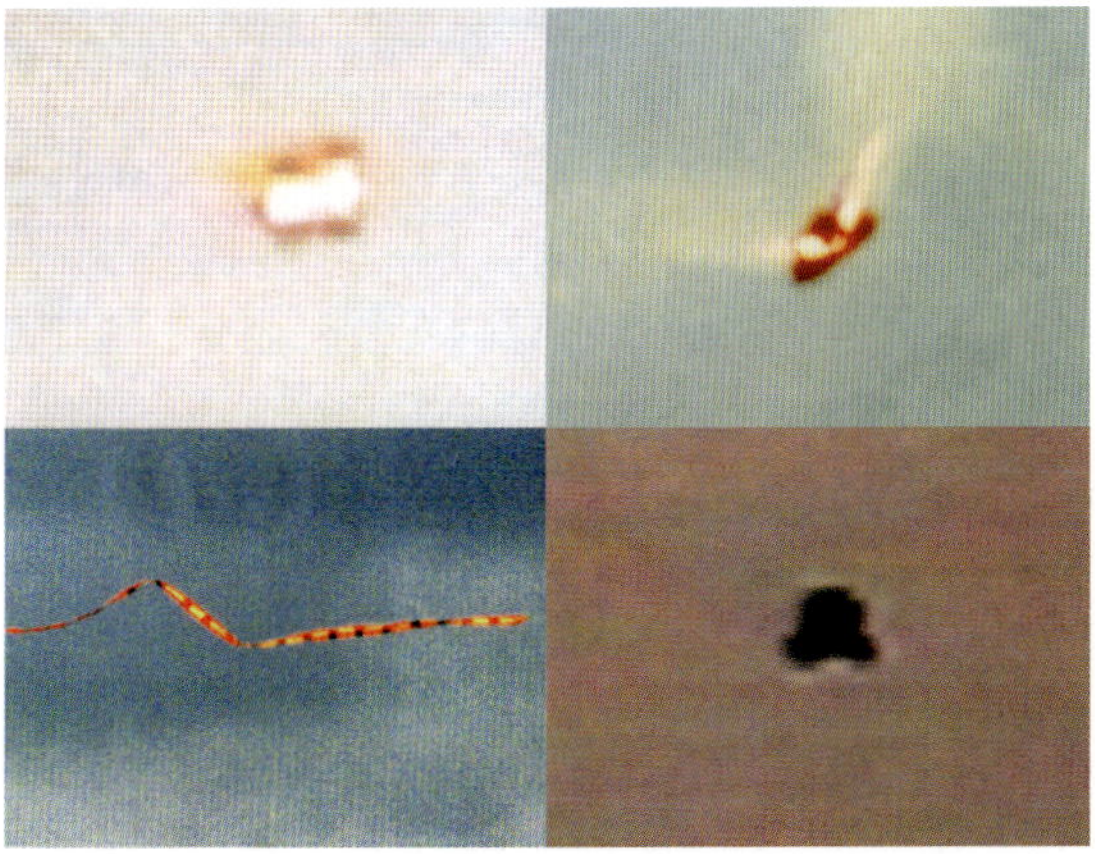

The History
of Researching
UFOs

ナチュラルスピリット

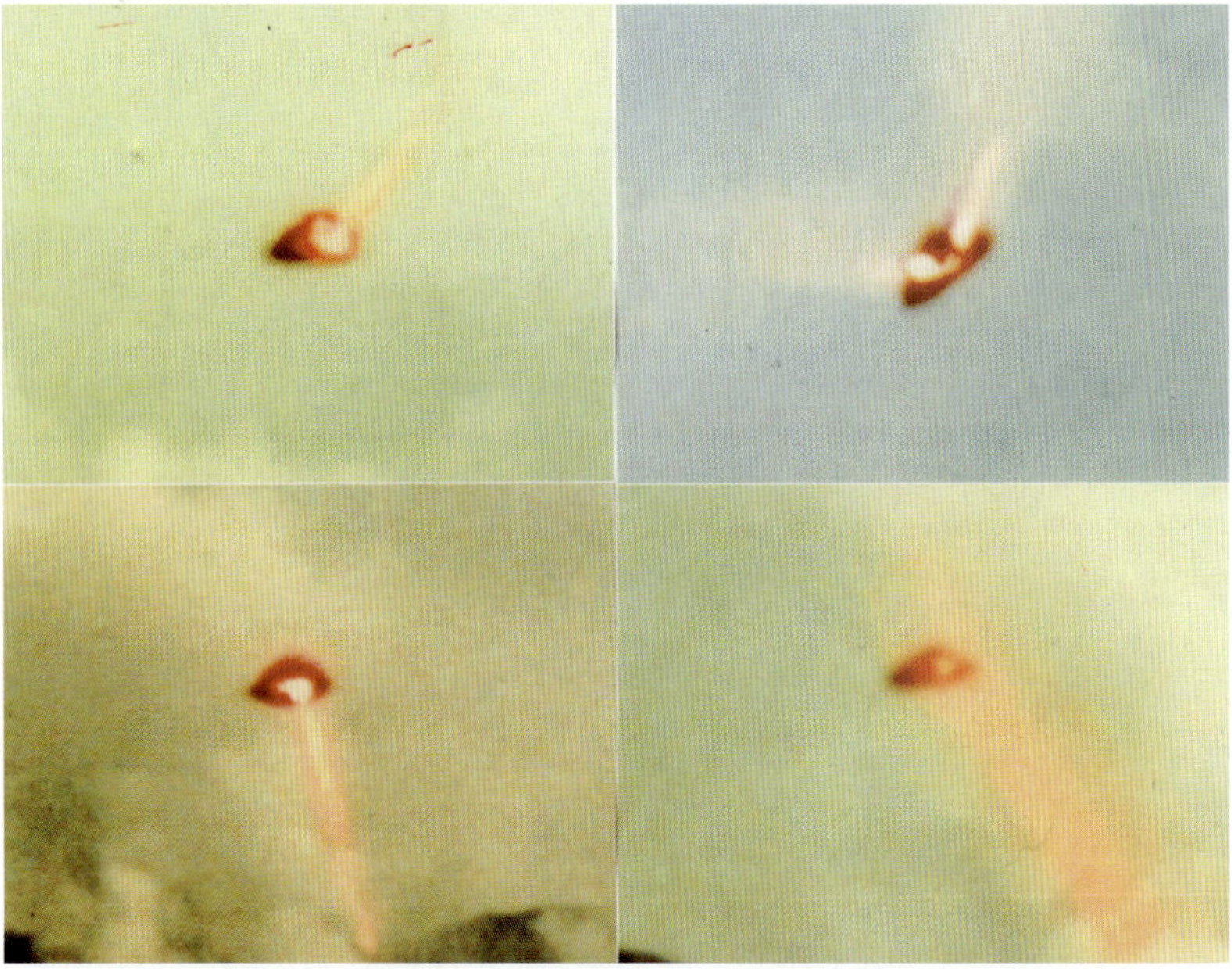

1972年8月15日に九州の大学生（本人が匿名を希望）が大分県九重町飯田高原で撮影したUFO

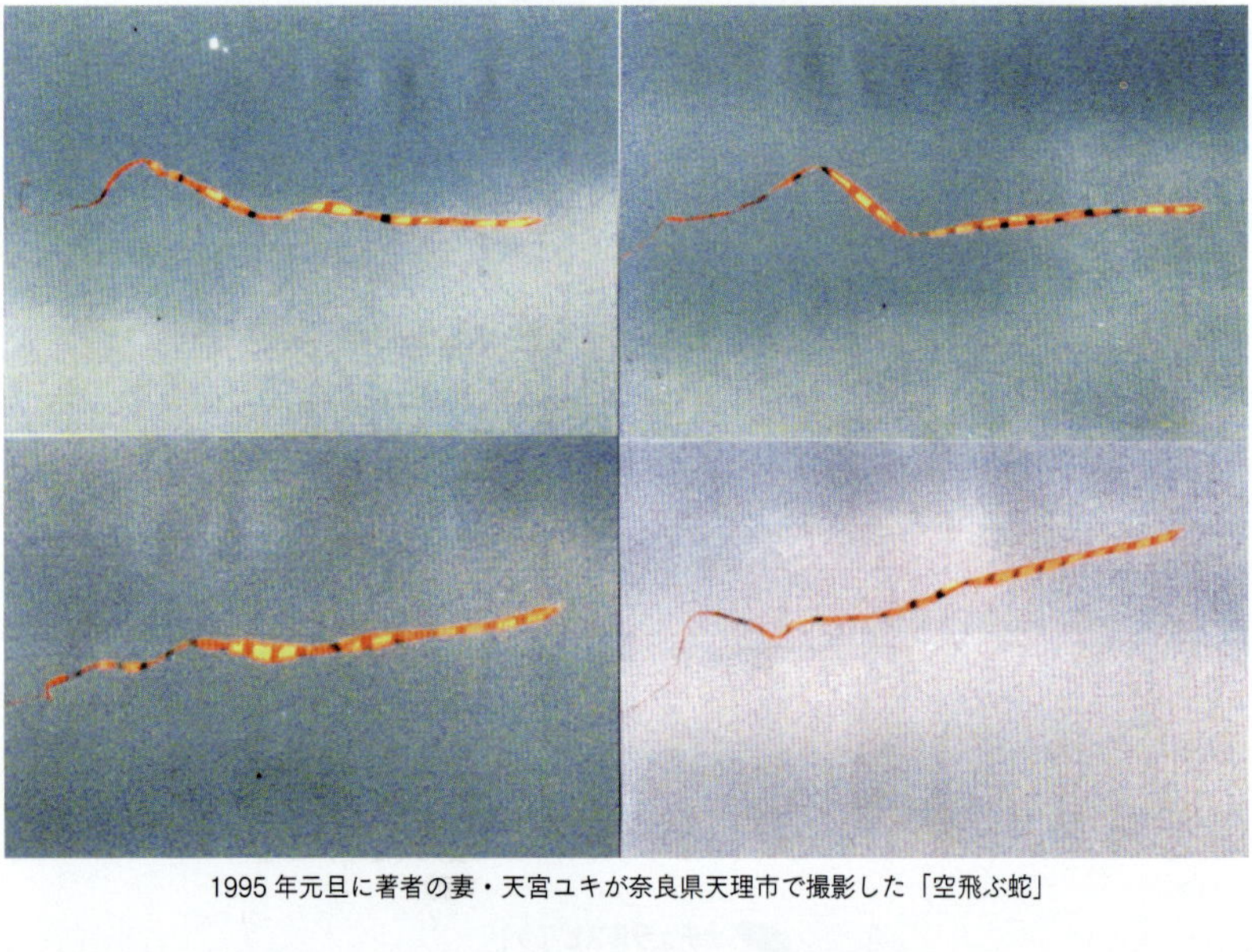

1995年元旦に著者の妻・天宮ユキが奈良県天理市で撮影した「空飛ぶ蛇」

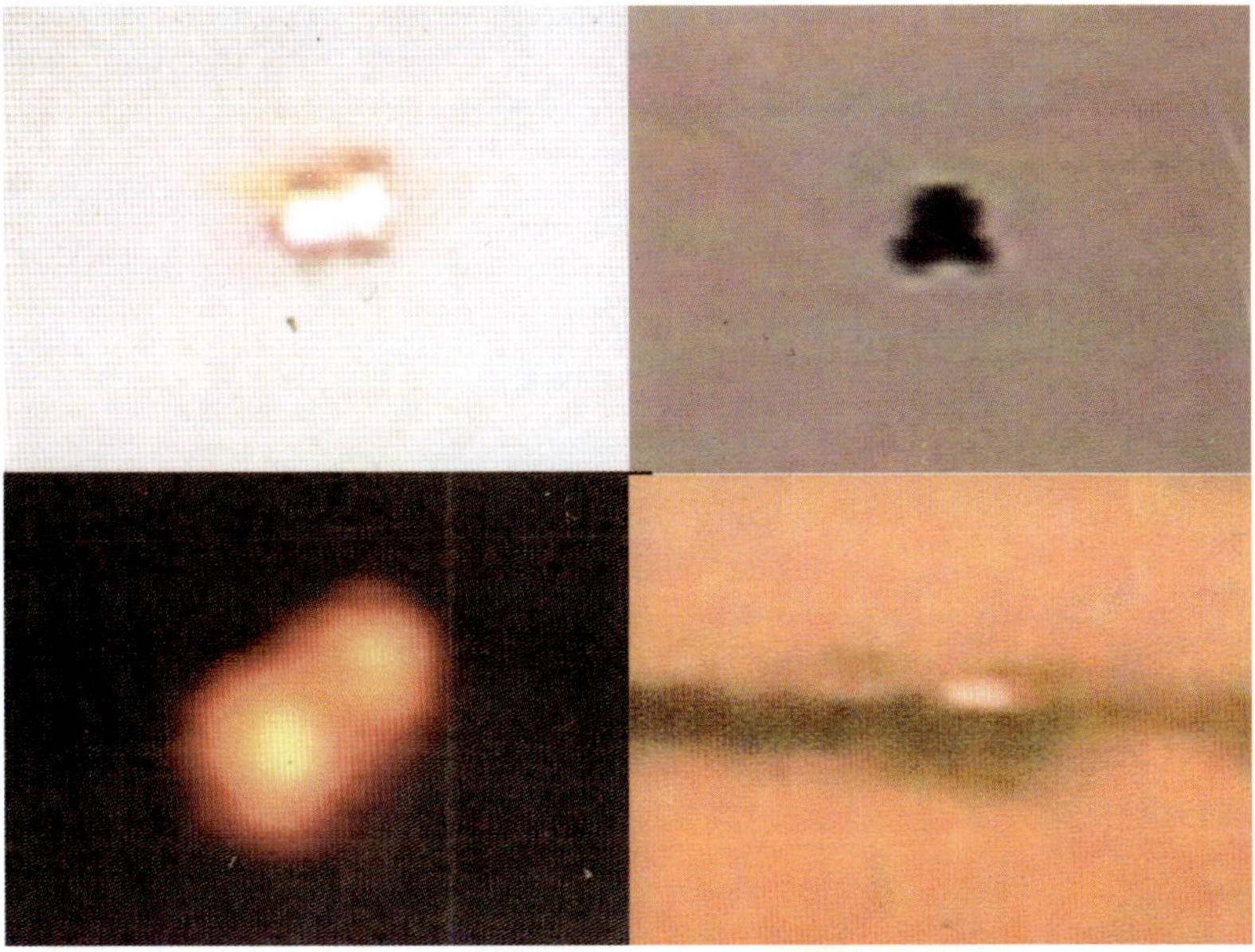

著者撮影の UFO 写真。撮影日・場所は（左上）2004 年 10 月 23 日奈良県天理市、（右上）2008 年 4 月 6 日千葉県浦安市、（左下）2016 年 9 月 4 日天理市、（右下）2012 年 10 月 25 日奈良県吉野郡大淀町

福島県泉崎横穴（古墳）の壁画（1962 年 5 月撮影、384 ページ参照）

ハヨピラ建設の際に造られた、4メートル×7メートルのモザイク大壁画（1965年撮影、404ページ参照）

ハヨピラ建設の最終目標として完成させた「太陽のピラミッド」（1970年撮影、409ページ参照）

CBAによるハヨピラ建設の際、会員が総動員で造ったオベリスク（1970年撮影、400ページ参照）

1965年6月24日、モザイク大壁画の完成式典のときに、真っ黒な2本の湾曲した物体が飛んでいた！（写真は1993年7月15日、天宮ユキが撮影した同種の「湾曲物体」、405ページ参照）

まえがき

本書は「ＵＦＯ本とは玉石混交《ぎょくせきこんこう》が当たり前」という従来の見方に挑戦を試みたものである。すなわち、本書で取り上げた数々の内外ＵＦＯ事例は、筆者が六〇年にわたって実際に目撃・撮影したＵＦＯ目撃経験からみて「真性」と認めたものを極力採用したことに特色がある。

そこには人を仰天させるような面白さはないかもしれない。むしろ地道で粘り強い自然観察にも似たＵＦＯ観測の積み重ねが、世界のＵＦＯ研究史を形成してきたといえる。

またＵＦＯ・宇宙人問題における「真偽の峻別《しゅんべつ》」という面では、宇宙人を装い、「世の終わり」を含む様々なメッセージを伝えるなど霊的世界からの介入についてはこれまであいまいに放置されてきたが、その点も明確に述べた。そうすることでＵＦＯ問題とは宇宙人と交流するとか、見たこともない惑星都市を訪問するといった夢やロマンに満ちた問題だけではないことを申し上げたかったからでもある。

夢やロマンに満ちた話は無数にあるが、ＵＦＯ問題とはＳＦ小説を楽しむような趣味の問題ではない。「ＵＦＯ」という現象をどのように捉えるか、という現実の問題であることを伝えたかった。

読者対象は、初めてＵＦＯというものに興味を持たれた方から、永年にわたりＵＦＯ問題の真偽論争あるいはその真相究明に興味を持ってきた方、ＵＦＯ問題のベテラン研究者まで、幅広い読者層を想定した。

筆者には、ＣＢＡ（宇宙友好協会）やＵＦＯ問題、およびアイヌ民族に強い関心を持つ学者の友人がいる。そうした先端の学識者に読んでいただいても、十分な批評に堪える内容を目指した。したがって、本書は世界の他のＵＦＯ本と比べると、「純粋なＵＦＯ知識の追求」に徹したことにより、ＵＦＯ問題を検証しつつ地道に探究していく上で、最小限ではあるが、必要不可欠な要素が盛り込まれたのではないかと自負する次第である。

第１部では筆者によるＵＦＯ研究を含めて、空飛ぶ円盤・ＵＦＯについての基礎的な事柄について述べた。第２部では、ＵＦＯ研究というものが世界の学者や研究者の間でどのような展開を見せてきたかについて、可能な限りの資料に基づき説明した。

第３部では、日本国内に誕生したＵＦＯ研究団体という先駆者の歩みを、手持ちの資料によりたどってみた。第４部では世界に類例のないＵＦＯ研究団体であり、また批判も多かった宇宙友好協会（ＣＢＡ）について、筆者だけが知る事実をもとに「真相」を明かした。かつてない総括的な情報公開を試みた。
本書の出版を契機に、ＵＦＯ問題に対する新たな視点が生まれるならば、これに勝る喜びはない。

二〇一八年五月二四日

天宮 清

日本UFO研究史 ——UFO問題の検証と究明、情報公開　目次

第2部 海外のＵＦＯ研究史

――「地球外仮説」「古代宇宙人来訪説」から「霊的世界からの干渉説」まで

第1部

「真性UFO」とは何か、そして日本・海外での実例

第１章
ＣＢＡ会員となった筆者が追い求めた「真性ＵＦＯ」とは何か

一五歳のときにＣＢＡ（宇宙友好協会）に入会した

本書はＵＦＯおよび宇宙人に関連した七〇余年にわたる内外の研究史について述べたものである。本稿を仕上げるために使用した文献は筆者の所有する範囲だが、一九五〇年から一九六〇年代に日本で発売され、いまはもう絶版になっている文献や、研究団体の内部資料も使用した。ＵＦＯと宇宙人問題について、総括的に述べるためにはそれで十分だと思っている。

筆者は一五歳のとき、すなわち一九六〇年六月に日本の民間ＵＦＯ研究団体の一つであるＣ

BA（宇宙友好協会）に入会した。CBAには多くの高校生、大学生がいた。一九六一年一一月、CBA本部は東京近隣の学生会員を一同に集めた会合を開いてくれ、「CBA学生サークル」が誕生した。

一九六一年冬、神奈川県保土ヶ谷にある横浜国大（横浜国立大学）グラウンドでの学生会員による観測会が行われた。筆者はこのとき、**空を瞬間的に走る幅のある青い光の帯を何度も見た。**他の学生は、星と星の間をうごめく光などを観測した。

我々学生メンバーは円盤を見たいと思い、また正確な記録を取るために、神奈川県大山《おおやま》、江の島、横浜国大グラウンド、埼玉県荒川土手、千葉県印旛《いんば》沼などで観測会を行った。

印旛沼では二班に分かれて沼の両岸から仰角《ぎょうかく》を測定し、お互いの観測データから同一の目撃事例を特定して、両者の仰角が交叉する高度を割り出した。また**ジグザグに進む光体が同時に観測された。**

ただし、このような観測会を催せば、常に何かが現れるというわけではない。しかし観測会を行うことにより、UFOを見るための様々な努力をするようになり、記録するときにも工夫するようになった。仰角測定器（次頁写真参照）というカメラの三脚を利用した器具は正確な記録を目指す工夫の一つであった。

この器具は、次のようにして使用する。目撃者が何かを空に見た直後、その空間上の位置を記憶する。その記憶上の位置へ測定器を向けて、分度器と錘《おもり》によって示された仰角と、方位磁

1963年8月、千葉県印旛沼観測会のときの記念写真と仰角測定器（前列右端が筆者／写真は著者所蔵）

石によって示される方位角を読むのである。

したがってこの場合、目撃者の一時的な記憶とその再現が正確かどうかが大事である。背景に星が見られる条件では星座の位置と共に記憶されるので、比較的正確な記憶再現がなされる。また、曇天《どんてん》の場合は目撃者が強力な懐中電灯で発見位置および移動経路を照らして示し、そこを別の者が測定器で測った。

一九六〇年代は高感度フィルムによってバルブ撮影（一分から二〇分ほどの露出で固定撮影すること）が行われたが、ＵＦＯ写真といえる成果はなかった。

ＵＦＯ目撃報告用紙には、「目撃年月日時刻」「観測場所」「目撃者・同時目撃者」「方位」「仰角」「見かけの大きさ・明るさ」「継続時間」「経路」といった項目がある。

人間は〇・五秒という短時間に目に映った発光体でも、その形状を記憶できるし、夜空を走った光跡を星座図に記入することもできる。ただし、これを円滑に行うためには日頃の訓練が重要になってくる。

観測会は能力差のある複数の人間が協同で観測と記録を行うことで、ありのままの自分がさらけ出される。お互いが感化され啓発されることによる若干の進歩があった。そこに協同作業の利点がある。

さらに、UFOとはどのような現象か、空飛ぶ円盤とはどのような特徴をもって目撃されてきたのか、という知識面の学習も不可欠である。

CBA会員による学生サークルが発足すると、さっそくCBAの松村雄亮《ゆうすけ》最高顧問より「学生は基礎研究が大事だ。円盤目撃の統計を取ってはどうか」というサジェスチョン（提案）があった。そこで我々は山や野原でUFO観測を行い、UFO現象というものを目撃し記録すると同時に、文献資料からの研究を行うこととなった。

まず各自が持つUFO目撃の掲載された文献を確認した。重複して用紙に記載することのないよう分担を明確にした。また国内の他のUFO研究団体が発行した機関誌はCBA本部から貸与された。

「日時」「目撃者」「場所」「形状」などの項目を設けたB六判の用紙を謄写版《とうしゃ》で印刷した。週一回のCBA学生サークル会合の度に出席者と手分けして、各種の文献から一件ずつ目撃記事から項目を抜き書きした。

しかし、目撃記事や目撃体験談というものは、必要な項目を満たしていない場合が多い。そのため、「年別目撃グラフ」では七三七件と多かったが、「月別目撃表」では三三二件、「時刻別」では二五七件、「形の分類」では一五四件と項目に分けるうちに件数は減少した。

我々はこの作業によってUFO報告には「円・円盤」と表現された形状が最も多いことを確認した。これは、一九四七年のアーノルド事件（次項で解説）以来、「空飛ぶ円盤」という円形の物体が多いことと合致したようでもある。また「楕円形・卵型」とされた形状は、円形の物体を見る角度によって、そのように見える場合もあるのではないかと推定させた。

目撃時刻では、午後八時から九時の時間帯が多いこと、八月に多いことは、「夏休みの夕食後に外に出て空を見上げる」という状況が多いからではないか、と推測した。

そして「地震帯・火山帯とUFO」という目撃地点の分布図を示すことで、UFOが地殻変動を調査しているかどうか確かめようとした。また「地方別グラフ」三〇五件では、関東地方に目撃が多いことから、UFO目撃件数は人口密度に比例するのかもしれないという感想を得た。

一般人が書いた目撃体験は、客観的な報告とはいえない主観的な部分が見られたが、CBA本部から貸与された近代宇宙旅行協会の『空飛ぶ円盤情報』に記載された目撃報告は詳しく専門的であった。彼らは空飛ぶ円盤の研究会の会員であったから、教師や学生など一般人よりは天体観測的な知識に通じていた。UFOの見え方、その変化なども客観的に記述していた。

空飛ぶ円盤とUFOの使い分け

一九四七年六月二四日に米国ワシントン州の実業家ケネス・アーノルドは、自家用機でレーニア山近くを飛行中、一列になった九個の物体が独特の飛行を見せているのを目撃した。彼はワシントン州ヤキマの空港に到着して新聞記者に説明するとき、「コーヒーカップの受け皿が水面をスキップするように飛んでいた」と語ったという。これが「空飛ぶ円盤」という名称が生まれるきっかけとなった。

「空飛ぶコーヒーカップの受け皿」を意味する「flying saucer」という言葉は、一九四七年七月三日のアイダホ州ボイシの『Statesman』紙の報道に見られるが、その記事では「saucer」と同時に「discs（ディスク）」も併用されている。こうした米紙の記事から日本で「空飛ぶ円盤」という名が生まれたのは自然の成り行きと思われる（参考・Jan L. Aldrich『Project 1947』一七〜一八頁）。

全米に広がった空飛ぶ円盤の目撃騒ぎに対して、米空軍が調査に乗り出した。オハイオ州デイトンにあるライト・パターソン空軍基地のATIC（航空技術情報センター）にその調査の本部が置かれた。調査プロジェクトは「プロジェクト・サイン」「グラッジ」と暗号名を変え、一九五二年に「プロジェクト・ブルーブック」と改称された。

「プロジェクト・ブルーブック」初代機関長であるエドワード・ルッペルト大尉によって、それまでの俗称「空飛ぶ円盤」に代わり「未確認飛行物体（Unidentified Flying Object）」が米空軍の正式軍事用語とされた。

ルッペルト大尉は、その略称「UFO」を「Yoo-foe（ユーフォー）」と発音することを提唱した（『未確認飛行物体に関する報告』開成出版の一一頁）が、ルッペルトの本を読む人口は限られており、必然的に米国では「ユー・エフ・オー」と発音されることとなった。

しかし、日本では一九七八年以後、ピンクレディーの「UFO」で「ユーフォー」と歌われたことから、日本人は図らずもルッペルト大尉が提唱した発音を継承することになった。

謎の空中物体は一九四七年当時は円盤型でデビューしたが、その他の目撃報告では、球体、葉巻型、三日月型その他様々な形をしている。また発光したり光芒を放つものもあった。そうした現象を含めた概念として「UFO」という言葉は軍事的な用語であると共に、客観的で学術的な用語でもある。

厳密な意味では「UFO」とは、「正体不明、未確認の飛行物体」という意味であり、空中を飛ぶものが「正体不明、未確認」であればすべてUFOということになる。しかし世間一般の認識としては、それを操縦する宇宙人を含めた空飛ぶ円盤の意味を兼ねて使われている。したがって、本書で扱う「UFO」とは、円盤型飛行物体である空飛ぶ円盤を含むものとする。

「UFO」という言葉が円盤の形態をはじめとする多くの形態を含むのに対し、**円盤の形で見**

られるものに対してはUFOと言わず空飛ぶ円盤とする。これは「円盤」という言葉を使用することで、明確なイメージ化をはかったものである。

筆者としてはUFOについて述べた文章を読む読者が、頭の中にその形状や状況を想像して描けるような文章を目指した。それは一人でも多くの読者が、UFOなるものについて理解と関心を持ち、目撃者となることを願うからである。

UFOとIFOの識別

かつては普通に生活している人々が「普段見慣れないものを見た」という体験を人に話し、その噂がメディアに取り上げられるなどして「UFO騒ぎ」が起きた。それが、広い範囲の話題となったりした。しかしそれが「見慣れないもの」かどうか決める判断は人によって差がある。

飛行機はいつも見られるが、気象台が打ち上げた気球はそうめったに見られるものではない。そこに地域差や通報者の職種などによって生じる知識の差もあり、「UFO報告」というものを一律に扱えない難しさがあった。

「見慣れないものが飛んでいる／あれは変だ」という通報は、多くの場合、その事情に詳しい人々によって「それは何々の見間違いです」と判定されてきた。そのような、すでに知られている物体や現象を「確認飛行物体」（英語で「ＩＦＯ［Identified flying object］」と言ってきた。

現代の空には、飛行機をはじめ人工衛星やその他の人工物体が飛んでおり、市民から報告される「正体不明の飛行物体」の通報をすぐ「ＵＦＯだ」と騒ぐのは、科学的な態度とはいえない。また、報告された内容を「正体不明」とする判断やＩＦＯとする判定も、専門家（航空専門家や天文学者、そしてＵＦＯ研究家など）によって差が見られる。ある人の説ではＵＦＯとする判定が、ある人は飛行機の誤認としている、といった違いが生じたりする。

筆者は各種の「ＩＦＯ」を分類し、七冊のファイルに保管してある。その内訳は「**航空機**」「**風船・気球・照明弾・ランタン**」「**ロケット・人工物体の大気圏再突入**」「**サーチライト・幻日・彩雲・レンズ雲・変形雲・流星・火球**」「**撮影上光学現象・雷光・球電・プラズマ・霊光**」「**生物発光・鳥の編隊**」、そしてＵＦＯ愛好家グループと共同で行った「**撮影実験結果**」である。

内訳で使用した言葉のうち、いくつかを説明しておこう。「幻日」とは上層に雲があるとき、太陽の両側に現れる明るい光の塊《かたまり》で、「彩雲」とは太陽の近くを通りかかった雲が緑や赤に彩られる現象である。「レンズ雲」は文字通り、レンズの形をした雲で、「火球」は非常に明るい流星のこと。「球電」は雷雨のときにまれに赤黄色の光を放ちながら中空をゆっくり移動する球状の光のことだ。「霊光」は人魂など幽霊現象とされる光体のこと。いずれもＵＦＯに間違われることがある。

ＩＦＯとＵＦＯを識別するには、空に見えるもの全般に関心を向けることが重要である。気になるものを見たら、手帳などに記録しておく癖をつけておきたい。

既知の物体・現象とＵＦＯとの識別方法については他書を参照していただくとして、本書では、ＵＦＯや空飛ぶ円盤が実際に現れた事件や現象を取り上げていこうと思う。

研究者自身も目撃していることが望ましい

ＵＦＯについて述べるためには、述べる者自身が多数のＵＦＯ現象を目撃し、撮影し、それらを分類できるぐらいの量を蓄積している必要がある。さらに、自分の見た物体や現象をできるだけ正確に表現し、それを他者の記録と比較できるほどの目撃例を所有しているのが理想的である。そのような蓄積作業は永い年月を必要とするものであり、一朝一夕でできるものではない。

「ＵＦＯ学」（ＵＦＯ研究を本書ではこう呼ぶ）の権威とされた故アレン・ハイネックの『ＵＦＯとの遭遇』（大陸書房）の二二六頁に、ハイネック博士自身が高度三万フィートの航空機から撮影した写真が掲載されている。しかし、そのデータ（年月日、場所）や状況（どのように見えたか、どう変化したのか。消えたのか飛び去ったのかなど）が記されていない。学者の場合はそれで済むかもしれないが、市井の者がＵＦＯについて述べる場合、やはり他人の報告を扱うだけではなく、自分自身による報告も同様に扱うのが望ましいといえるだろう。

本書では筆者が考える「真正ＵＦＯ」というものを明確にするため、筆者自身による記録と、他者による類似の記録を特徴に従って分類し、少なくとも日本の上空ではこのようなＵＦＯ、空飛ぶ円盤、葉巻型母船などが目撃されてきたという資料を提示したい。そうすることで、第２部から第４部へ読み進める読者の参考としたい。

筆者の手元には海外のＵＦＯ事例、日本全国のＵＦＯ目撃資料が一五〇〇件ほどある。その三割ほどは目撃者自身によって報告されたもので、その他はＵＦＯ研究団体の機関誌など印刷物からのコピーである。これらをもとに、筆者なりに本書の主題である「真正ＵＦＯ」をまず定義してみたい。

筆者が考える「真正ＵＦＯ」とは何か

まず我々はＵＦＯという未知の物体なり現象なりの製作者ではない。その発生源でもない。だから製作者でない者が「ＵＦＯとはこういうものに限られる」という規定はできない。

筆者がブログを開設した頃、匿名のメールで生々しいＵＦＯ報告を寄越す人が多数いた。しかし匿名報告はデータとはならない。写真や映像だけで目撃報告がないもの、これも同様である。

また日頃ＵＦＯに関心のない一般の人々からの報告は、その人々が「異常」とする範囲に大きな差がある。ある人にとっては見慣れた物体や現象でも、それを初めて目にして驚くという場合がある。かつては金星をＵＦＯとする誤認が騒がれたり、短い飛行機雲（ショート・コントレイル）をＵＦＯとしたり、輝く飛行機雲を飛行機の墜落と通報することがあった。これは前述のＩＦＯとＵＦＯの識別の問題であるが、それを含めた上で、以下の内容をもって報告された物体や現象を筆者は「真性ＵＦＯ」としている。

以下の説明の中で「奇妙な物体あるいは現象」と簡単に表記したのは、「正体不明と判定されたもの」から「既知の物体では説明のつかない飛行物体」その他、「ＵＦＯ」と判定されるまでの過程を含んでいる。

1. ＵＦＯについて学習している者が実名で研究団体に報告した奇妙な物体あるいは現象。
2. ＵＦＯについて学習している者を通じて、実名で報告された奇妙な物体あるいは現象。
3. 社会的に責任のあるパイロットや警察官などが実名によって報告した奇妙な物体あるいは現象。

4．二人以上の多数が目撃し、報道されたことで、研究者や研究機関が関心を持ち調査したUFO事件。

筆者の手元にファイルされている国内約一五〇〇件と、海外約三五〇件は、ほぼこの条件の範囲内にあると思っている。また筆者は少なくとも日本人一〇〇人の目撃者について、その人物と会って対話し、何らかの協同作業や共通体験を通して、それらの人物をよく知っている。したがってそれらの目撃者は筆者にとって最も信頼できる身近な目撃証人であり、彼らによる報告は筆者にとって「真性UFO」となる。

一九四七年以来、世界と日本にUFOを研究しようとするグループがたくさん生まれた。そしてUFO事例が蓄積され研究がなされてきた。我々はそのUFO現代史の上に立って、なおかつ自らが多数のUFOを目撃してこそ、他者の事例と比較することができる。

この手続きを行うことは誰でもできる普遍的な方法で、特殊な作業ではない。「自らの目撃」と「他者の目撃」の比較により、誰もが真性UFOというものをつかみ取ることができるのである。要は真摯にUFOと向き合うことが肝要といえるだろう。

UFO目撃報告を正確に行うための訓練や教育を受けた人々とは、**嘘や誤認、錯覚を「恥ずべきこと」として強く自覚する人々**である。この強い信条を持つ人々は、筆者が日本人なので、「信頼できるUFO報告」とは必然的に日本人によるものが多くなる。その日本人によるUF

O報告は、海外のＵＦＯ目撃例と比較することができる。もしそこに著しい相違が見られたならば、どちらに信頼を置くかという問題になってくる。

著しい相違とは、「疑似ＵＦＯ・偽装ＵＦＯ」という、今問題となっている「フェイク」の先駆けを暗示する。いまやＵＦＯについての情報世界は、「真性」と「フェイク」の識別をどうするかに立ち至った感がある。それゆえ、「真性ＵＦＯ」というものを求めることが第１部の主題となった。

まず、空飛ぶ円盤を世界的な話題として押し上げた二つの有名なＵＦＯ事件を、空飛ぶ円盤問題の基礎知識を得るために取り上げてみる。有名なＵＦＯ事件はこれまで多数の文献に記載されてきたが、過去に刊行された書籍の内容だけでは不十分な場合もある。ここでは最低限の知識として述べてみたい。

「空飛ぶ円盤」の名前の由来となった「アーノルド事件」は、当事者が単独の事件なので、目撃者であるアーノルドが後年書いた手記を中心に構成してみる。

「空飛ぶ円盤」の名前の由来となったアーノルド事件（一九四七年）

米国ロサンゼルスからシアトルまでの航空路を飛ぶと、その途中で手前にアダムス山、向こう側にレーニア山が見えてくる。この二つの山はとてもよく似ている。

この二つの山の間を謎の飛行編隊が高速で通過した。それが「アーノルド事件」である。

優秀な山岳パイロットであり、アイダホ救難飛行隊のメンバーで、消化器販売業を経営する青年実業家であった当時三二歳のケネス・アーノルド（Kenneth Arnold、一九一五～一九八四）は、米国ワシントン州シェヘイリスでの仕事を終え、単発の自家用機でヤキマに向けて出発した。それは一九四七年六月二四日火曜日の午後二時頃のことであった。

アーノルドはまっすぐヤキマには向かわず、墜落した海兵隊の輸送機を捜索しようとして、その墜落地点と推測されたレーニア山の南西部を目指した。というのも一九四六年一二月一〇日に三二名が搭乗する海軍のC－46輸送機が消息を絶っており、墜落したと思われていたからだ。アーノルドはアッシュフォードの上空を飛び、旋回してミネラルという小さな町の上を飛んだが、見つからないので捜索をあきらめ、元の高度九二〇〇フィートまで上昇して針路をヤキマに固定した。

ヤキマは真東にあり、その左手にレーニア山が見えていた。一機の小型旅客機DC－4がやはり左手方向を飛んでいた。空は澄んでいた。突然、彼の機体に反射光がきらめいた。驚いたアーノルドが周囲を見渡すと、レーニア山の北方に奇妙な外観の航空機が見えた。

それは全部で九個あり、一列につながれたように飛行していた。しかもそれらの何機かは、二、三秒ごとに降下したり、わずかなコース変更を見せていた。その姿勢の変化が太陽光線を反射して、それが彼の機に当たったものとアーノルドは思った。

遠方にあるので、その形状はわからなかったが、物体がレーニア山に接近し、山の雪をバックにしたとき、アーノルドは物体の輪郭をハッキリと観察できた。一番機がレーニア山の南端を通過したとき、時計は午後三時一分前を指していた。

アーノルドはその物体に尾部がないことを妙だと思い、新型ジェット機かと思った。彼はポケットからエンジンカバーを機体に留める金具を取り出すと、物体に向けて腕を伸ばして測り、次に左側を飛ぶＤＣ－４に向けた。その結果、物体の見かけの大きさは、ＤＣ－４機より小さいと思われた。

物体の連なりは、北から南へと、アダムス山の方に向かっていた。アーノルドが操縦する機体は東に向いているので、九個の連なりは、彼の前方を左から右へと横切っていくコースとなる。アーノルドはレーニア山とアダムス山の間にある高い尾根の上を物体の連なりが通過するのを観察した。物体はその間、ときおり上下に跳ねる運動をした。この運動がのちに彼が述べることになる「水面をスキップするコーヒーカップの受け皿」という言葉に該当するものと見られる。

そして一番機が尾根の南の頂の上を通過するとき、最後の機が北の頂にあった。その尾根の長さがおよそ五マイルであることを知っていたアーノルドは、その物体の連なりが少なくとも五マイルの長さを持つものと推測した。

最初、地元紙の編集者たちはアーノルドの目撃談をでっち上げだと断定し、そう書こうとした。しかし、彼らがアーノルドの評判を徹底的に調べたところ、どうもでっち上げを語るような人物ではないと思われてきた。アーノルドが優秀な山岳パイロットであり、物体が目撃された地域の山々の細かな特徴を熟知していたことがわかったのだ。

米国内の新聞報道は、例えば『East Oregon』紙六月二五日の報道では「nine saucer like aircraft（九個の受け皿状飛行機）」と書かれた。六月二六日の『The Chicago Sun』紙では見出しに「Supersonic Flying Saucers Sighted by Idaho Pilot（アイダホのパイロットによって超音速の空飛ぶ受け皿が目撃された）」と出た。こうした米国報道が日本に伝わり「Flying Saucer」は日本語で「空飛ぶ円盤」と翻訳され、新聞報道で盛んに使用されるようになったのだ。

一九五三年二月五日の朝日新聞は在日米軍機パイロットであったブリガム中尉の目撃を「日本で見た〝空飛ぶ円盤〟」と大きく報じている。こうしてアーノルドの体験談は、地元紙が一面トップなどで大きく取り上げ、世界中の新聞で報じられることとなったのであった（以上、ブラッド・スタイガー［Brad Steiger］が『Project Blue Book』一九七六年、Ballantine books に収録したアーノルド自身による報告をUFO研究家の沼川淳治氏が抄訳した原稿と、ルッペルト著『未確認飛行物体に関する報告』開成出版をもとにまとめた）。

UFO事件で初めて死者が出た！――マンテル事件（一九四八年）

一九四八年一月七日午後一時一五分、米国ケンタッキー州ルイビル郊外、フォートノックス（Fort Knox）にあるゴッドマン空軍基地（Godman Air Force Base）の管制塔要員が、ケンタッキー州のハイウェーパトロールから電話連絡を受けた。それによると、ルイビルから東へ一三〇キロメートル離れたメイズビル（Maysville）の住民が変わった航空機を見たとのこと。ゴッドマン基地はそれを受けてライト・パターソン空軍基地に問い合わせた。その結果、その空域を飛行中の航空機はないとのことであった。

午後一時四五分、ゴッドマン基地からもその物体が目撃された。基地の管制塔から物体を見たメンバーは、ブラックウェル三等曹長、オリヴァー一等兵、オーナー中尉、カーター大尉、デュースラー大尉であった。そのあと、連絡を受けて基地司令官ヒックス大佐も目撃現場に立ち会った。

目撃者が書いた陳述書によると、六人の目撃証言は例えばこんな具合である。

「それは頂上が赤くなったアイスクリーム・コーンに似たところがあった」（オリヴァー一等兵）

「双眼鏡で見るとパラシュートの頂上に太陽の輝きを受けたような部分があった」（オーナー

中尉）

「輝く銀色の物体」「マンテルらが物体に向かって上昇していったとき、物体はまだ静止しているように見えた。マンテルらの機影が見えなくなっても、物体は管制塔からまだ見ることができた」（デュースラー大尉）

午後二時三〇分、ゴッドマン基地管制塔で、どうすべきかが議論されていたとき、南から四機のF－51戦闘機が接近してくるのが見えた。この編隊は前年暮れに悪天候のためジョージア州マリエッタ基地に置き去りにされた四機のF－51を、所属するケンタッキー州ルイビルのスタンディフォード基地へと運搬するための混成チームであった。

つまり臨時の編隊チームであり、全体が統制されてはいなかった。それゆえ、基地から調査依頼を受けたマンテル隊長機が独走したことで、不幸な結果を招いたといえる。

四機は午後一時四〇分頃にマリエッタ基地を離陸した。二五歳のトーマス・マンテル（Thomas Mantell）大尉はNG３８６９機に乗り、飛行隊のリーダーを務めた。NG３３６機にR・K・ヘンドリックス中尉、NG８０００機にA・W・クレメンツ中尉、NG７３７機にB・A・ハモンド少尉が乗っていた。

四機はコースを外れてゴッドマン基地に接近していたのだったが、これを見たゴッドマン基地の管制塔では編隊のリーダーと連絡を取って、調査を頼むことになった。上司の指示を受けてマンテル大尉に連絡したのはブラックウェル三等曹長であった。

ブラックウェルからの調査依頼を受けたマンテル大尉は、すぐさま物体の追跡のため上昇した。一機は燃料が乏しくなってスタンディフォード基地に帰還した。

結局、マンテル機だけが二機の僚機を大きく引き離して上昇していた。ハモンドとクレメンツはマンテルを追って上昇。高度一万六〇〇〇フィートでクレメンツは酸素マスクを着用するが、ハモンドは酸素マスクを持っていなかった。

午後三時一五分、クレメンツはマンテルに上昇をやめることを提案したが、マンテルは二万五〇〇〇フィートに達するまで追跡したいと返答。後続の二機は酸素不足のため降下し、水平飛行に移った。

午後三時五〇分、ゴッドマン基地管制塔は物体を見失った。その数分後、マンテル大尉機が墜落し、死亡したとの連絡を受け取った。

フォートノックスから一五〇キロ北に位置するケンタッキー州フランクリン（Franklin）の田園地帯に住むWilliam C. Mayesは、エンジン始動のまま旋回しながら急降下する飛行機を目撃した。飛行機は落下する前に爆発したが火は見られなかったという。

マンテル機の墜落を目撃した証言を見ると、空中分解の直前までマンテル機のプロペラは回転していたようである。空軍はマンテルが金星を追跡して酸素不足のため失神し墜落したと発表したが、これはパイロットの識別能力を軽視するものだろう。

地図を見ると、マンテル事件の目撃地点および墜落地を含めた領域は、東西三〇〇キロ、南北二五〇キロという狭い範囲にある。これは、広大なアメリカ大陸の中のほんの一角である（マンテル事件についての資料は多数あるが、ルッペルト著『未確認飛行物体に関する報告』を基本として、J・N氏より提供されたインターネット上のNICAP［http:www.nicap.org/mantelldir/htm］、ジェローム・クラーク［Jerome Clark］著『UFO百科事典』［The UFO Encyclopedia］などから構成したものを参照した）。

二つの古典的UFO事件に見られた特徴をまとめると、ケネス・アーノルドの事件の場合は「尾部のない皿状物体」「一列隊形」「上下運動」「太陽光の反射」「高速飛行」となるだろうか。一方のマンテル事件の場合は、「広範囲における目撃」「空軍基地管制塔からの目撃」「戦闘機による追跡」ということで民間人、空軍基地、戦闘機パイロットを巻き込んだことが特徴といえる。

アーノルドが見たもの、マンテルが追跡したものの正体は何であったか

目撃者ケネス・アーノルドは、事件のあと九個の物体の一つが三日月型をしていたと述べている。アーノルドの有名な写真で手にしているイラストがそれである。この物体は、編隊の先頭から数えて八番目にあり、単なる円盤状ではなかった。それは頭部が半円形、後ろに凹んだ

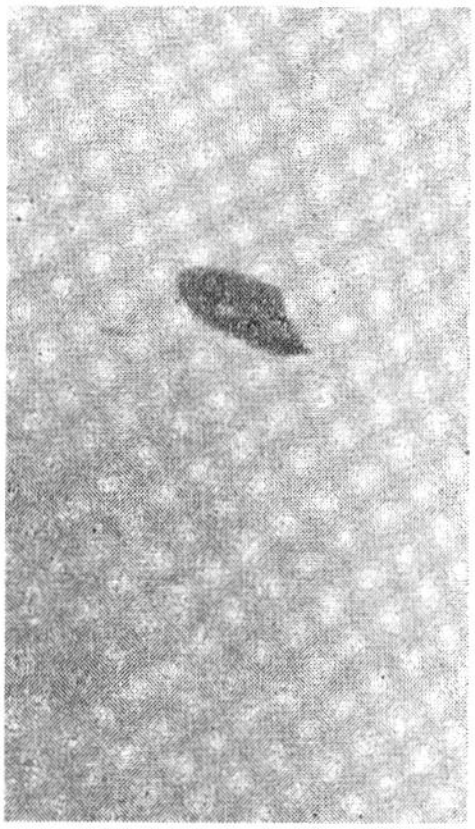

右・ケネス・アーノルドの有名な写真（日本宇宙現象研究会「UFO資料シリーズ」No.7より）。
左・ケネス・アーノルド事件直後の7月10日に撮影された写真（CBA『空飛ぶ円盤ニュース』1961年8月号より）

曲線を持つ形状で、「こうもり型」とか「靴のかかと型」とも表現されている。

実はこれと同じ形状の物体が、アーノルド事件直後の七月一〇日、アリゾナ州フェニックスで数百人により目撃され、ウィリアム・A・ローデスによって写真に撮られていた。アーノルドの見た物体の類型が、事件の後にも目撃・撮影されたのである。これはやはり、アーノルドの見た編隊が、米国上空に飛来した空飛ぶ円盤の先駆けとなったことは間違いないといえるのではないだろうか。

次にマンテル事件だが、ゴッドマン基地の管制塔からは双眼鏡を使っても「白い物体」としか見えなかった。その白い円錐《えんすい》の表面に赤い筋とか、赤い光の明滅が識別できる程度だった。

しかし戦闘機で接近したマンテル大尉から

の通信は、よく知られているように「金属製で大きい」という言葉が使われている。この言葉はUFO目撃において、極めて重要である。

筆者のCBA仲間の一人、大阪の正木栄一（一九三三〜一九八六）が筆者に語ったところによると、彼が一九六五年に青森に向かう列車から見たUFOは、外観は円形の雲に見えたが、双眼鏡で見ると雲の中にボーイング727旅客機の主翼部分を下から見上げたような、金属的な機体が確認されたという。

この状況は、夜間におけるUFO目撃でよくある「離れたところから見ると、光体にしか見えないが、接近すると金属製の本体が見えた」という事例とも共通している。研究者の推定では、空飛ぶ円盤の外側には未知の力場《りきば》が取り巻いているという。その力場が太陽光を反射して昼間は単なる白い物体に見えるのではないか。夜間は力場の発光により外観は光体としてしか見えないが、接近すると光の中にある金属的な本体が見られるのだと思われる。

以上のことから、筆者としては、マンテル事件における、マンテル大尉からの通信は、実際に空飛ぶ円盤の近くまで行った者の言葉として重視したい。

「目撃図」「目撃スケッチ」からの考察

ケネス・アーノルドは自分の見た物体の外観の形をいくつかの図として残している。よく知られているのは貝殻のように片方が尖り、片方が半円に描かれた物体の平面図と、凸レンズのような側面図である（次頁）。

また二つの山の間にその形を二個描き、その間に三日月状のものを描いた図もある。いずれもアーノルド本人が描いたと見られるが、それを描いた時期にズレがあるため、異なる図が描かれたのだろう。

マンテル事件では多くの目撃者がいたのに、その目撃図はあまりない。筆者がインターネットで見た範囲では、三角形を上向きと下向きにした二種類の図があった（http:www.ufocasebook.com/mantelldocu6.gif）。

人間は年月が経過すると、記憶が変形しやすいので、目撃者はなるべく早く見た印象を図にしておくことで、記憶の変形を最小限にすることができる。この作業は記憶の再現力や模写能力など、個人の能力にも左右される。したがって「UFOのスケッチ」として目撃者が提出したものにも、人物の作画能力を見極めたランクづけが必要になってくる。

筆者は多くの目撃者の描いた「UFO目撃図」を見てきたが、特定の研究団体の会員で、UFOについて学習をしている若い人や青年層は、見たままを単純に描く傾向が見られた。一方、普通の若い人は、雑誌の挿絵にあるような円盤を描く場合があった。中には一見して「肉眼で見ただけで、こんなに細かく描けるはずはない」と思うものもあった。

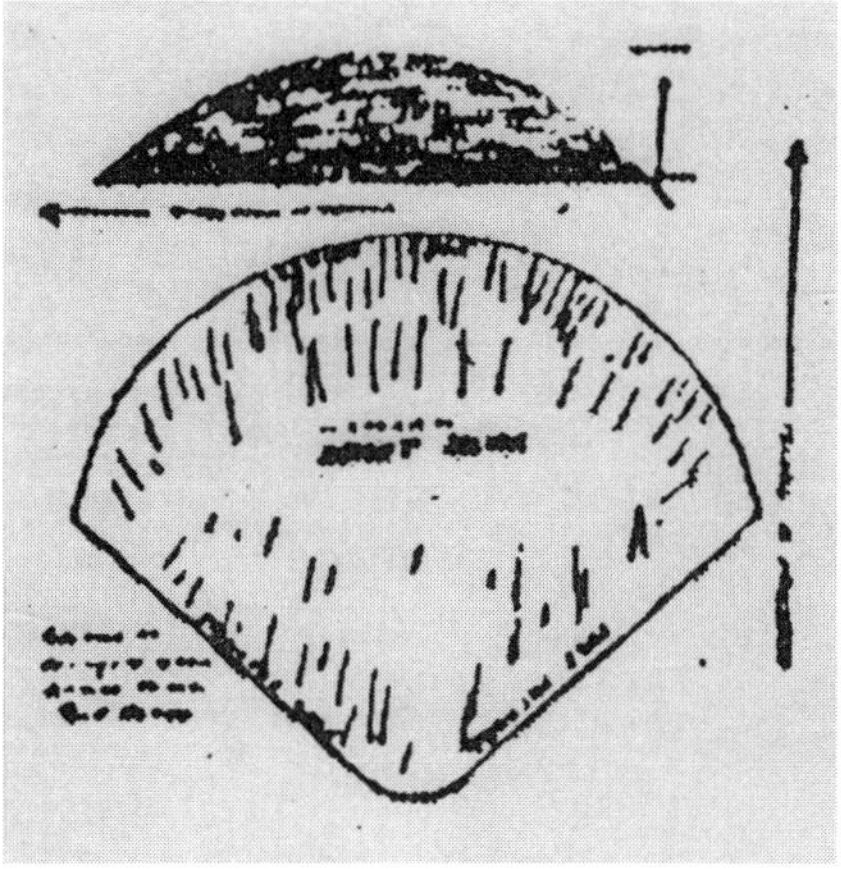

1947年6月24日のアーノルドの目撃画（CBA『空飛ぶ円盤ニュース』1962年5月号より）

空に見えた未知の物体を見たままに再現することは、簡単なようで難しい。空に見えている物体を見ながら、手に紙と鉛筆を持ち、スケッチすれば正確なものとなるが、現実にはそんなことをしている余裕はない。

アーノルド事件・マンテル事件に類似した事件が日本でも起きていた

筆者は日本で報告された特徴あるＵＦＯ目撃を、ケース別に整理する過程にある。それらの報告は一九五〇～一九七〇年代に多い。このケース別とは、形状や飛行形態、目撃状況から特徴を捉えるもので、海外の事例との共通性やＵＦＯというものの特性を知る手がかりとしている。

その中から、まずアーノルドの事例に類似した「一列になった編隊飛行」を探してみる。すると、一九六四年七月一五日午後一時三〇分頃、東京都江東区深川八中の校庭で中学生が目撃した例がある。

目撃者は一四歳の男子学生で、彼はUFO研究団体CBAに所属し、先生に空飛ぶ円盤のことを説明しに行くため、中学校の校庭で同級生の友人を待っていた。そのとき、晴れた東の空から一列になった灰色の楕円形物体五個が接近してきた。その物体群は、一列になったまま仰角四〇~四五度の付近で急激な方向転換を行い、南へと向かってから突然消失した。

見かけ上の速度は、普段見慣れているジェット旅客機よりも速く、各々の物体の見かけの大きさは、腕を伸ばした手の先で五ミリくらいであった。この大きさは満月の視直径に相当する(以上の報告についてはCBA『空飛ぶ円盤ダイジェスト』一九六四年一一月号を参照した)。

次にマンテル事件に類似した日本のUFOケースとして、軍用機ではないが、民間機によってUFOが追跡された事例があるので、それを紹介する。一九七〇年一二月一五日午後二時三五分頃、北海道帯広空港の地上整備員や運行管理職員たちは、南東方向仰角三〇度の空に満月大の球状物体を見つけて騒いでいた。それは青空の中に滞空しているように見えた。職員たちはそれがバルーンなのか、違うのかを決めかねていた。

釧路から到着したばかりの日本国内航空YS-11機275便の二人の機長は、この状況を見て訝《いぶか》しく思い、確認のため管制塔に上った。管制塔では管制官が七倍の双眼鏡で物体を観察していた。

管制官はこの物体の色が暗い黄土色をしており、いつも見る気球と違うこと、北西の風九・五メートルの気象条件の下で流されず、僅かに位置を変えるだけの動きを不審に思っていた。

管制官は帯広測候所、自衛隊北部方面管制気象隊第二派遣隊に問い合わせ、気球の打ち上げが行われていないことを確認した。

二人の機長はYS－11機に戻り、乗客五一名が搭乗した。そしてYS－11機は東京行きJDA276便として、午後三時三分に帯広空港を離陸した。

離陸した276便の機首は球状物体と同じ方向であった。機長二人は、クリアランス（管制承認）の指定高度に達するまで、物体がどういうものかを確認しようと有視界飛行で追跡飛行を試みることにした。

YS－11機は一五〇ノット（時速二七七・八キロメートル）で機首を物体に向けて上昇を続けた。球状物体が静止していれば、機の上昇に従って仰角は低くなるはずであった。ところがいくら上昇しても、物体は常に同じ仰角三五度にあり、見かけの大きさにも変化がなかった。これにより、物体は静止してはおらず、YS－11機の上昇に従って高度を上げていることがわかった。

球状物体の位置は十勝《とかち》沖の太平洋上と推定された。いくら追っても、その距離の差は縮まらないため、約一〇分間の追跡の後、高度約五〇〇〇フィート（一五〇〇メートル）で通常の飛行ルートに戻るために右旋回を開始した。

それと同時に、物体は機から離れるように東の方へ遠ざかり、視界から消え去った（CBA International『Aerospace UFO News 2007 Special』五〇～五一頁をもとに構成した）。

この事件は、最初に空港職員や管制塔で目撃され、離陸した民間機がその運行に支障のない範囲で追跡を試みたというまれな事例といえるだろう。

UFOの正体を知る上で貴重な存在だったUFO研究会

ＵＦＯとされる未知の飛行物体が地球外に起源を持ち、地球を調査対象として活動しているなら、当然ながら世界各地のＵＦＯ目撃事例には共通した外観や飛行形態が見られるのではないか。

ＵＦＯとはどのようなものかを知る上で、一九五七年以後の日本に生まれた「空飛ぶ円盤」に関心を持つ人々が結成したＵＦＯ研究会というグループは貴重な存在であった。世間からは白い目で見られがちな空飛ぶ円盤に関する知識を共有し、またお互いの体験を交換できる切磋《せっさ》琢磨《たくま》の場でもあった。

ＵＦＯ研究会の会員たちには、教員、事業主、公務員、学生などがいた。また機関誌に掲載された目撃報告の多くは、観察力や文章による知的な表現力に優れていることを示している。ことに飛行機や流星など既知の物体や現象との違いをきちんと述べている点からも観察経験の豊富さが感じられた。

何よりも自分が研究会の会員であるという自覚や誇りがあったと思われる。それゆえ、正確な目撃報告を研究会の本部に送ることを心がけていたようだ。その真摯な姿勢は目撃報告に見られる冷静で客観性を重んじる記述に反映されている。

日本に生まれた研究会の会員と、その周辺で目撃された事例は、日本における「空飛ぶ円盤」「UFO」というものを考える上で基礎となる資料である。それをまず見ていきたい。

米国のケネス・アーノルドは、円盤状の飛行物体を目撃したが、その類似例として「白昼における円盤状飛行物体」のケースを筆者の目撃記録と共に抜き出してみよう。

昼間に円盤状の物体を見分けるのは難しい

太陽光線のもとで円盤状の物体を見分けるのは難しい。未確認のものが単に円形に見える場合は多いが、それを球体ではなく、平たい円盤だと判断するのは難しいのだ。

ケネス・アーノルドは物体を真横から見たとき、「線」のように見えたという。位置を変えるなどの運動を見せたときに平面を見せたので、その全体の形がわかったようである。

近代宇宙旅行協会『空飛ぶ円盤情報』(一九五八年五～六月号二二頁)に、終戦直後の京都で京都音楽大助教授夫人がある日の午後三時か四時頃、「平盆状のねずみ色の物体」を目撃したという事例が掲載されている。近代宇宙旅行協会の高梨純一会長が目撃者に会い詳しく話を聞いたもので、高梨は「これは結局、濃灰色の円盤ということになる」と述べている。このように光を反射させない物体ならば、その全体が球体なのか円盤状なのか識別しやすいといえるだろう。

筆者は天気の良い晴れた空に、光の反射のない「昼間円形体」を目撃した。これは黒色の円盤状であった。しかも回転していたため、全体が平べったい円盤と識別できたのである。

一九七五年五月一八日午前八時六分、筆者が奈良県天理市石上《いそのかみ》神宮近くを歩いていたとき、上空をジェット旅客機DC－8が東から西へ横切るのが見えたので、眼で追っていた。すると突然、飛行機の近くから黒い小さな円盤状物体が現れた。進行方向を軸として回転しながら、飛行機の経路と交差するコースを直線的に飛行していった。

このとき手にしていたコニカC－35という二八ミリのカメラで連続一〇枚撮影したが、広角なので写真を引き伸ばしても円盤は写っていなかった。

同じ物体は三日後の五月二一日午前七時一五分にも天理市市街地から目撃した。このときも撮影はしたが小さいので写らなかった。

これらを見て単純に思うのは、何の推進機関もないのに、平たい円盤が回転運動しつつ直線的に飛行するのは、まさに別世界の機械としか言いようがないという感想である。

「土星型」「ドーム付き」円盤の目撃例

円盤状物体を側面から見ると、ケネス・アーノルドの目撃例のように、凸レンズにような断面だけの場合もあるが、その上に半円のドーム状の突起が見られたり、その突起が上下に見られることがある。さらに球状の本体の周囲を輪が取り巻き、土星のような形状を明確に見た例もある。真横から見たときに円盤を囲むこの輪を、筆者は鍔《つば》と呼んでいる。鍔とは刀の鍔を円盤に当てはめた表現である。

筆者による分類「円盤型・土星型など明瞭な形状」のものとして、まず近代宇宙旅行協会『空飛ぶ円盤研究』No.38に掲載された事例を簡単に紹介しよう。

これは同会の理事であった音楽教師が、目撃した女子中学生に報告用紙を渡して記入してもらったものである。音楽教師は生徒に空飛ぶ円盤の話をし、それを聞いた生徒のグループが目撃したので教師に報告したと見られる。

一九六二年一二月一二日午後四時半頃、兵庫県尼崎市の中学二年生五人は、路上を歩いていて空に明るく輝く物体を目撃した。生徒たちは音楽教師から円盤の話を聞いていたので、これがそれかと思い、観察した。

目撃した生徒たちは音楽教師から渡された目撃報告用紙に、それぞれが見た円盤の形状を描いている。その表現に多少の違いはあるが、いずれも楕円形の本体に輪を持つ物体を描いている。これは同一環境・レベルの視力および観察眼による記憶の再現図といえるだろう。

次に筆者が明確な形状を目撃した例だが、一九八〇年七月二一日に「ドーム付き円盤」が現れた。午後七時過ぎ、空はまだ明るかった。場所は天理市前栽《せんざい》の布団製造工場の敷地内。

最初、西の建物の隙間に小さな点が見えた。それがこっちに来るとわかったので、待ちかま

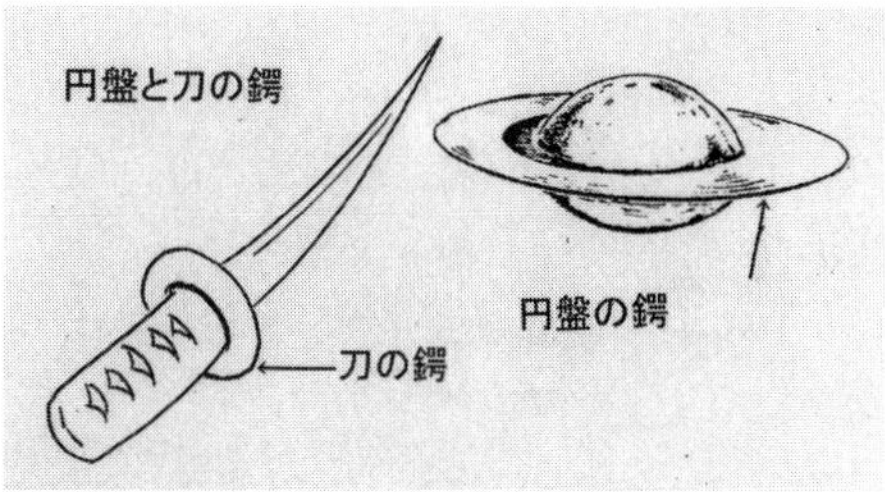

円盤と刀の鍔のイラスト（筆者制作）

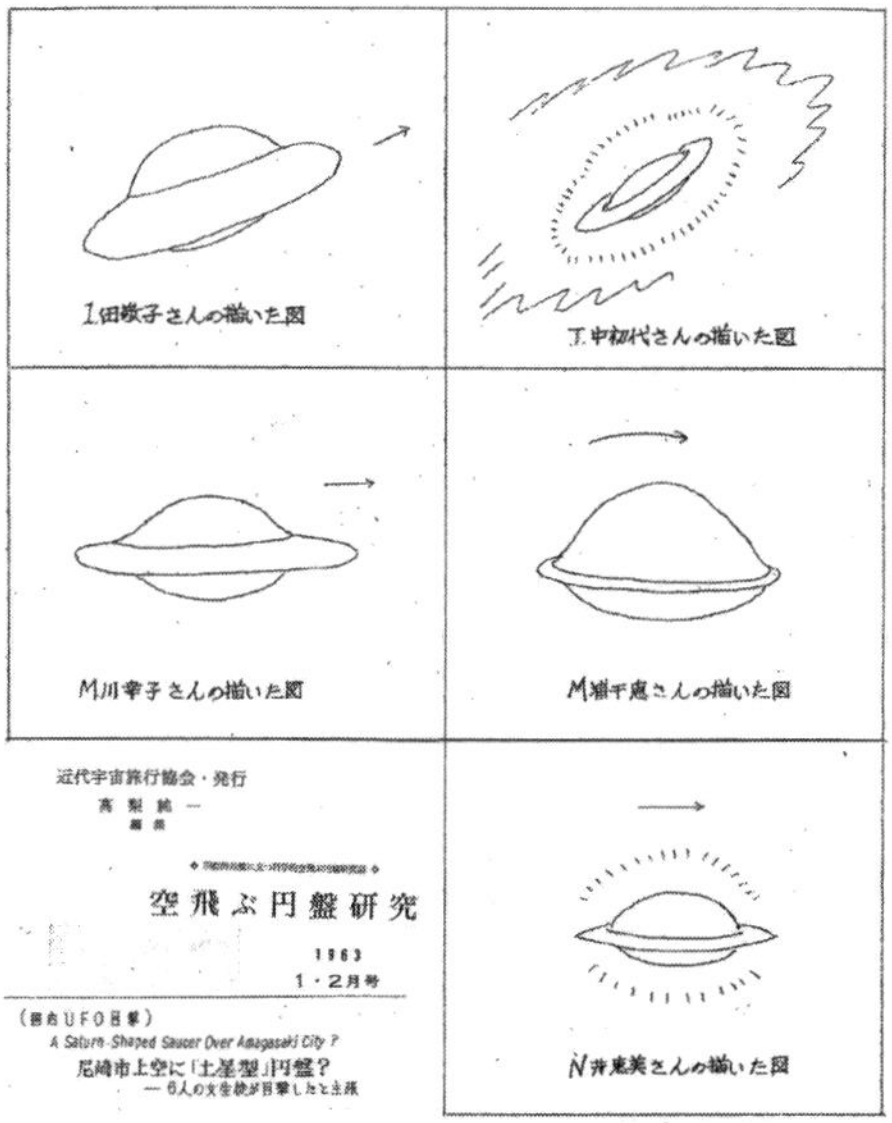

1962年12月12日、兵庫県尼崎市の中学生5人が書いた目撃画（近代宇宙旅行協会『空飛ぶ円盤研究』1963年1～2月号より）

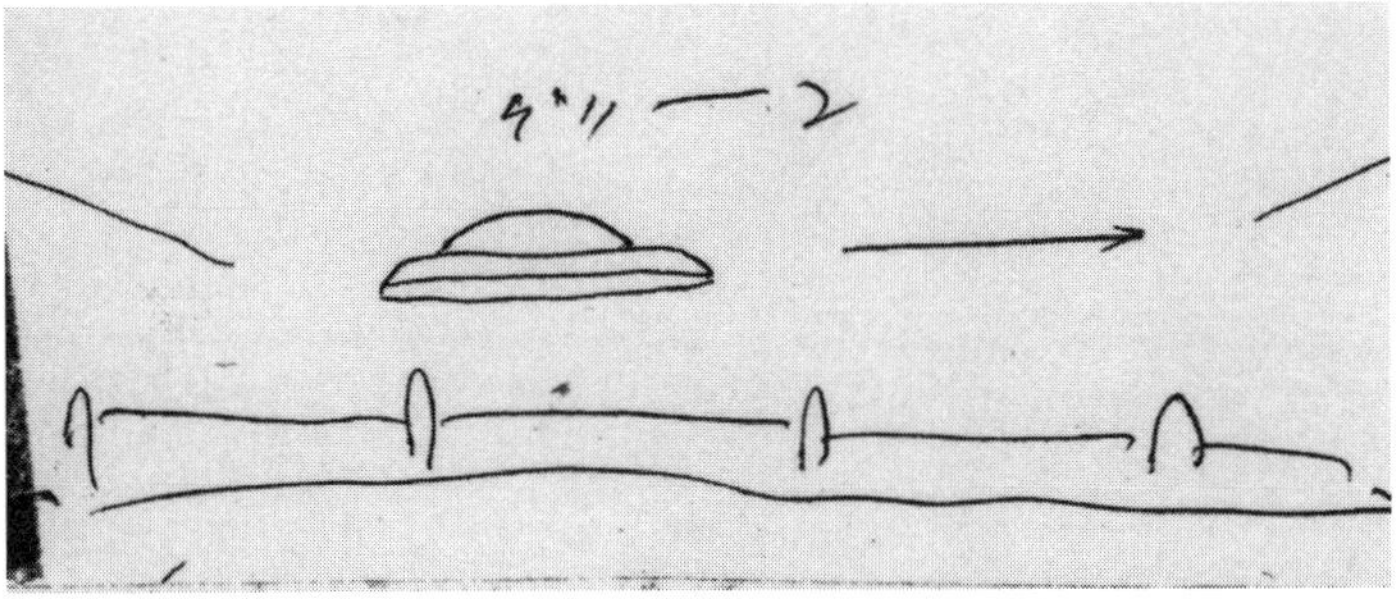

1980年7月21日、筆者が見た「ドーム付き円盤」の目撃画（著者所蔵）

えた。すると屋根から緑色をした帽子のような物体が現れた。明確な形で、目の前の事務所の屋根の上を平行に、やや揺れながらゆっくり飛行し、屋根の終わり地点から急速に北へ向けて遠のいていった。

一見して作り物のような外観で、屋根の上を水平にゆらゆらと飛行しているときは「誰かのイタズラか？」と思ったほどだった。しかし約四〇度に向きを変えて北東に遠ざかるのを見て、あわてて宿直室からカメラを持ってきたが、すでに点のようになっていた。

このように、空飛ぶ円盤とは明らかに異常な形状をしていることによって、目撃者に印象づけられる。

昼間に飛行する黒色物体の撮影に成功した

ＵＦＯ目撃を昼間と夜間に分けた場合、黒色の物体は明るい昼間しか識別できない。夜間でも星空の一部を隠す黒色物体もあるが、その事例は極めてまれである。

光の反射のない、真っ黒なUFOは、球状、円形、葉巻型、黒い点の集団などで見られる。これは遠方にあるため黒く見えるという場合も考えられる。しかし大阪府松原市と奈良県天理市の二つの地点で、低空を移動する黒色球体が、それぞれビデオカメラで撮影された事例がある。筆者も撮影したので、この事例を紹介しよう。

一九九一年九月二九日午後三時過ぎ、松原市のUFO仲間・山野氏から「いま、娘の小学校の運動会で黒くて丸い物体をビデオに三〇分以上撮影した。生駒山の方面に向かっているから、そちらでも見られるかもしれない」という電話があった。筆者はビデオカメラを持ち、家族と共に観測現場の農地へ向かった。

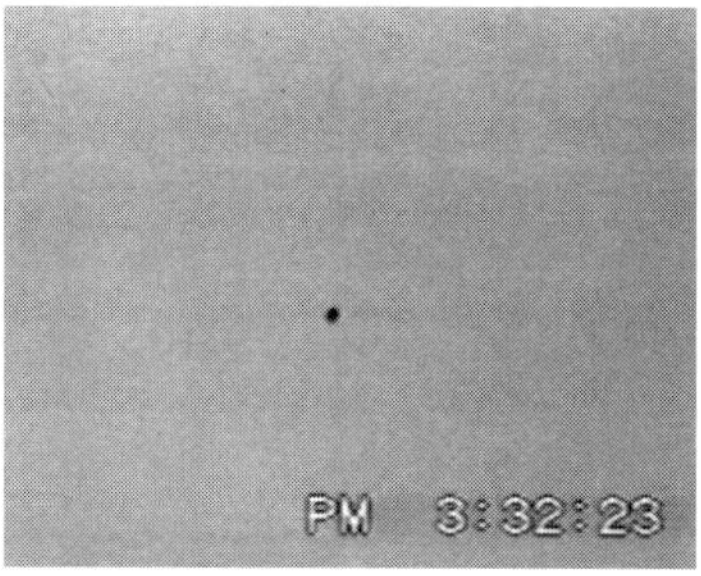

1991年9月29日大阪府松原市からの連絡を受けて自宅裏の農地からビデオ撮影した「黒丸」

午後三時三一分、最初に娘が物体を発見して二〇倍の双眼鏡で観察した。それは空中に引っかかった黒いボールに見えた。筆者はすばやく三脚を伸ばし、カメラを固定して物体の撮影を始めた。一六倍ズームで捉えた物体は黒い球体に見え、ゆっくりと斜め右下へ移動していた。これは画面上でそう見えたが、同時に観察していた家族の証言によると、物体は水平移動していたようだ。

それは約一〇分間にわたり、目撃され撮影された。最後は

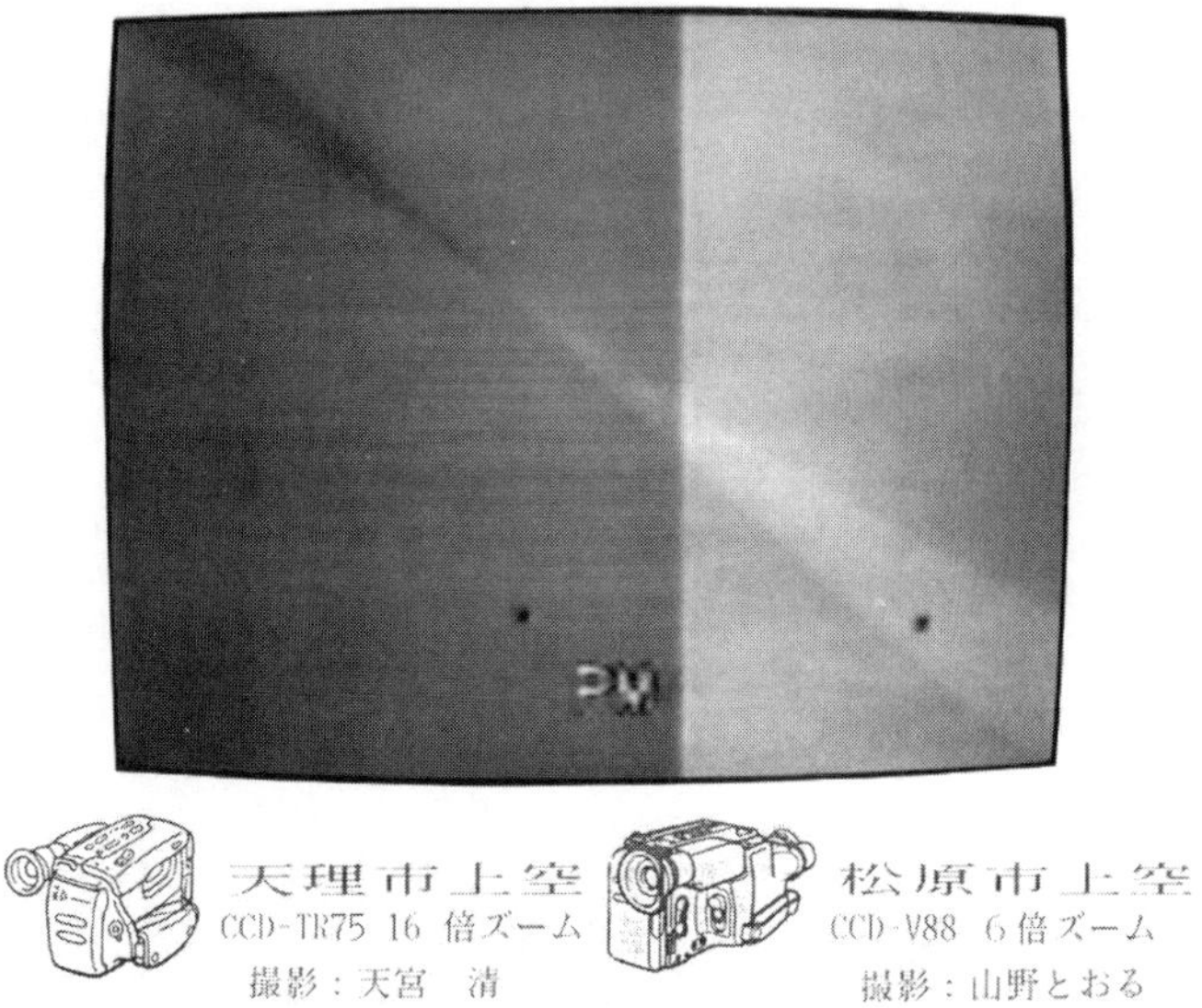

1991年9月29日松原市と天理市で撮影された「黒丸」のビデオ映像比較画面（著者発行『UFO Researcher』1991年No.6より）

遠ざかったため、見かけ速度が緩慢になった。大きさも小さくなって、建物の屋根に隠れたので撮影を中止した。

後日、松原市で撮影された山野氏の映像と比較すると、撮影倍率の違いで像の大きさは異なるが、その外観と人工衛星のような軌道飛行の状態は、同一の黒色球体を一、二分の時間差で松原市と天理市で撮影できたものと推定された。つまり、松原市上空で消失した物体は、直線距離で二五キロメートル離れた天理市上空に出現したことになる。その時間差が一〜二分ということである（筆者の個人誌『UFO Researcher』1991年No.6で詳細を報告した）。

この事例は反射のない黒色物体の一例である。

「母船」の大きさは各種あり、「葉巻型」「紡錘型」が確認されている

日本で最初に「葉巻型」の言葉で表現された目撃報告は、一九五七年八月二〇日午前一一時二六分、神奈川県藤沢市で武田信一撮影によるものである。

「見上げてみた所、どんな航空機でもなく、（中略）色は銀色で、ギラギラ光を反射し、形は葉巻型でした」（近代宇宙旅行協会『空飛ぶ円盤情報』一九五七年九〜一〇月号三頁より）と報告されている。この物体は目撃者の真上で突然九〇度の方向転換を行って加速し、雲間に消えたという。

この葉巻型は複数が隊列を組む形式でも目撃され、撮影にも成功している。それを紹介しよう。

一九六〇年一〇月二〇日午前八時二〇分、阿蘇外輪山近くの旅館に宿泊していた宇宙友好協会（CBA）の幹部五名は、旅館の窓から、北から北東へと水平にゆっくりと移動する白い物体の群れを発見した。それは紡錘《ぼうすい》型の物体で、最初は三個が等間隔で水平に並び、雲に向かって進んだ。それらは、雲に入る手前で背景の空と同じ色となって消えていった。

再び同様の隊列が現れて、次々と雲の手前で空と同化していった。その合計は一〇個前後を数えた。

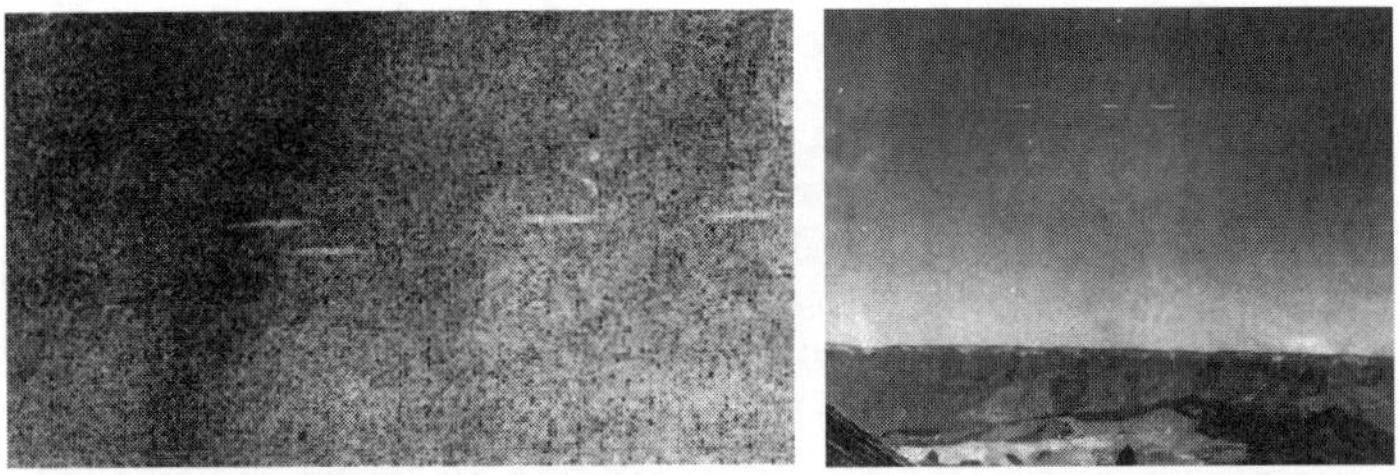

1960年10月20日、阿蘇上空の母船群を撮影した連続写真のうちの２枚（CBA『空飛ぶ円盤ダイジェスト』1961年７月号と筆者所有写真）

一人は紡錘型の下に丸い物体がたくさんあるのを目撃。一人は紡錘型の周囲をきらめく物体が飛び回るのを目撃して撮影者などに教えた。目撃者たちは、肉眼と八倍の双眼鏡で観察し、一人が一〇〇ミリ望遠で四〇枚以上の撮影を行った（CBA『空飛ぶ円盤ダイジェスト』一九六一年七月号より）。

これらは通常「葉巻型母船」と呼ばれている。つまり円盤を搭載して宇宙から地球へと輸送し、地球上空で搭載した円盤を発進させていると推定されている。これは地球の航空母艦の機能に似ている。

「母船」の大きさは各種あるようで、紡錘型つまり両端が尖った凸レンズのような断面のものは比較的小型と見られる。大型の「母船」は文字通りずんぐりした葉巻型が多いようだ（左頁図参照）。

筆者も紡錘型の「小型母船」が消えたり現れたりしながら空を進むのを見たことがある。一九六三年二月一四日午後五時一五分、横浜市保土ヶ谷で目撃した。

最初、日没後の西空に、肉眼では二本の針に見える物体があったので、一〇倍の双眼鏡で観察した。その二本の針は中央部が膨らんだ凸レンズの断面、あるいは紡錘型に見えた。その二つはそれぞれが左右に揺れるシーソーの運動を見せながら移動。片方の中央から背後の空に染まっていき、白線の輪郭だけを残して背後の青空と同化した。

すると、今度は片方が輪郭だけとなり、輪郭だけの片方は元の白色の紡錘型に戻った。この変化を交互に繰り返しながら、小さな雲の中に突入し、二度と現れなかった（CBA『空飛ぶ円盤ニュース』一九六三年五月号に掲載された）。

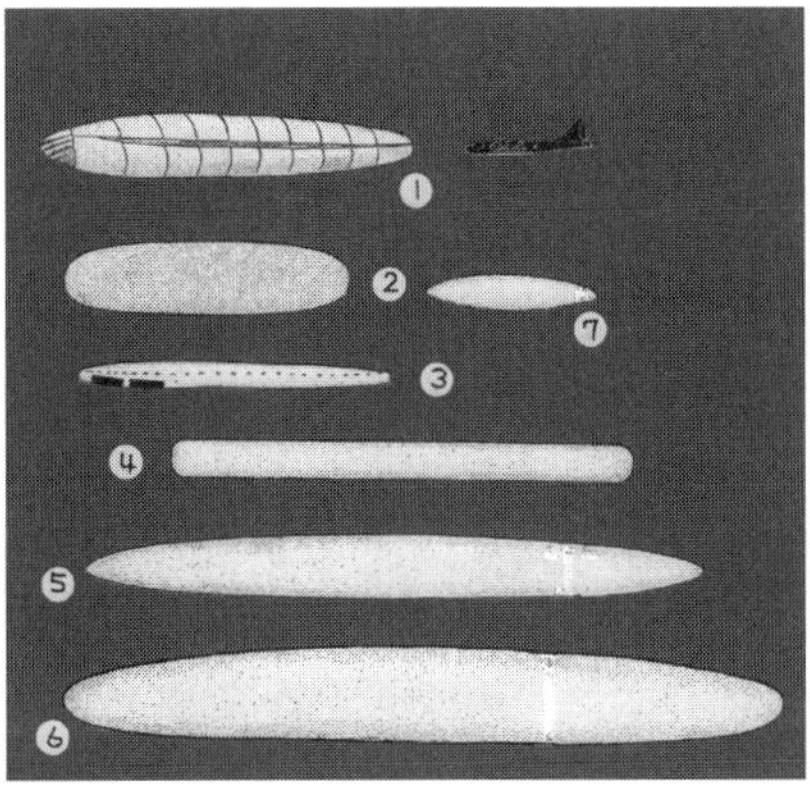

葉巻型UFOの一覧（著者制作）

UFOとは消えるのが当たり前のように思われているが、この胴体だけが消えて、輪郭だけになり、再び元に戻るという現象は、UFOが消えても「見えない本体」がまだ近くに存在している可能性を教えてくれる。

もちろん「消えた」という現象の解釈としては、「どこかへ飛び去った」と考えるのが妥当であろう。しかし例外的なUFOとは、目には見えなくなっても、まだ空と同じ色彩に変化して存在している場合もあると考えられる。UFOとは空に隠れ、また現れることができるのだ。

筆者はこの目撃の後、ＣＢＡ『空飛ぶ円盤ニュース』一九六一年九〜一〇月号に掲載された「葉巻型母船のすべて！」という図を参照してみた。そこに筆者の見た凸レンズ的な外観の「母船」を見つけた。

その図の説明には「全世界各地でしばしばペアーで飛翔する姿が目撃されている」とあった。この「母船」の一覧表には、窓を持つ長楕円形のものもあり、円盤と母船の区別は主観的な要素もあるように思った。

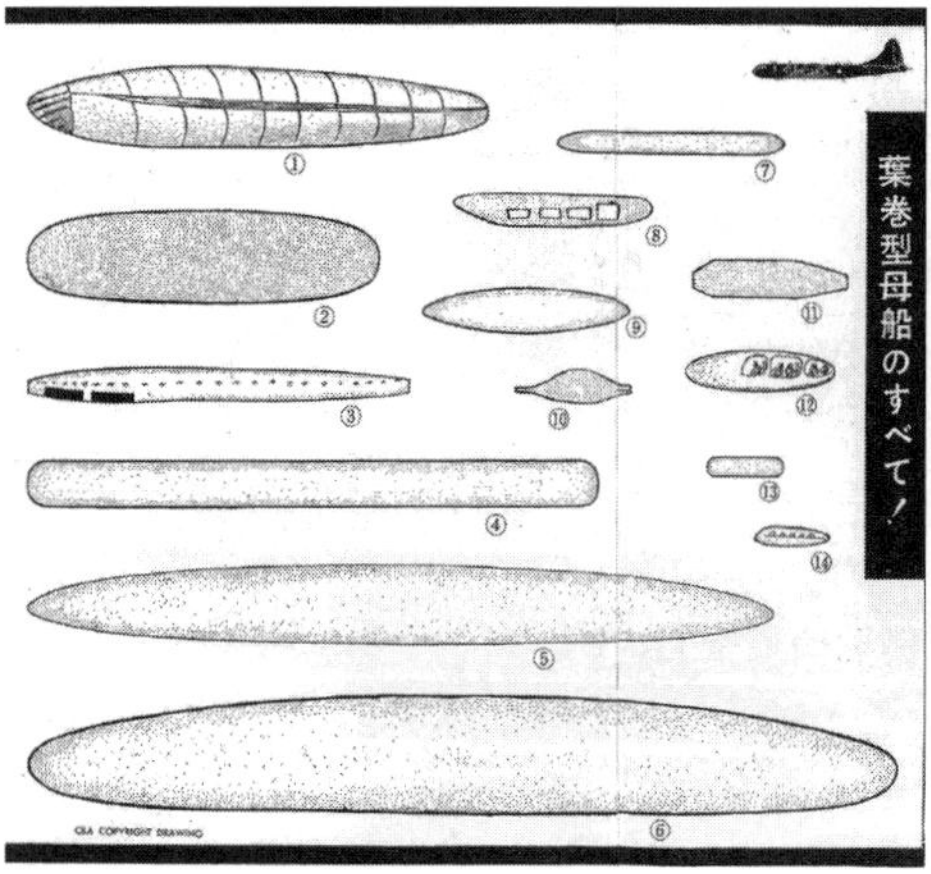

「葉巻型母船のすべて」（CBA『空飛ぶ円盤ニュース』1961年9〜10月号より）

我々が細長い外観のＵＦＯを見て、それを「母船」と表現するのは自由だが、その物体が円盤を搭載させる機能を持っているのかどうかは知ることができない。それゆえ、「葉巻型ＵＦＯ」はその外観の表現として適切だが「葉巻型母船」というのは主観的・願望的な表現となる。

その葉巻型ＵＦＯから小さい物体が放出されたならば、それは「母船」の機能を持つといえる。この辺の認識を持てば十分であろう。

夜間に「長楕円形」「短い葉巻型」が目撃された事例

夜間に「長楕円形《ちようだえん》」もしくは「短い葉巻型」が目撃された際の目撃図は、日本空飛ぶ円盤研究会『宇宙機』一九五八年一二月号二三頁で見られる。これは一九五八年八月二三日午前二時三〇分、秋田市新屋町《あらやまち》の消防署員が望楼から目撃したものである。輪郭が明瞭な真っ赤な色に発光した物体と報告されている。

その物体の視直径は満月とほぼ同じで、明るさは月より暗かったとのこと。その位置に変化はなく、次第に小さくなり、ついに見えなくなってしまった。

夜空を移動する葉巻型発光体から、小さな発光体が放出された事例もある。それは、一九八一年六月某日午後一〇時三〇分頃、北海道虻田《あぶた》郡洞爺《とうや》湖へ車で来ていた三人の若者によって目撃されたものである。

最初、内浦《うちうら》湾の上空、一面雲に覆われた空の下にオレンジ色の光体が発見された。それは水平線から離れて上方へ移動すると共に、長楕円形、あるいは葉巻型の輪郭をした光体となって数分間滞空した。

次にそれは階段状の軌跡を描いて、急速に左上方へ移動、そこでまた数分間滞空した。その滞空の間、葉巻型の発光物体はオレンジ色の小さな発光体を数個吐き出した。それらはしばら

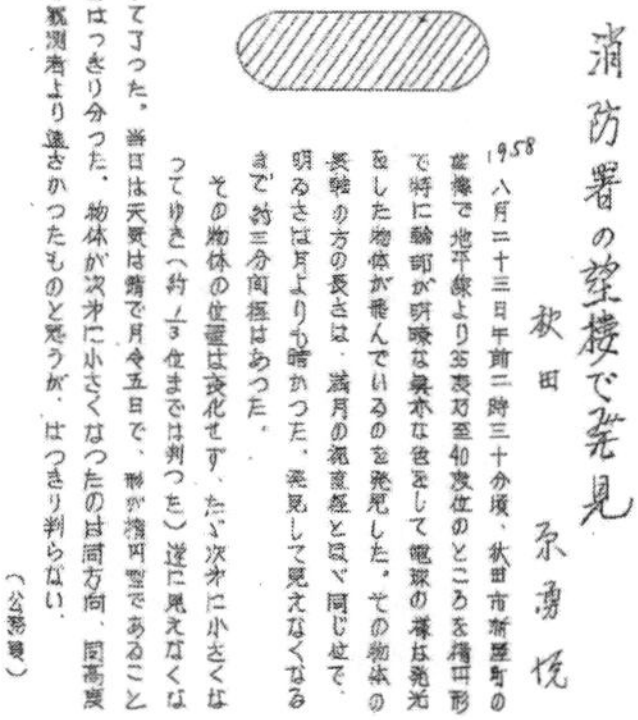
消防署の望楼で発見

秋田　京勇悦

1958
八月二十三日午前二時三十分頃、秋田市新屋町の望楼で地平線より35度乃至40度位のところを楕円形で特に輪郭が明瞭な黄赤な色を呈して電球の様な発光をした物体が飛んでいるのを発見した。その物体の長軸の方の長さは、満月の視直径と殆ど同じ位で、明るさは月よりも暗かつた。発見して見えなくなるまで約三分間程はあつた。

その物体の位置は変化せず、たゞ次才に小さくなつてゆき（約1/3位までは判つた）遂に見えなくなつて了つた。当日は天気は晴で月令五日で、形が楕円型であることははつきり分つた。物体が次才に小さくなつたのは同方向、同高度で観測者より遠ざかつたものと思うが、はつきり判らない。

（公務員）

1958年8月23日に秋田市で目撃された「短い葉巻型」の記事と目撃図（日本空飛ぶ円盤研究会『宇宙機』1958年12月号より）

くの間、本体の周囲をホタルのように飛び回ってから、周囲の闇へと消え去った（参考・道内UFO情報センター『UFO通信』一七号三頁）。

前述したように、UFOの「母船」は地球の空母の機能に類似している。空母の甲板から発進する戦闘機を、母船に搭載された円盤に例えることができる。戦闘機は空中戦をしたりミサイルを発射させるが、空飛ぶ円盤もミサイルのように小型の球体を発射させることが知られている。

UFO現象で大型の物体から小型の物体が放出されるというケースがあり、母機が子機を発進させる機能を持つ航空機あるいは宇宙機という機械装置という解釈をもたらした。この解釈から、「母機から発射された子機は、いったいどこへ向かい、何のデータを収集して母機へ帰還するのか」というテーマが生まれた。しかし実例を提示できるほどの資料が筆者の手元にないので、このテーマは割愛する。

日本で最初の編隊報告は一九五二年七月にされた

ＵＦＯは地球の戦闘機のように編隊を組むことが知られている。この編成が隊列を変化させる場合もあるが、なぜそうするのかは不明である。とにかく、地球の戦闘機に極めて類似した知的な振る舞いをするわけである。また日本におけるＵＦＯ編隊の目撃は、なぜか夜間に圧倒的に多い。

編隊を組むということは、飛行物体が組織を持つことを意味する。ハンガリー出身のＵＦＯ研究家コールマン・フォンケビュツキー（Colman S. Vonkeviczky、一九〇九～一九九八）は、『ＵＦＯ軍事交戦録』（徳間書店）の「編隊の軍事的鑑定」の項（同書の四八頁）でＵＦＯ編隊を組織化された軍隊と解釈している。複数の飛行体が編隊として集結することで総合的な機能組織の意味を持つのだろうと推定される。

近代宇宙旅行協会の高梨純一会長は機関誌『空飛ぶ円盤情報』で、「円盤編隊の一考察」と題し、その当時までに収集された五件の編隊飛行を取り上げている。それによると、一九五二年七月一二日夜に東京湾上空を飛行する橙《だいだい》色の光体群が目撃されている。おそらくこれが日本で最初の編隊報告かもしれない。

目撃者は東京の天文クラブ会長と会員二名で、彼らは反射望遠鏡により火星を観測中、午後一〇時三五分頃、東京湾上を明滅しつつゆっくり南方に移動していく橙色の光体群を見つけた。彼らは望遠鏡を怪光編隊に向け、その隊列を観測した。

その観測によって描かれた目撃図を見ると、大小の楕円形が全部で二九個、ブーメラン状に配置されている。肉眼による光体の明るさは〇等星ほどで、編隊はときどきまったく消えて見えなくなった。

観測者たちは、最初七五倍の倍率で観察。次に倍率を三二〇倍に高めた。そのとき編隊は視野一杯に見られて詳細が観察できた。個々の楕円形光体の色は橙色、黄色、太陽の色の三種類が認められた。

編隊はその後、反転して視界から去ったが、その反転時に三人は、金属的な爆音を三秒間ほど聞いたという（『空飛ぶ円盤情報』一九五九年一〜二月号と池田隆雄著『日本のＵＦＯ』大陸書房をもとに構成した）。

観測記録と目撃者の「感想文」だけだが、最も確実な資料かも

筆者は前記で紹介した事例のほか多数の優秀な目撃報告をもとに、「真性ＵＦＯ」というものを求めて研究してきた。これらの資料は一般に知られているテレビやＵＦＯ書籍ではほとんん

ど取り上げられていない。

それらが「ＵＦＯの話題を追跡する」という報道機関の姿勢とはほとんど関わりのない人々による、「現代ＵＦＯ記録史」だからだろう。その点で、真のＵＦＯ観測者たちは、ごく限られた範囲内で活動し、特に世間に注目されたり、騒がれたりすることなく、地道な観測と記録を続けてきた、ほんの一握りの人々といえる。

これらの記録を根拠に「ＵＦＯ」を論じるのは「視野が狭い」と言われるかもしれない。そこには怪奇的な宇宙人も、宇宙人との親密な交流も登場しない。ただの観測記録と、目撃者による若干の「感想文」があるだけである。

しかし、海外の研究者によるＵＦＯ事例を紹介した第２部、日本のＵＦＯ研究団体の歩みを紹介する第３部、そしてＣＢＡ（宇宙友好協会）という特異な研究団体の軌跡を述べた第４部へと読み進めば、前記のような客観的な事例こそが、地球上で展開されてきた「空飛ぶ円盤」「ＵＦＯ」というものを考える上で、最も確実な資料であることを理解していただけるのではないか。少なくとも筆者はそう信じて活動している。

第２章
筆者が「これは真性ＵＦＯ」と判断する日本国内ＵＦＯ事例二〇選

航空機や管制塔から目撃されたＵＦＯ

日本では、欧米のようにセンセーショナルなＵＦＯ事件は少ない。それでも世界に共通した航空機による遭遇事件、空港周辺の目撃、多数の住民による目撃事件はこれまでにいくつか起こってきた。海外のＵＦＯ事件は、日本人研究者による直接調査はできないが、国内における事件については、ＵＦＯ研究者による当事者への直接聴取が可能である。

筆者も一九七〇年代の一時期、新聞にＵＦＯ目撃が報道されると、単身あるいは仲間と共に現地へと向かい、目撃者から話を聞いた。このように目撃者と直接相対することで、各事件の信頼度を推し量ることができた。

目撃者が二人以上いる事例は、複数の証言を比較することによって、より客観的事実に近づくことができる。パイロット、警察官、消防士、教員といった社会的な要職にある人々による報告は、信頼度の高い最も重視すべき事例だろう。また住民の多数とか、学校の児童多数が目撃した場合も、客観性が高いといえる。そのような基準によって、筆者が選び出した日本国内におけるベスト二〇例を、ケースごとに紹介してみる。

一.航空会社パイロットによる「瀬戸内海UFO事件」（一九六五年）

一九六五年三月一八日午後七時六分頃、大阪から広島に向かう東亜航空コンベア二四〇機（乗客二八人）を操縦する稲葉義晴機長（当時四三。以下の年齢も当時）は、瀬戸内海上空、家島《いえしま》群島付近において、左前方から蛍光色の長円形物体が接近するのを発見、馬嶋哲副操縦士（二六）もこれを確認した。

稲葉機長は未知の物体の接近に対してライトを数回点滅させて合図したが、物体はなおも接近してきた。これに危険を感じた機長は、ただちに乗客には安全ベルトをつけるようサインランプのボタンを押し、右に六〇度の旋回を行った。

すると物体はすれ違った瞬間に停止してから、同機の左翼の端近くに接近して一緒に飛行し始めた。機長の推定によると、物体の大きさは一五メートルぐらいの長円形で、全体が蛍光色に輝き、その光を受けて主翼は青色に反射していた。さらに操縦席にあるＡＤＦ（自動方向探知装置）の二本の針が、激しく振れていたという。

副操縦士は高松空港管制塔にこの状況を連絡した。発光物体との遭遇は約三分間。やがて物体はコンベア機から離れて、高松方面へと姿を消し去った。

その二〇〜三〇秒後、「こちらはＪＡ３２３１、空飛ぶ円盤らしいものに追われている」と激しい口調で高松タワーを呼ぶ東京航空パイロットの声が聞こえてきた。この物体は、高松上空にあった東京航空所属のパイパー機の根岸操縦士によっても目撃されたのであった。

さらに高松発大阪行き全日空の最終便からも物体が目撃されていた。そのときの乗客であったＮ氏がＣＢＡ（宇宙友好協会）会員の橋野昇一に語ったところによると、「飛行物体はうすく光る中央のふくれた円盤形で、それは後方から接近してきました。乗客みんながそれを見ました。機長は『心配ありません』とアナウンスして人々を落ち着かせたとのことです。やがてそれ［天宮注・物体］は闇の中に溶け込むように消えていきました」という（橋野昇一著『ＵＦＯの光を求めて』たま出版の九頁より）。

東亜航空の稲葉機長と馬嶋副操縦士、そして東京航空の根岸操縦士は、ＣＢＡの調査員に目撃報告を提出した。それらはＣＢＡ発行冊子「瀬戸内海ＵＦＯ事件の全貌」に収録されている。

この事件は発生当時、多数の新聞で報道されたが、否定論もあった。それは、鹿児島県の内之浦宇宙空間観測所から発射された東大のラムダロケットが発生させた遠方の発光雲を、パイロットが至近距離の物体と錯覚したのではないかという理屈であった。

筆者は一九七三年に稲葉機長と面会し、彼が錯覚を起こすような人物ではなく、事実に基づく発言に徹した態度に感銘を受けた。ＵＦＯ事件の調査は机上の推論より、当事者の識別能力に踏み込む姿勢が大切である。稲葉機長は、主翼の三分の一を覆った円盤の光芒に、清爽《せいそう》な雰囲気を感じたと筆者に語ってくれた（ＣＢＡ『空飛ぶ円盤ニュース』一九六五年五月号付録「瀬戸内海ＵＦＯ事件の全貌」をもとに構成した）。

二．航空会社パイロットによる「全日空機二機の時間差遭遇」（一九八一年）

一九八一年一一月二七日、全日空六一七便東京発宮崎行きのボーイング七二七旅客機のＴ杉機長（三八）は、午後七時頃、伊豆半島を通過した後、前方にＪＡＬのジャンボ機を確認した。彼がジャンボ機の少し左に眼をやったとき、一列に並んだ丸いオレンジの光を発見した。彼はすぐ他の乗務員にこれを知らせた。

機長と共にこれを見たのは、副操縦士、航空機関士、管制官であった。光体群は四人が見守る中、機の左真横まで移動、それと共に一列だった光の群れは、三つに分かれて三列縦隊となり、それが斜め三本の平行線の形になった。そして、彼らが見ている前でフッと消えてしまった。

N田副操縦士は、埼玉県所沢市のATC（航空交通管制部）に未確認飛行物体の確認を求めるために連絡した。この全日空機からの通報に対し、ATCはレーダーでその空域を確認したが、全日空機のすぐ後方にJALのジャンボ機が確認できただけで、それらしい飛行物体は確認できなかった、という。これは運輸省（現・国土交通省）航空交通管制部・O管制官の説明である。

同じ日のほぼ同じ頃、同じ全日空機が、大島（東京大島支庁）から約七〇〇キロメートル離れた松山上空で似たような発光体群と遭遇した。先の全日空六一七便の遭遇時刻を午後七時五〜六分とすると、その約三分後に、光体群は松山上空へと移動していたことになる。すなわち、全日空666便長崎発東京行きのトライスター旅客機は、長崎空港を離陸して松山市から一五マイル北方の高度三万三〇〇〇フィート上空で、光体群を発見した。

666便のW部機長によると、時刻は午後七時八分。第一発見者はU村副操縦士で、「機の右後方から飛行機らしいものが接近してくる」と機長に報告した。W部機長が見ると、一列に並んだ二〇個ほどの光体が接近してくるのが見えた。彼らには617便の目撃者のように、個々別々の光体ではなく、大きな物体の窓のように感じられたという。

W部機長はテレビ局のインタビューを受けて、こう説明している。「それは猛スピードで近づいてきたと思うと、しばらく我々の機と並行して飛んでいるように見えた。一直線に並んだ光は、大きな航空機の窓といった感じで、青白い丸い光が並んでいた。オレンジ色ではなく、やや薄く白っぽい青に見えた。全体の形は見えず、ただ、たくさんの光が並んでいるだけだった。それはスピードをあげて宇和島上空から室戸岬の方へ遠ざかり見ているうちにパッと消えてしまった」（『ＵＦＯと宇宙』ユニバース出版の一九八二年二月号「全日空６１７便が超高速ＵＦＯと遭遇」・同誌一九八二年四月号「全日空機ＵＦＯ遭遇事件フォローアップ」をもとに構成した）。

この事例は全日空という同じ航空会社に所属する二機の旅客機が、異なる地点で同一のように見える光体群と遭遇したことに特徴がある。このような偶然が自然に起こる確率を考えた場合、**二機の航空機は光体群から意図的に選ばれた相手**と解釈することもできるのではないか。

しかも、二機の機長とその乗員は、テレビに出演して証言した。それによって、多くの日本人がこの事例を知ったのであった。

三．管制塔から目撃「羽田空軍基地目撃事件」（一九五二年）

現在の東京国際空港（通称・羽田空港）は終戦後、羽田陸軍航空隊基地となり、朝鮮戦争中は活気のある基地となっていた。一九五二年八月五日午後一一時三〇分頃、任務交代のため空港施設を管制塔に向かって歩いていた二人の管制官は、北北東の空に異常に明るい光体を発見した。二人は管制塔に駆け込み、七倍の双眼鏡でこれを観察した。

肉眼による見かけの明るさは木星より明るかった。そして七倍の双眼鏡を通した見かけ上の大きさは、満月を肉眼で見たときの視直径の三分の二の大きさに見えた。その観察によると、光体は円形で、その周囲を黒い影が円形に取り巻いていた。そして黒い円形の下方に小さな光点がいくつか見られた。

その一〇分後、立川航空基地から羽田の管制官に対し、東京湾上に見える白く明るい光についての問い合わせが入った。東京羽田と埼玉県入間、この離れた二つの米軍基地から、東京湾方向に同一の光る物体が目撃されたのであった。

管制官たちは、千葉県の白井《しろい》基地（現・千葉県柏市にある下総航空基地）のＧＣＩ（地上迎撃管制）レーダーサイトに連絡した。白井基地のレーダー管制官は、羽田の北東に三〜四個の目標を捕捉した。

翌八月六日の午前〇時三分過ぎ、白井基地からの要請を受けて、ジョンソン基地（現・入間基地）からＦ－94Ｂ戦闘機が緊急発進し、東京湾上空に向かった。白井基地からはＦ－94の右側に不明目標を捉え、パイロットに通知した。正体不明の目標は円軌道を描き、速度を変化させていた。

午前〇時一五分、Ｆ－94の機内レーダーも移動する目標を捉えた。それは加速しながらレーダー圏外に消え去ろうとしたので、パイロットは右旋回し、九〇秒間にわたり追跡した。しかし、不明目標は高速でレーダー面から消え去った。この間、パイロットは目標を視認できなかった。

この事件の報告書は、極東空軍情報将校チャールズ・Ｊ・マルビン大尉によって「プロジェクト・ブルーブック」に送られた（ＣＢＡインターナショナル『UFO News』一九七四年春・夏号、ジェームスＥ・マクドナルド博士「羽田空軍基地目撃事件の徹底究明」をもとに構成した）。

四．管制塔から目撃「秋田空港事件」（一九七五年）

一九七五年一〇月一七日、秋田空港では一一月から始まる秋田－大阪間の新空路開設を控えて、東亜国内航空のテスト機到着を待っていた。管制室には航空通信管制官のＷ氏（二七）とＴ氏（二一）が勤務についていた。

管制室の外、秋田空港ビルの屋上には取材に来ていた秋田放送報道部・Ｍ記者（二五）とカメラマンのＧ氏（三五）がいた。秋田放送の二人は、管制室内に録音装置をセットし録音を開始してから、管制室外の屋上でテスト機の到着を待っていた。

午前一一時四三分、東亜航空のテスト機（ＹＳ－11）が空港に接近したとき、謎の物体が大森山という空港近くのテレビアンテナの立つ山の上空に現れた。このときの発見や管制官とのやりとり、また航空機との交信などは、管制室にセットされた録音テープに記録された。屋上で待機していた秋田放送のカメラマンは、三脚に固定した一六ミリムービーで、この物体を撮影した。

さらに、管制官等は肉眼のみならず、管制室にあった望遠鏡と双眼鏡でこれを観察し、それが黄金色の円盤状物体で、周囲に円形のハロー（光輪）のようなものが取り巻いているのを観察した。七倍の双眼鏡で観察したM記者によると、物体は金色に光る楕円形で、丸く透明なドームのようなものが取り囲んでいたという。

また天体望遠鏡で観察したT管制官によると、物体はジグザグに動いていたので視野に捉えるのが難しかったが、一瞬、円盤のようなものが大きく見えた気がしたという。望遠一〇〇ミリの一六ミリムービーで撮影したGカメラマンによると、未確認飛行物体はジグザグ運動をしつつ、東亜国内航空のテスト機が大森山上空にさしかかったとき、テスト機へ接近するのが見えた。

この事例は、目撃者が不明物体を観察しながら取り交わした交信記録やカメラマンによる映像という、証拠資料を残した事例となるが、その後のUFO研究者による本格的な研究は見られないようだ（『GORO』一九七五年一二月一一日号、小学館掲載の「秋田空港上空に出現した〝金色UFO〟を追う！」をもとに構成した）。

五．自衛隊根室レーダーがＵＦＯを捕捉し、スクランブル発進（一九七八年）

一九七八年八月一七日午後一〇時三〇分頃、航空自衛隊根室分屯基地のレーダーサイトのレーダーが、国後島《くなしり》南方上空高度九〇〇〇～一八〇〇〇メートルの低空を、北から南南西に向かう時速七〇〇キロメートル程度の正体不明物体を捕捉した。それは釧路方面に向かっており、襟裳岬《えりも》付近の襟裳レーダーでもキャッチされた。

一〇分後、航空自衛隊三沢基地からの指令で、Ｆ４ＥＪファントム迎撃戦闘機二機が緊急発進した。二機はレーダーの誘導に従い、午後一一時頃、レーダー捕捉空域の中標津《なかしべつ》上空に達して捜索したが、機上レーダーには捕捉されず、また肉眼でも視認できなかった。そのため、二機のファントム機は基地に引き返した。

しかし、正体不明の目標は依然として地上レーダー面には映り続けていた。あるいは、戦闘機が接近した直後にいったん消えて、再び現れた、とも解釈されている。そのため、翌一八日午前〇時一三分に、再びファントム二機による緊急発進と捜索が行われた。さらにもう一度レーダー捕捉があって、合計六機に及ぶ迎撃機が緊急発進したが、正体解明や視認もできずに終わった。この出来事は、一九七八年八月一八日午前中、防衛庁航空幕僚監部が発表し、毎日新聞と読売新聞が報道した（近代宇宙旅行協会『空飛ぶ円盤情報』No.82「北海道でレーダー目撃？――根室と襟裳岬にレーダーが映像キャッチ!!!」をもとに構成した)。

教師や警察官が目撃したUFO

六.高校教師が撮影「福岡上空のオタマジャクシ型円盤」(一九五七年)

一九五七年六月八日午後九時五〇分頃、福岡県大浜で三七歳の高校教師I氏は、妻と妹と三人で映画を見た帰途、妹の「あっ、流れ星!」の声で見上げると、大きな流星と思われるものが、ピタリと空中に停止した。彼は持っていたキャノンF1・8でそれを連続撮影した。以下は撮影者の報告から。

「妻と妹と三人で買物を済ませ、映画を見ての帰途、(九時五十分頃)上呉服町の路上で突然妹が『アッ！　流星!……』と呼んだのが最初で、見上げると南東から北西へゆるやかにボール位のオレンヂ色の光がスーッと尾を引いて流れ、最初私達は大きな流星だと思っていたが、その光体は急にピタリと空中に停止し、一瞬赤味を帯びた色彩に変り、その周囲から青緑乃至青白い焔を放射しているのが肉眼でもハッキリと見え、そこで私は『あれは一体何?』という妹達の質問を無視して持っていたキャノンF1・8で無我夢中で連続四枚撮しましたが、二枚

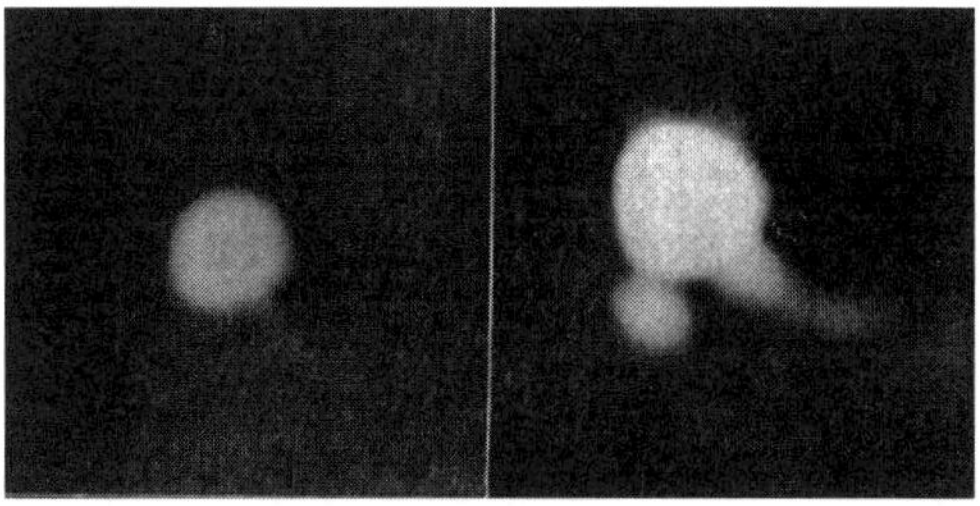

1957 年 6 月 8 日、福岡市上空に現れたオタマジャクシ型円盤の写真（『空飛ぶ円盤写真集　1950 年代 UFO 黎明期』1999 年発行、天空人協会より。著者が所属する団体が発行した私家版）

は失敗してしまいました。データは絞り開放、シャッター速度は１／８程度と思いますが、暗いのと慌てていたのではっきりとは記録していません。……」

同時目撃者の二人によると、それは降下してから滞空した。滞空したときに写真が二枚撮影された。全目撃時間は約三〜四分。円盤の滞空時間は一〜二分。音は全然なく、下降の際はかなりゆるやかに下降したが、上昇のときにはジェット機よりも速い速度で上昇し、その際、ボーッと一瞬色彩が濃くなったという。

撮影された二枚の写真は、見事に空飛ぶ円盤の姿を捉えている。目撃者による目撃状況図と合わせて、日本のＵＦＯ史に残る良質な資料といえるだろう（近代宇宙旅行協会『空飛ぶ円盤情報』No.５「福岡市上空の奇妙なお玉杓子状円盤!!!」をもとに構成した）。

七．近代宇宙旅行協会員も目撃した「変形するボール状物体」（一九五九年）

一九五九年七月四日午後六時頃、滋賀県八日市市上空に二個のまばゆく輝いた銀白色の物体が出現、八日市駅前通りを挟む二つの地点から、その微速度移動と滞空が二〇分以上にわたって目撃された。物体の大きさは野球ボール大で、肉眼でもはっきりと認められたが、光が強かった。

二個の物体は、先頭が後方を先導するかのように直線的に北東から南西へと、駅前通り上空を横断した。途中で片方（前方のものか、後方のものかは不明）が消え失せ、残った一個が近江鉄道上空付近で停止した。

その停止の状態のまま、二〇分以上も滞空した。この頃、目撃者は五〇数名に達した。目撃者の一人で報告者でもある近代宇宙旅行協会の会員であるＫ氏（三三）は、勤務する事務所を出た直後にこれを発見し、写真を撮らねばと付近のカメラ店、時計店、メガネ店を駆け回って撮影依頼をしたが思うようにいかず、写真撮影は行われなかった。

Ｋ氏がこれを見たのが午後七時前で、そのときはまだ、残った一個の物体が移動中であった。それは、ほとんど停止しているかと思うほどの微速度で移動した。そして彼が目撃してから五分後、それは滞空状態に入った。その物体は、Ｋ氏によると「滞空後に消えた」とのことだが、「最後は上昇して消えた」という報告もあり、目撃者により最後の見届けには個人差があるようだ。

物体は時間の経過と共に黄色、オレンジ、桃色と変化した。形状も円形、菱形、キノコ状と変化した。この物体の最大の特徴は「微速度移動」である。直線的な経路をジワジワと微速度で進んだということは、風船や気球のなせる技ではないだろう。二〇分間という長時間停止もＵＦＯに見られる特長の一つである（近代宇宙旅行協会『空飛ぶ円盤情報』No.16「八日市では2個のＵＦＯを1時間20分目撃!!!」をもとに構成した）。

八．消防署員と警察官も長時間目撃した「白熱電球状光体」（一九七三年）

一九七三年四月七日午後九時二五分頃、東京都世田谷区玉川等々力《とどろき》町の会社社長Ａ氏（三二）から東京消防庁へ一一九番通報があり、連絡を受けた玉川消防署員が望楼《ぼうろう》（やぐら）に上ってみると、南東方向仰角一五度に一個の光る物体を目撃した。署員のＴ氏によると、それは白色電球のような光で、はっきりした形。ほとんど動かず、四、五分で光の尾を引いてスーッと消えたという。

その後、約三〇分ほどして、光体はやや東寄りに現れた。それは約二〇分間、一～三分の間光っては消えるという、断続的な明滅状態を四～五回繰り返した。さらに三〇分ほど経過した午後一〇時四〇分過ぎ、一個の光体は鮮明に見え、キラキラと光を放った後、二個に分かれ、さらに四個になって消えた。その後も現れては消えた、という。

一一九番通報をしたＡ氏は、等々力町のマンション七階にある会社の窓からこの現象を目撃し、週刊誌『週刊大衆』の取材にこう説明している。

「白色電球のような光でした。後輩が、〝東京タワーの明りかな〟なんていったが、私はこの辺に長く住んでいて東京タワーが見えないことは知っていました。とにかく奇妙なんです。二つが折り重なるようになったかと思えば、急に左右に動いたりする。ゆっくり低空飛行しているかと思うと、急に突拍子もない方向へ動いたり……。これはおかしいと思って、20分くらい後に、消防庁へ連絡したんです。興奮していたから、夢中で受話器をつかんでたんです」

三番目の目撃者である玉川消防署のK氏は、同僚と共に望楼でこれを目撃したときの様子を、こう述べている。

「私が見たのは午後11時ごろです。街灯の水銀灯を三つくらい合わせたくらいの大きさでした。青白い光がまぶしくて、はっきりした形は分りませんでしたね。丸いようでもあり、円形のようでもありました。急に明るくパッと光ったかと思うと、徐々に消えて行ったんです。位置は移動しませんでした。南東の方向に離着陸する羽田空港の飛行灯が見えますが光り方が全然違います。人によっては、頭上に近い空間に発見したり、色も黄色やダイダイ色に見えたといっています」

消防署は警視庁にこれを連絡、警視庁の指示で玉川警察署から二台のパトカーが現場に急行した。現場に到着した警察官は、それまでユラユラ浮遊していた物体が、急に大きくなって近づいてきたのを見て驚き、「あれは飛行機なんかじゃない」としきりに首をかしげていたという。

また、このとき、どういうわけか一〇分間くらい電話が通じなくなってしまった。そのとき、気象庁の方からもＡ氏の家に問い合わせの電話をかけたが、全然通じなかった、とのこと。

Ａ氏は陸上自衛隊航空部にも、その時間帯のフライトの有無について、またレーダー捕捉の有無について問い合わせている。航空自衛隊目黒補給所（現・目黒基地）の回答は自衛隊機の夜間フライトはなく、そしてレーダーにも映らなかった、ということであった。

この事例は、会社社長による一一九通報、消防署員による望楼からの確認、そして警視庁パトカーの警察官も加わった、多数が証言しているＵＦＯ事件である。消えたり現れたり、様々に見られた状況もＵＦＯの特徴を示している。またＵＦＯ出現に伴い電話が不通になった現象は、海外にも見られる「ＵＦＯによる電磁効果」の類例と見てよいだろう（近代宇宙旅行協会『空飛ぶ円盤研究』No.70「東京で又〝空飛ぶ円盤〟騒ぎ！　玉川消防署員が長時間目撃!!」をもとに構成した）。

九．警察官が目撃した「葉巻型物体の長時間空中静止」（一九八〇年）

一九八〇年九月二日午前三時四〇分頃、大阪府高槻市を走行中のパトカーが上空に滞空する金色の葉巻型物体を目撃した。パトカーからの無線連絡を受けた大阪府池田市、同豊中市の各警察署でも多数の署員が双眼鏡によりこれを確認した。これを見た豊中署のＭ森警部補は、取材に訪れた「日本ＵＦＯ研究会」の設立者・平田留三《とめぞう》に当時の様子をこう語った。

「あれがＵＦＯなのかどうかは私には云えませんが、私は当日庄内派出所に居りました。パトカーの無線を傍受して4人の派出所勤務の署員と、双眼鏡で見たのですが、天候は晴で午前3時40分でした。東の空に金色に輝く横に長い円筒形の物体が静止していました。特徴としては、木材を燃やした時のように光がキラキラと明暗し、円筒形の両端は丸みを帯びていて右端で青と赤に変色点滅するものがあったように思います。同時目撃者はN（31）A（24）I（31）H（20）の派出所勤務署員です。午前6時30分ごろまで同じ位置にありましたが、それ以後は消えて見えなくなりました」（日本UFO研究会『JUFORA』No.25・26「UFOを監視・報告せよ！　大阪府警の警官多数が目撃した怪光体」より。ただし同時目撃者の名前をイニシャルにした）

また、豊中署の屋上（三階建て）からそれを見たT警部補は、平田を目撃現場の屋上に案内してこう語った。

「うちの管内に大阪空港があるので、光体を見て念のため飛行機ではないか？　問い合せまでしたんですよ。勿論その時間に飛んでいる航空機はありません。（屋上の手すりを両手で持って中腰になり）私はこんな風にして見ていましたが、眼が痛くなるほどの強い光でしたよ。物体は前方の山の上空に止まっていたようで、午前六時半ごろ遠くへ去って行くように小さくなって消えました」（前掲記事より）

この事件は当日の午後六時からのニュースワイド番組「MBSナウ」で約一〇分間放映された（日本UFO研究会『JUFORA』No.25・26「UFOを監視・報告せよ！　大阪府警の警官多数が目撃し

た怪光体」をもとに構成した）。

一〇．駅職員らが目撃した「十和田南駅周辺で見られた赤紫色の物体」（一九七三年）

一九七三年七月五日午後七時過ぎ、秋田県鹿角《かづの》市の十和田南駅構内で、駅員のＩ氏（四七）が貨車の入ってくるのを待っていたところ、北北西の空に赤紫に輝く物体を発見した。Ｉ氏は駅員室にいた六人の同僚を呼び、貨車が入るまで少し時間があったので、主席助役（四六）の家まで知らせに行った。

駅員の一人・Ｔ氏（二三）によると、駅員室にいたとき窓の外が夕焼けとは違う赤紫色に覆われ、そこへＩ氏が空に何かあると知らせに来たので、駅員たち数名と外に出てみると、北北西の空に赤紫色に輝くものが見えた。

光の真ん中は銀色で、確かに固体に見え、そこからガスが燃えるような火または蒸気のようなものが絶えず噴き出して、赤紫色に染まった光の輪のようだった。それはちょうど月が薄曇りの日に見えるような具合で、かすかに波打っていて、見ている方向に遠ざかっていった。

主席助役のＳ氏は家にいてＩ氏の知らせを受け、一〇倍の双眼鏡を持ってこれを観察した。炎の噴出状況がはっきり見え、その炎は進行方向の少し後ろに斜めになった形で遠ざかっていったという。S氏はそのときの目撃図を二枚描いている。目撃時間は午後七時一〇分から三七分までの間と見られている。七時三七分になり、列車が発車するときには雲に隠れてしまっていた。

　また同日の午後七時二五分頃、花輪線の沿線にある比内町で、比内中学一年生K氏（一三）も自転車で出かけるときに青白くまぶしく輝くものを発見した。家に戻って両親や兄に教えると共に、兄のカメラを持って屋根にのぼり数枚の写真を撮った。

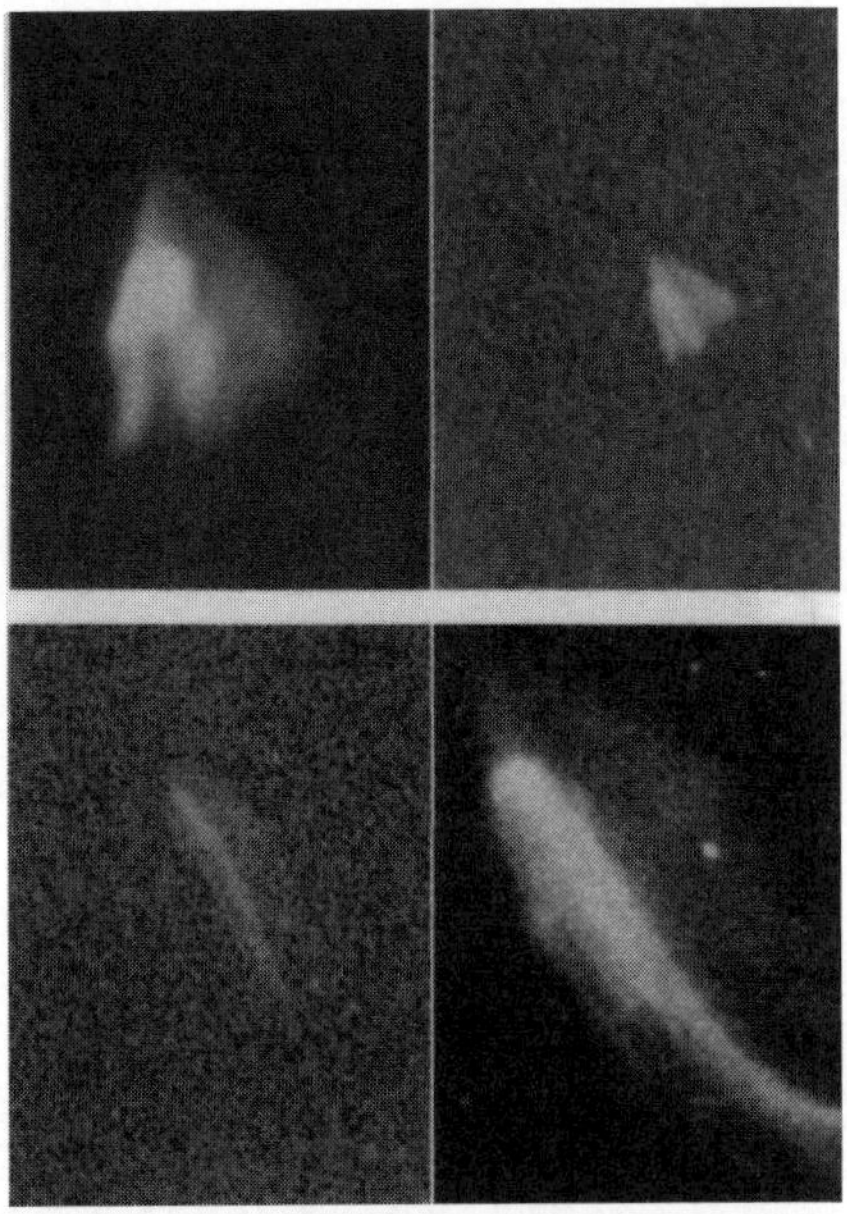

1973年7月5日、秋田県鹿角市で中学生が撮影したUFO
（天空人協会『Sky People』No.3より）

　K氏によると、それは青白色にまぶしく光っていたが、その後オレンジ色に変化し、北の方へ遠ざかっていったとのこと。彼のほか、同級生など二〇～三〇人がこれを目撃していた。写真には光った三角形の物体と流線型の光体が見られる。

　さらに十和田南駅発午後七時三四分の花輪線の列車に乗った高校生I氏も列車の中から「鍋」のような物体を目撃していた（近代宇宙旅行協会『空飛ぶ円盤研究』No.72「秋田県鹿角市で目撃さ

れた奇妙な物体!!!」をもとに構成した）。

生徒や市民が目撃したＵＦＯ

一一．豊中市の姉妹が追いかけた黒い円盤（一九七二年）

一九七二年一〇月一七日午後二時過ぎ、大阪国際空港近くに住むI姉妹は、自宅近くの路上でトランシーバーで交信しながら遊んでいた。すると姉妹の母親が、家から出たときに何かを発見し「あそこを見なさい」と教えた。母親は観測気球かと思ったらしくすぐ家に入った。

姉妹が空を見ると、黒くて丸い物体が現れていた。そして、ゆっくりと移動していた。空は快晴で青く、物体は妹の方に向かって、ゆっくりと移動してきた。二人が下から見上げると、物体の底部が回転しているのが見えた。丸い物体は、飛行機の着陸進入時の高さにあるように低く「この物体は飛行機の着陸を妨げるのではないか」と姉妹は思った。

二人はこの物体を追って歩いた。その途中、カラスが物体に近づいた。しかし、カラスは物体を避け、あわてたように飛び去っていった。黒く丸い物体からは赤い尾が出ていた。この赤い尾は、物体が去った空にいつまでも残っていた。この目撃の最中、二人の持っていたトランシーバーに「ガーッ」という雑音が入った。このトランシーバーはこの事件の後、故障して使えなくなってしまった。

トランシーバーは、飛行機の通過でも雑音が入ったが、しかし故障することはなかったという。姉妹は壊れたトランシーバーを捨ててしまったが、それは貴重な物的証拠になったはずであった（筆者の妻の天宮ユキによる目撃者［姉］からの直接聴取・大阪UFOサークル『UFOサークル』No.2に掲載）。

一二．小学校の教室から生徒が目撃したUFO（一九七四年）

一九七四年一月二四日午前一一時三〇分過ぎ、神奈川県横浜市港南区にある市立南台小学校の三階にある五年六組の教室で、担任H先生により国語の授業として作詩の勉強が進められていた。青空の詩を書こうと思ったMさん（一二）は、窓の外を見たとき、団地の建物の上に白く光る不思議な物体を発見して周りのクラスメイトに知らせた。時計の針は一一時三五分を指していた。

男子児童も「変なものが飛んでいるぞ」と周りに知らせ、彼らは次々と席を立って窓際に駆け寄った。その物体は白色の凸レンズの形で、鈍く光り、背後の青空とのコントラストによって明瞭に見えた。物体の底部には、ぼやけた赤と青のライトがあって、交互に明滅を繰り返していた。

進行方向が赤、後方に青いライトがあったと、ほとんどの児童が述べている。物体は上下の蛇行運動と停止を繰り返しながら、団地の上空をゆるやかに飛び回った。教室からの仰角は九度。窓は東に面していた。それは雲に入ったり出たりしていたとの証言もある。物体は約三〇分間にわたって浮遊運動を行った後、校舎の屋根をかすめるように北方へ一直線に飛び去っていった（ＣＢＡインターナショナル『UFO News』一九七四年秋号「凸レンズ状ＵＦＯを30分間に亘って見る!!」をもとに構成した）。

一三、北海道中標津の町で住民多数が目撃（一九七五年）

一九七五年二月一四日午後六時半から七時までの間、北海道中標津《なかしべつ》の町で「明るく円盤状のものを見た」という人が次々と現れた。この謎の物体をカメラに捉えた運転手Ｔ氏（二八）によると、遠くからは一つの光にしか見えなかったが、接近して見ると円盤状のものが五つ重ね合わされているようになっているのがわかった。

この一団は、空中に静止していたが、その中の一機がすーっと横に移動してまた元の位置に戻ってきた。今度は別の一機が違う方向へやはり水平状に移動してまた戻ってくるという動きをした。

筆者は当時中学生だった目撃者の一人、Ｗさんと奈良県天理市で知り合い、本人から当時の目撃を思い出して絵を描いてもらった。そこには、静止する状態、重なった状態、螺旋《らせん》やジグザグに移動する様子など六つのパターンが描かれている（筆者による直接聴取と一九七五年三月四日付の釧路新聞記事「中標津町の上空にＵＦＯ出現！」をもとに構成した）。

一四．延岡市の多数の市民が目撃したＵＦＯ（一九七五年）

一九七五年五月一二日午後四時二〇分頃、宮城県延岡《のべおか》市の上空に金星ほどの大きさの光体が輝き、非常にゆっくりと北から南へ移動していくのが多数の市民によって目撃された。延岡測候所、消防署に問い合わせが相次いだ。

宮崎市の「日本宇宙ＵＦＯ研究会」のＮ氏は、延岡市在住のアマチュア無線家から目撃通報を受け、市内の会員に連絡した。Ｎ氏は新聞社への問い合わせで得た情報から、光体の進路が彼の住む地域に向かっているので夜空を見上げて待機した。

午後八時三〇分頃、Ｎ氏は延岡方面から接近してくる点滅する物体を発見した。しかし、双眼鏡で見てもそれは黒い大きな物体としか見えなかった。

一方、延岡市で天体望遠鏡により光体を観察したＭ氏（一八）によると、午後七時一七分に光体は白銀色の円形物体として見られたが、オレンジ色に変化したという。その変化は物体が消滅する直前に生じたことが他の双眼鏡観察者によっても確認された。

Ｎ氏の報告には、市民の大部分によって目撃されたことが述べられている。筆者が推測するに、その原因は、肉眼で長く見ていないと、動くのがわからないほどの速度だったことに原因があるようだ。

Ｎ氏によると光体は、午後六時二〇分から七時四〇分までの一時間以上にわたり、人々の見える上空にあったという。だから、人々が互いに知らせ合ってそれを見る時間的余裕があったわけである（日本宇宙ＵＦＯ研究会『ＵＦＯ』第三号「延岡市民の目撃した光体とは？」をもとに構成した）。

楕円形や三角錐、葉巻型のＵＦＯ

一五．群馬県館林市の二つの小学校で目撃されたＵＦＯ（一九七八年）

一九七八年一〇月一一日午後一二時三三分、群馬県館林《たてばやし》市にある館林市立第七小学校の校庭でソフトボールをやっていた六年生のＳさん（一一）は、南の空から降りてくる白い物体を発見した。級友の女子児童五人もこれを目撃した。それはまた上昇して雲の中に消えていった。

その二分後の午後一二時三五分、東へ七キロメートル離れた第五小学校の校庭で遊んでいた五年生二人は、真上に現れた円形の物体を発見した。二人が「ＵＦＯだ！」と騒ぐと、近くでゴム縄遊びをしていた五年生の三人も、いつも担任教師からＵＦＯの話を聞かされていたので、すぐ職員室の外から「先生、大きなものが飛んでいる。ＵＦＯだ！」と知らせた。

知らせを受けたＳ教師（四五）は、半信半疑で窓際から空を見たが、身を乗り出しても立ち木が邪魔で見えない。するとＫ校長から「Ｓ君、早く行ってみろ！」と言われ彼は職員室の窓からスリッパを履いたまま校庭に飛び降りて児童のそばに駆け寄り物体を見た。

謎の物体は西側の講堂上空に見え、上部は白く、ゆるやかなカーブを描いて底部は楕円形で真っ黒だった。約八〇人もの児童が見守る中、物体はフラフラと降下し、講堂の裏手に姿を消した。職員室の窓からは、校長と二人の先生が顔を出していた。その中の一人は物体を見ることができた（『ＵＦＯと宇宙』一九七九年新年特別号「小学校上空にＵＦＯ－生徒80名が目撃!!」をもとに構成した）。

一六．和歌山県金屋町で三人が三角錐物体を目撃（一九九一年）

一九九一年一〇月三日の午前中、和歌山県金屋町（現・有田川町）に住む農協職員Ｔ氏（六四）は、自宅から五キロメートル離れたミカン畑で作業していた。午前一一時頃、昼食をとるためバイクで自宅に向かう途中、前方の樹の上に凧《たこ》のような黒い物体を発見した。しかし、凧に見られるはずの糸もなく、三角形なので、𠆢にしては変だなとＴ氏は思いつつバイクで走り続けた。すると、それはいったん視野から見えなくなったが、山の近くで再発見した。さらに走り続けると、ある地点で真上に近い空に物体が見えた。それまで三角形に見えていたのが、下から見上げると円形になって見えたので、物体の形は円錐形であることが判明した。

さらに自宅に向かう道を走行したＴ氏は、県道に入る手前でバイクを停め、南方に見える黒い三角形の黒い物体を観察した。それを見ていると、近くに住むＭ氏（七〇）もやってきて、一緒にそれを眺めた。さらに軽トラックで通りかかったＨ氏（七〇）も加わり、三人で物体を眺めた。

それは三人が見ているうちに、次第に高空へ上がっていき、見えなくなったという。そのとき、時刻は一一時三〇分頃になっていた（天宮清とＯＵＣ［大阪ＵＦＯサークル］乾達也氏による現地取材から構成。『The UFO Researcher』一九九二年No.２に掲載した）。

一七．富山市の三時間滞空集合光体編隊はどう変化したか（一九七三年）

一九七三年八月二五日午後八時三〇分頃、富山県富山市の上空に五ないし一〇個の、鈍く発光する半透明の白い物体が現れた。見かけ上、物体の大きさはトンビよりやや大きく、長い棒状や円形などに変形を見せた。光体は上空をゆるやかに旋回したり、急速な直進を繰り返して約三時間にわたって上空にあった。

　この怪光体は多数の地元住民によって目撃され、富山市の今木町周辺では一時大騒ぎとなった。通報を受けた北日本新聞社は、社会部記者のK氏とMカメラマンを現場に派遣。彼らは住民らと共に午後九時三〇分から約一時間にわたって光体を観察した。Mカメラマンは二五〇ミリ望遠カメラで撮影しながら光体を観察。それは肉眼で見ると薄い白色だったが、望遠を通して見ると微小な光点の集合体であった。その集合の隊形が変わると、全体の形は細長い棒のようになったり、菱形になったり、円形になったりした。

　Mカメラマンは光体に向けて一五枚ほどシャッターを切ったが、成功したのは一枚だけだった。目撃者によると、複数の光体の動きは統一しておらず、二つ三つが分かれたり一緒になったり、また一番多いときは六つに見えたという。目撃者の眼にも、その光体が「鳥の羽が重なり合ってできているように、小さな点が集まったもの」のように見えた（CBAインターナショナル『UFO News』1974年春－夏号「富山上空に謎の編隊現わる……！」をもとに構成した）。

一八．埼玉県の二地点から目撃された葉巻型物体（一九六六年）

　一九六六年一〇月二二日午前七時五四分、春日部《かすかべ》高校二年生I氏とN氏は、登校のため埼玉県大宮駅から東武野田線に乗車し、七里《ななさと》駅付近を通過中、電車の中から青空の中に白く輝く細長い葉巻型の物体を発見した。二人は車内からそれを観察。それは北北東の空、仰角二〇度にあって白色を呈し静止状態を続けた。彼らは日頃の観測経験からその見かけの長さを測定し、「長径一〇度」とした。物体は約四五分以上にわたり見られた。

同日午前八時、浦和工業高校二年のＳ氏と同校三年のＡ氏は、登校のため与野《よの》駅に向かって徒歩中、真っ青な空に白く輝く斜めに滞空する細長い物体を発見した。それは北北東仰角一〇度にあり、非常に大きく、また美しく見られた。彼らは日頃の観測経験からその見かけの長さを測定し、「長径五度」とした。それは六〇分以上にわたり見られた。

この物体を二か所で観察した四人の高校生は、同じ方位である北北東に見られたことから、二つの地点から伸ばされた直線上で、一〇度と五度の角度の交叉点を求めた。それは高度約二〇〇〇メートルで交叉した。

また地図上に、目撃地点からの方位と、それぞれが測定した視直径を表示する図面を作成した。それによると、両者の角度が交叉した長さが一〇〇〇メートルであることを確認した。

こうした作図によって、彼らが二地点から観察した物体は、高度約二〇〇〇メートル、長さ一〇〇〇メートルの葉巻型ＵＦＯであると推定された（ＣＢＡ『空飛ぶ円盤ニュース』一九六七年四～五月号「埼玉で二地点より観測されたＵＦＯ」をもとに構成した）。

一九．滋賀日日新聞に写真が掲載された琵琶湖UFO事件（一九七五年）

一九七五年九月五日午後九時頃、滋賀県大津市本堅田町の臨湖《りんこ》団地の住民から滋賀日日新聞の本社へ「いま、琵琶湖大橋の上空を飛んでいる光る未確認飛行物体を目撃した」との通報があった。同新聞社では屋上でカメラを構えて待っていたところ、午後一〇時半にそれらしき光体を発見した。それは近くの音羽山《おとわやま》上空に見えた。形状は葉巻形の円盤のような物体と、その近くに三つの小さな光体が見えた。カメラマンはそれを撮影した（写真は一九七五年九月七日付滋賀日日新聞に掲載された）。

目撃者の話によると、この物体は最初、午後八時に現れ、一時間以上も琵琶湖大橋上空に浮かんでいたが、同九時過ぎから次第に上昇を始め、九時四〇分頃に消えたという。その間、本堅田町、臨湖団地の住民ら一〇数人が、この物体を目撃し、堅田警察署屋上からも署員らが確認した。

そのあと物体は午後一〇時半頃、今度は大津市内の中心部上空に姿を現した。それが新聞社の屋上から撮影された。それはゆっくりと上昇した後、南東の方向へオレンジ色の光を放ちながら飛び去った。

そのＵＦＯは、午後一一時頃にも再び姿を現し、大津市を飛行したが、ヘリコプターや飛行機が飛んでいるときのような爆音はまったくなく、中心物体と共に並行して飛行する一等星以上の発光体三つも、肉眼ではっきりと見られた（一九七五年九月七日付の滋賀日日新聞「大津上空に空飛ぶ円盤」をもとに構成した）。

二〇．小学校で一〇〇〇名が目撃し写真家が撮影した円盤（二〇〇〇年）

二〇〇〇年一〇月二一日午前一一時頃、神奈川県横浜市の三保《みほ》小学校で、創立三〇周年を祝う記念行事が行われていたとき、児童の何人かが空に浮かぶ銀色の円盤状物体を発見して空を見上げた。それはクルクルと回転していた。

最初、雲間に見え隠れしていた物体は、校庭の上空まで降下し、しばらく回転しながら滞空した後、北東の校舎の方へ移動して視界から消えた。その間、時間にして約五分くらいであった。

行事に参加していた全校児童と先生、関係者など合わせて約一〇〇〇人近い人々がこれを目撃。学校の広報誌を編集している女性によって撮影された（学研『ムー』二〇〇二年二月号「小学校に巨大ＵＦＯ飛来!!」をもとに構成した）。

同じ頃、三保小学校から東へ約一〇キロメートル離れた鶴見川で彩雲《さいうん》を撮ろうとしていた、アマチュア写真家のＨ氏（六四）も同じような物体を発見した。彼は三脚に固定した三〇〇ミリ望遠付きカメラにテレコンバージョンレンズをつけて六〇〇ミリにしていた。

H氏は楕円形物体が空中静止をしている間、連続五枚の撮影に成功した。六〇〇ミリという高倍率により、謎の物体は大きく鮮明に撮影された。その写真を見ると全体的に背景の空に溶け込むような濃く青い色彩だが、太陽光を反射して輝いた一点の光と、下の楕円のカーブにも白い輪郭が見られる。

この事件を調査した日本宇宙現象研究会によると、三保小学校で目撃された物体は、時速六〇キロメートルで北東へ移動して鶴見川上空に到達したと見られる（日本宇宙現象研究会『UFO Information』No.65 2002「横浜でUFO連続撮影さる！」・『UFO Information』No.66 2002「横浜で連続撮影のUFOに目撃者がいた――小学校校庭で生徒たち1000人が目撃!!」をもとに構成した）。

ここに取り上げた事例は、複数の目撃者がいること、少なくとも三分間以上の観察時間があること、存在が確認できる実名の目撃者がいることから、筆者の主張する「真性UFO」と判断した。

UFO現象の発生は、その「状況」が重要と思われる。そこで、日本の事例を状況別に並べてみた。日本も含め世界に共通していることは、「航空パイロット」「観測者・警察官」「町の多くの人々」がUFOと関わってきたことである。こうしたUFOの出現あるいは飛来とは、単なる偶発的な事故のようなものではなく、目撃者が出来事を受容しやすい「状況」に意図的に巻き込まれる〝異常現象〟だという感が強い。

ＵＦＯ事例を読むと、人類とは異なる何者かが「発展的効果をもたらす状況」を見定め、適切と判断された「時間帯」に「ＵＦＯ現象」を発生させているのではないかという印象を持つ。したがって、我々人類の頭上には「人類を凌駕《りょうが》する知恵者」が確実に存在すると筆者は確信している。

真性ＵＦＯとは、それを見た人々が、個人的な問題ではなく「異常な出来事」と感じて警察や専門家に報告することによって世に知られる。それは一種の社会的な変化といえるのではないだろうか。

第3章
筆者が「これは真性UFO」と判断する海外UFO事例二〇選

楕円形や弾丸型UFO、エンゼルヘア

ＵＦＯ出現とは世界共通の現象であると共に、誰もが自由に解釈できる問題でもある。一九四七年から今日に至るまで多くのＵＦＯ目撃が世界各地で発生してきた。共通するのは「空中に目撃され、撮影できる未知の物体」であることである。

世界中の空を飛ぶ航空パイロットは空中で様々な形態のＵＦＯと遭遇し、大気圏や宇宙を観測する科学者や技術者たちは、驚異的な飛行能力を持つＵＦＯを観測してきた。もちろん、無数の各国市民もそれらと類似したＵＦＯの目撃を報告してきた。

これらの物体あるいは現象は、決して人間の精神が生み出したものではなく、客観的な現象であり物体である。それゆえに、ＵＦＯを見た世界の多くの人々は、その実体を「地球外に起源を持つ宇宙船の一種」と考えてきたのであった。

今日、残念ながらＵＦＯというテーマを取り巻く環境は混乱している。その原因は「ＵＦＯ・宇宙人になり替わろう」と意図する霊的な勢力にあるようだ。そのせいで、人々が体験する「ＵＦＯ」や「宇宙人」の真偽識別が困難になってきた。つまりそれらが、宇宙からのものか、地球に所属するものか、という点も識別する必要が出てきたからである。

いま一度、空飛ぶ円盤の原点に立ち戻り、ＵＦＯ現象の基本的なケースを年代順に挙げ、本書で追求する「真性ＵＦＯ」を考える上で参考としたい。ＵＦＯ現象を真に理解するには「正しいＵＦＯ知識」が必要であると思うからだ。

一．米国ホワイトサンズ海軍実験場の気象学者たちが観測した楕円形の物体（一九四九年）

一九四九年四月二四日午前一〇時二〇分、米国ニューメキシコ州にあるホワイトサンズ海軍実験場で、五人の技術者が上層大気の状態を調べるためのスカイフック気球打ち上げの準備をしていた。一〇時三〇分、打ち上げられた気球を二五倍の経緯儀（観測物体の高度と方位角を測る器械）ＭＬ－47で追跡していた気象学者のチャールズ・ムーア（Charles B. Moore）は、観測を海軍のダビッドソンに任せ、彼自身は肉眼で上昇していく気球を見上げていた。

ところが数分後、ムーアがふと見ると、観測を任せた海軍の要員は、経緯儀を肉眼で見える気球とは別の方向に向けていた。この違いに気づいたムーアは、すぐ経緯儀の所へ行き、経緯儀を覗いてその目標物を確認した。目標物は気球より速く動いていた。ムーアはすばやく経緯儀を回してそれを追跡した。

それは長さが幅の二倍半ほどある楕円形の物体で、長径は約〇・二度あった。ムーアは他の技術者たちにもこのことを知らせた。全員が難なく肉眼でそれを確認できた。技術者たちが見守る中で、その物体は急に水平の動きを停止し、すごい速さで垂直にのぼっていった。すぐに肉眼でも望遠鏡でも見えなくなった。

ムーアも技術者たちも、この未知の物体が発する音を聞いてはいない（『ハイネック博士の未知との遭遇リポート』二見書房の九七～九八頁／チャールズ・ムーアの報告書［https://ufologie.patrickgross.org/htm/arrey49.htm］をもとに構成した）。

二、ケニア上空定期便から目撃されたキリマンジャロ上空の弾丸型ＵＦＯ（一九五一年）

一九五一年二月一九日午前七時、東アフリカ・ケニアのナイロビにあるウィルソン空港からモンバサに向けて、乗客九人、乗務員二人を乗せた定期便ロードスター機（C-60 Lodestar）が離陸した。午前七時二〇分、操縦士ジャック・ビックネル（Jack Bicknell）大尉と無線将校D・W・メリフィールド（Merrifield）は、キリマンジャロ（タンザニア北東部にある山で標高五八九五メートル。アフリカ大陸の最高峰）上空に白い星のような発光体が静止しているのを発見して乗客に知らせた。

乗客の一人は直ちに強力な望遠鏡で観測を開始。地上との連絡を取った無線将校は「それは気象観測用気球ではないか」という地上からの質問を上官であるビックネル大尉に伝えた。しかしそれを観察していた大尉は、観察すればするほど、それが気球などではありえないことがわかってきた。

それは鈍い銀色をした弾丸型で、胴体に沿って等間隔の暗い帯が縦に入っていた。全体の輪郭は非常にはっきりとしていた。

ロードスター機は物体に向かう進路にあり、近づくにつれて、もう一つの特徴が見られた。それは一方の端に四角い垂直のヒレのようなものがついていることであった。物体は動こうとする気配は少しもなく、滞空していた。

ロードスター機の乗客は双眼鏡をはずし、その中の二人が写真を撮り始めた。そのとき、突然、滞空していた物体は最初はごくゆっくりと移動しつつ、次第に上昇を始め、四万フィート（一二キロメートル）の高度でついに見えなくなってしまった。

ビックネル大尉はその弾丸型の物体が、三分間に六〇マイル（九六キロメートル）移動したと見積もった。時速にすれば一〇〇〇マイル（一六〇〇キロメートル）になる（CBA『空飛ぶ円盤ダイジェスト』一九六三年一一月号をもとに構成した）。

三．円盤から謎の物質エンゼルヘアが降下した！　フランスのオロロンとガイヤック事件（一九五二年）

一九五二年一〇月一七日、フランス南西部にあるオロロン（Oloron）の町は、雲ひとつない素晴らしい天気だった。午後一二時五〇分頃、オロロン中学の校長ジャン・イーヴ・プリジャン（Jean-Yves Prigent）は中学の二階にある自分の部屋で食卓へ向かおうとしていた。彼のそばには女教員であるプリジャン夫人と三人の子供らがいた。

息子の一人が叫んだ。「パパ、来てごらんよ、変なものが見えるよ！」すべての家族が彼のそばへ行った。プリジャンはその様子をこう語っている。

「北の方、青い空の奥に、奇妙な恰好の綿のような雲がただよっていた。その上に、細長い円筒形のものが、あきらかに四十五度ばかり傾いて、真直ぐに南西の方へゆっくり移動していた。（中略）そのものは白っぽく、光がなく、輪郭がはっきりしていた。上の端から白い煙が前立のように吹き出していた」（『空飛ぶ円盤は実在する』高文社より）

「円筒形のものの前に少し距離をおいて、三十ばかりのほかのものが同じ進路を通っていた。肉眼では、それらは煙の塊に似た不恰好な球の形をしていた。しかし、双眼鏡でみると、中が赤く、まわりが非常に傾斜した黄色っぽい輪のようになっている球をはっきり見ることができた」

「その《円盤》は二つずつならんで別々の道をすすみ、全体として、速くみじかいジグザグをなしていた。その二つの円盤がはなれると二つのあいだに電光形に白っぽい筋ができた。これらの奇妙なものはたくさんの筋をうしろへ残し、それがゆっくりと分解しながら地面の方へおりてきた。数時間のあいだ、木立や電話線や家々の屋根の上にふわりとしたものがひっかかっていた」（同前）

この白い物質は毛糸かナイロンに似ていた。そして、もつれて塊になり、速やかにゼラチン状になり、それから消え去った。多くの目撃者がそれを手に取って、消えていく現象を見ることができた。中学の体操教師は、運動競技場から集めた塊に火をつけてみた。するとセロファンのように燃えた。

その事件から一〇日後の一〇月二七日、今度はフランス南西部にあるガイヤック（gaillac）の町でも、オロロンとまったく同じ現象が人々によって目撃された。四五度に傾斜した円筒形がゆっくり南西へ向かって進み、それを二〇個ばかりの円盤が取り巻き、太陽にきらめきながらジグザグに飛行していったのである。

オロロンでの場合と違っていたのは、二個ずつ組になった円盤の幾組かが、非常に低いところまで降りてきたことである。約二〇分後、円筒形も円盤も地平線に消え去った。すると、早くも白い糸の塊が降り始め、円盤が見えなくなった後にも、長いこと落ちてきた（前掲『空飛ぶ円盤は実在する』「フランスの空における円盤」をもとに構成した）。

オロロンとガイヤックに降下したこの白い糸は、後にエンゼル・ヘア（Angel Hair）と呼ばれた。この不思議な物質は昆虫学者などから「蜘蛛が糸を吐きつつ空中を移動する『雪迎え』によるもの」と説明されているが、ＵＦＯ目撃現場では土星型円盤から放出されるのが目撃されているので、蜘蛛の糸とは区別すべきだろう。

日本でも一九五七年一一月四日に岩手県一関市で、一九五七年一一月一五日に富山県中新川郡上市町に降下したものが写真にも撮られている（参考・『バンビ・ブック』「空飛ぶ円盤なんでも号」朝日新聞社）。

この物質は手で触れると消えてしまうので分析できず、ＵＦＯ現象に伴う謎の降下物と解釈されている。

金属的な葉巻型ＵＦＯや、小型円盤を発射するＵＦＯ

四．カナダでＵＦＯの母機と子機が旅客機と並んで飛行した（一九五四年）

一九五四年六月二九日午後五時、英国海外航空会社（ＢＯＡＣ）の大型旅客機ボーイング377ストラトクルーザー「ケンタウルス（Centaurus）」号は、米国ニューヨーク市にあるアイドワイルド空港（現・ジョン・Ｆ・ケネディ国際空港）を離陸、ロンドンへ向かった。この空路は豪華客船のぜいたく旅行に匹敵し、乗客には映画・舞台のスター、外交官、実業家といった当代の花形か名士五一人が搭乗していた。

午後九時五分、ケンタウルス号は途中の給油でニューファウンドランドのグーズ・ベイ空港に寄るため、セント・ローレンス河を越えると機首を北東に向けた。機が高度六五〇〇メートルでセブン・アイランド（Seven Islands）を過ぎたとき、ジェームズ・ハワード（James R. Howard）機長は謎の物体を遠方に見た。左舷の座席にいた乗客や乗務員もそれに気づいた。

それは黒い点の周りで小さな点が踊っているような格好だった。それは次第に大きくなり、西洋梨を逆さまにしたような形となった。

ハワード機長は副操縦士のボイドに「あれをどう思うか」と注意を促した。ボイドもそれに気づいていた。彼らはその奇妙な物体との距離を八キロメートルと推定した。状況からすると、物体は機と平行に飛行していた。

二人が見ていると、中央の大型のものは、形を変え始めた。それは矢のようなデルタ翼（三角翼）のような形になり、最後に電話の受話器のような形となった。

ハワード機長は周りにある小さな物体の数を、何度も念を入れて数えた。それらはいつも六個だった。ある時は三個が前方に、残りの三個が後方に位置し、ある時は五個が前方に並んで、一個が後方に取り残されることもあった。

ボイド副操縦士はグーズ・ベイ（Goose Bay。カナダの空軍基地を指す）の管制塔に問い合わせた。管制塔からはすぐに返事があった。「その航路に他の飛行機はなし」との返答だった。

ハワード機長は近くにあった紙に物体のスケッチを描き始めた。機長の周囲には、航空士、無線技士、二人の機関士が重なるように舷側の窓から物体を見守っていた。

基地から発進した戦闘機から、「それはまだ見えるか」との無電（無線電信）が入ったとき、機長は返答をしようとして物体を見た。すると、それまで周囲にあった六個の小型物体が消えていた。機長が「あの小さいのはどうした？」と航空士に訊ねると、彼はこう答えた。

「それが機長、変なのです。小さい奴はみんなでかい奴の中に入ってしまったんです」

その刹那、今度は大型のものが急に小さくなり出した。恐ろしいスピードでケンタウルス号から離脱しようとしている様子であった。ハワード機長は接近しつつある戦闘機に「そのものは次第に小さくなりつつあり」と知らせた（黒沼健著『空飛ぶ円盤と宇宙人』高文社の「地球は狙われている」をもとに構成した。ハワード機長による当時の状況を説明する動画が以下のサイトで見られる。http://www.educatinghumanity.com/2012/02/british-airways-1954-mothership.html）。

五．マダガスカル島上空に現れ、数万人が目撃した金属的な葉巻型ＵＦＯ（一九五四年）

一九五四年八月のある月曜日、現地時間で午後六時、ちょうど夕暮れのことであった。マダガスカル島（マダガスカル共和国）のほぼ中央に位置するタナナリボ（現・アンタナナリボ）の町は、会社の退社時間とあって人並みがあふれ、商店街にはすでに灯がともっていた。澄み切った南国特有の空にはキラキラ星がまたたき、周りはうっすらと暗くなっていた。

マダガスカルでエールフランス航空会社の技術長を務めるエドモンド・キャンパニェ（Edmond Campagnae）は会社の支店の前で、何人かの航空勤務者と雑談を交わしながら郵便物の到着を待っていた。

そのときだった。突然、彼らは空の異変に気がついた。電気のように明るく輝く巨大な物体が空を飛行していたのだ。それは鮮やかなグリーンの光を放ちながら、町の上空をかすめるようにして、一直線に南方の丘の向こうに飛び去っていった。

これを見た多くの人々は、とっさにそれを隕石だと判断した。そして、その後に激しい爆発音が起こることを予期した。しかし、それらしい音はまったく聞こえてこなかった。

この出来事は街路に出ていた大部分の通行人によって目撃され、人々は物体が消え去った南の地平線に眼をこらしていた。三〇秒の時間が流れた。――すると、再び謎の発光体が姿を現したのである。今度はまっしぐらに町へ引き返してきた。

ぐんぐん近づいた光体は、町の上空に差しかかったとたん、突然、方向を変え、なんとエールフランスの建物の方へ低空で接近していった。エールフランスの建物に最も接近したとき、その光体が一機でないことがわかった。先頭に非常に輝かしい〝レンズ型〟があり、その後方にアルミニウムのように輝く外観の〝葉巻型〟が続いていた。

その胴体に窓らしきものは見えず、大きさはＤＣ‐４型機の胴体のように見えた。さらに後方の空間に、オレンジ色の火花が断続的に現れていた。

それらは速度を落としてゆっくり進み、タナナリボ市民が混乱の中でそれらを見守っていると、突然、あらゆる町の灯がいっせいに消えてしまった。大恐慌の中で、人々はその物体から何の物音も聞こえてこないことに気づいた。それらは悠然と町の上空を旋回したのち、次第に町から離れ、北西の丘の陰に隠れ去った。この間、実に二分間の出来事であった。

町の商店街の灯は再び点灯して元に戻り、この出来事が隣のサケイの町の住民も含め、実に数万人という人々によって目撃されていたことがわかった（ＣＢＡ『空飛ぶ円盤ダイジェスト』一九六五年一月号／ＣＢＡ『空飛ぶ円盤ニュース』一九六五年一月号をもとに構成した）。

六、ポルトガル空軍機編隊が遭遇した長楕円形ＵＦＯが小型円盤を発射した！（一九五七年）

一九五七年九月四日午後七時二一分、ポルトガルのオタ（Ｏｔａ）空軍基地を夜間航法訓練のため飛び立った四機のＦ－86ジェット戦闘爆撃機は、午後八時六分、スペイン領グラナダ上空に達した。そして編隊は、規定通り本国のポルタレグレへ向かう訓練飛行を開始した。隊長ジョセ・レモス・フェレイラ（José Lemos Ferreira）以下、アルベルト・ゴメス・コバス（Alberto Gomes Covas）、サルバドール・アルベルト・オリベイラ（Salvador Alberto Oliveira）、マヌエル・ネヴェス・マルセリーノ（Manuel Neves Marcelino）のパイロットによる四機編隊である。

突然、隊長機が水平線に大きな星のような光を発見した。隊長機の右翼を飛んでいるパイロットはまだ見ていなかった。彼らは互いに連絡を取り合い、意見を交換した。

彼らが観察すると光は濃い緑から黄、赤、青の順で絶え間なく色彩を変えていた。それは突然急速に大きくなり、長円形の赤い輝きを放つ物体となった。次に物体は縮小した。すると数分後、その長円形物体から出てくる黄色の光を放つ小さい円形の物体を発見した。次に別の三個の円形物体がその右側にも認められた。それらの小円盤群は、互いの位置を絶え間なく変化させながら移動していた。

フェレイラ隊長は、それらの小型円盤が母機と見られる大きい物体の周辺を飛び回っていることから見て、大きな物体が行動の指揮をとっていることは明らかだと考えた。

物体は、静止しているように見えた。編隊との距離を維持しようとしているようで、接近することはできなかった。この現象は、編隊がポルタレグレに向かうまで変化なく続いていたが、やがて水平線上に降下していった。発見から実に約四〇分間にわたり、それは見られたのであった（CBA『空飛ぶ円盤ニュース』一九六四年四月号「ポルトガル空軍のジェット編隊四〇分間にわたって円盤群を見る！」／ロベール・シャルー著『アンデスの謎』角川文庫、二五〇〜二五二頁をもとに構成した）。

七．ブラジル観測基地に何度も飛来した空飛ぶ円盤（一九五七〜一九五八年）

「国際地球観測年（International Geophysical Year）」とは、一九五七年七月一日から一九五八年一二月三一日までの一八か月間にわたり地球物理学現象についての国際協同観測が行われた事業をいう。ブラジルでは一九五七年一〇月より観測基地として、大西洋の孤島トリンダデ（Trindade）島に海洋学の研究所を設営した。

ところが一九五七年一一月の下旬の早朝、観測基地から打ち上げた気球のそばに卵型の物体

右・米雑誌『Look』の特別号「Flying Saucers」（1966年）の表紙。左・同誌から、1958年1月16日、ブラジル海軍が円盤を撮影した「公認写真」

が現れて往復運動を行い、その形を円形に変えるという奇妙な現象が観測された。

類似の現象は一二月五日朝にも観測され、満月ほどの視直径で銀色の円形物体が見られた。そして翌年になると、これらの空中物体は活発化した。

一九五八年一月一日午前七時五〇分、トリンダデ島の駐屯部隊全員が明るい光点が高速度で海上に現れ、空中に九〇度の経路を示して水平線に隠れるのを目撃した。

一月二日の夜にはブラジル海軍曳航船の乗組員全員が、高速度で進路を変えたり鋭角ターンを行うオレンジ色の円形物体を約一〇分間目撃した。

一月六日朝には、打ち上げた気球が積雲に入ると、観測器械を失った気球が雲から現れ、次に金属的な半月状のＵＦＯが現れた。

一月一三日には輪を持つ楕円球体がトリンダデ島の低空、観測所の上空に飛来した。一月一五日には海軍の練習船（帆船）を観測船に仕立てたアルミランテ・サルダーニャ（Almirante Saldanha）号が接近してきた。このとき島の水域を飛行する謎の物体が船のレーダーに捕捉された。

こうして一月一六日午後一二時一五分、海上から土星型の空飛ぶ円盤がトリンダデ島に接近してきた。灰色の円盤は緑色の雲に取り囲まれ、その飛行の仕方はコウモリに似ており、波状の航跡をたどった。船に乗り込んでいた民間カメラマンのアルミロ・バラウナ（Almiro Barauna）は、甲板から6枚の連続写真を撮った。使用したカメラはローライフレックス2・8Eである。

フィルムは直ちに船内で現像され、4枚に円盤が写っていたことが確認された。このうち、最も船に接近していたデセヤド峰で反転する瞬間が、最も大きく鮮明に写っていた。この写真はブラジル海軍公認写真として全世界に公開された（『UFOの世界』啓学出版／『未確認飛行物体UFO大全』学研／CBA『空飛ぶ円盤ニュース』一九六一年四～五月号をもとに構成した）。

八、パプアニューギニアの神父と島民がUFO集中出現と乗員を目撃（一九五九年）

パプアニューギニアは事件発生時オーストラリア領であった。そこでの円盤騒ぎは、一九五三年八月二三日に始まる。その日、民間航空局長としてポートモレスビーに駐在していたＴ・Ｐ・ドルーリーが雲の中から現れた弾丸のような物体を八ミリカメラに撮影した。一九五五年、一九五六年とパプア湾上空で航空機とは形の違う物体が目撃された。一九五八年になると未知の怪光や物体が盛んに目撃されるようになった。

パプアニューギニアの東端にあるボイアナイには、カトリックの伝道本部があり、一九四六年からウィリアム・ブース・ギル（William Booth Gill、一九二八〜二〇〇七）神父が赴任していた。島民たちはギル神父からキリスト教を学んでいた。

子供たちは人工衛星を知っていた。子供たちは光体を見つけると「衛星だ！」と言ってギル神父に教えた。神父は双眼鏡で見て輪郭がぼんやりした光体であることを確認した。信仰に篤い島民たちは、豪州軍の飛行機に搭乗して空に昇ったが、そこに「天国」がなかったことに失望し、宣教師の言うことを聞かなくなったという事件もあった。

一九五八年となり、キリスト教の伝道師と素朴で正直な島民たちは、空に現れる謎の飛行物体を盛んに目撃するようになった。ギル神父は自らのＵＦＯ目撃を英国の円盤誌『フライング・ソーサー・レビュー』に報告した。当時の編集長ブリンスレイ・ルポア・トレンチ伯は、ギル神父に国際ＵＦＯ観測隊のニューギニア調査員になってほしいと依頼、神父はこれを承諾した。こうして英国のＵＦＯ研究団体の指導により、パプアニューギニアは本格的なＵＦＯ目撃報告の発信地となった。

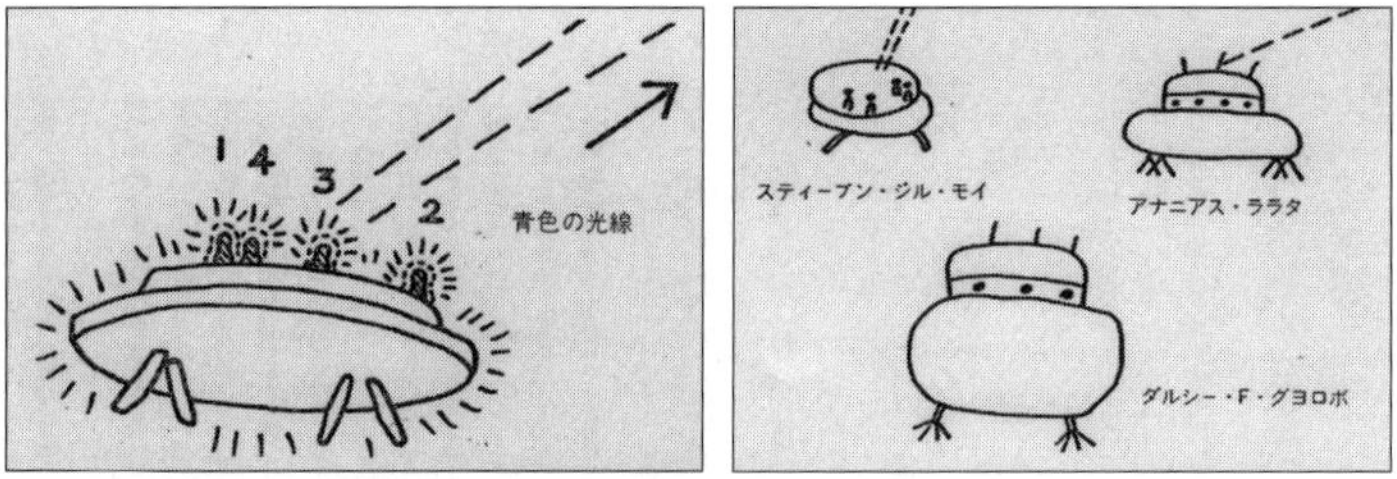

右・1959年6月にパプアニューギニアで目撃された３人の署名入りのUFO目撃図。左・ギル神父の目撃図（『パプア島の円盤騒動』ユニバース出版社より）

七年間に二七件以上の顕著なＵＦＯ目撃を記録したボイアナイの人々は、一九五九年六月二六日に円盤の乗員を目撃する。その日の午後六時四五分、ギル神父は教会の玄関から北西仰角四五度に白い光を認めて人々に知らせた。現場に住民が集まってこれを観察した。

何者かによって操縦されていると見られる円盤は、薄いオレンジに光り、その下には一種の「脚」があって、上甲板に乗員が四人見られた。ギル神父は円盤を見上げつつ、鉛筆で分刻みのメモを取った。このときの円盤目撃者は三八名で、彼らは署名入りの目撃図を神父に提出し、神父のメモに二五人が署名した。

六月二七日午後六時、パプア人看護婦のアニー・ローリー（Annie Laurie）が、前日と同じ位置に円盤を発見した。円盤の上部にまたも四人の人影が見えた。

ギル神父は人影に向かって手を振ってみた。すると二人の人影も同じことをした。神父とアナニアス・ララタ（Ananias Rarata）の二人が手を振ると、四人の人影が手を振ってこれに応えた。

何分間か交歓が繰り返されたが、彼らは興味を失ったのか姿を消した。午後七時となり、目撃者全員は夕方の礼拝に出席。四五分後に教会の外に出ると空は雲に覆われて円盤は一機も見えなかった（『パプア島の円盤騒動』ユニバース出版社をもとに構成した）。

ダンベル型ＵＦＯやヘリコプターを引き上げるＵＦＯ

九．オーストラリアの海岸に着陸した円盤（一九六五年）

一九六五年七月一九日午後九時三〇分頃、オーストラリアのニューサウスウェールズ（New South Wales）州ボークルーズ海岸で、元英国のある航空会社のテクニカル・イラストレーターであったデニス・クロウは、海岸の方に正体のわからぬ発光体を発見して近づいた。すると、金属製に見える円盤状の物体が浜辺に着陸していたのであった。

彼がその物体から約一五〜一八メートルの所まで近づいたとき、突然その物体は上昇を開始した。彼はその飛行物の下部に、黄色がかったオレンジ色の輝きをはっきりと見た。物体は非常な高速でマンリイ（Manly）の方へ向けてかき消すように飛び去っていった。

クロウ氏は周囲に誰かいないかと見回してみたが一人もおらず、一ダースほどの野良犬がいただけであった。それらの犬は、物体が海岸にあったとき、盛んに吠え立てていたが、物体が去ってしまうと、ピタリと吠え声を止めたという。

クロウ氏はその物体の外観について、その直径は三〇フィート（約九メートル）、高さは下に突き出た脚のようなものを合わせて九フィート（約二・七メートル）ぐらいで、その周辺部は鈍い緑がかった青色に輝いており、上部と下部は鈍い銀灰色をしていた。窓も扉らしきものも見当たらなかったと述べている（近代宇宙旅行協会『空飛ぶ円盤情報』五五号をもとに構成した）。

一〇．カナダのパイロットたちが観察した、旅客機と共に飛行するダンベル型UFO（一九六六年）

一九六六年一二月三〇日午前一時四〇分、カナダ太平洋航空（CPA、現・エアカナダ）のDC－8ジェット旅客機は、ペルーの首都リマから、メキシコ経由でカナダのバンクーバーへ向けて出発した。メキシコまでは四時間余の飛行予定であった。機はペルーの海岸沿い北北西に針路を取り、高度一万メートルで飛行していた。深夜のため、乗客はみな寝静まっていた。

操縦室には、ロバート・ミルバンク機長、同僚のパイロットだったウォルフガング・ポェペリ練習生、副操縦士ジョン・デニス・ダール二等飛行士、マイク・モール航法士、パーサーのジョセフ・ラグが同乗していた。操縦桿を握るロバート・ミルバンク機長は、機首左方の視界に二個の発光体を発見した。このときの様子を機長はこう述べている。

「それは大気の屈折によってか、きらきら輝いていたので最初、私は星ではないかと思ったのですが、星が2つ一緒に並んでいる筈がない。注意深く見ていると、2つの光るものは一度ＤＣ－8機から遠ざかって、また再び近づいて来ました。もしそれが飛行機なら当然赤と白か或は赤と緑であるべきなのですが、それは2つとも白色でした」

「その物体が徐々に本機に接近しているらしく、私たちは二つの白色の光体の間に一連の光条があることに気付いたのです。このバーベル状光体はジェット旅客機ＤＣ－8の左翼先端で雁行飛行しており、（中略）2～3分後、機の後方に消え去ったのです」

（「」はＣＢＡ『空飛ぶ円盤ニュース』一九六七年四～五月号「南米で旅客機からの目撃相次ぐ!!」より）

1966年12月30日、UFOを目撃したミルバンク機長（向かって右）が持つUFOのイラスト（CBA『空飛ぶ円盤ニュース』1967年4～5月号より）

ミルバンク機長は、直ちにこの事態を機上から報告し、着陸後もメキシコシティの航空当局に報告書を提出した。それによって、この事件は、ＵＦＯのイラストを持つ目撃乗務員の写真と共に、全世界に報道された（前掲『空飛ぶ円盤ニュース』一九六七年四～五月号「南米で旅客機からの目撃相次ぐ!!」をもとに構成した）。

一一・台湾の天文台から撮影されたＵＦＯ（一九六七年）

台湾台北市にある円山天文台の蔡章献天文台長は、一九五六年と一九五九年に夜空を不規則に動く光体を観測して以来、ＵＦＯ研究家としても知られていた。彼の弟の蔡章鴻氏は、一九六七年六月二八日午後八時二五分、天文台の屋上から夜景を眺めていたとき、東北方向に動く光体を発見した。

上・1967年6月28日台湾で蔡章鴻氏が撮影したUFO。下・コンピュータで欠けた部分を再現したもの（中華飛碟学研究会機関誌『飛碟探索』誌、1996年8月号より）

それは約二分三〇秒で西南の方に飛行した。その経路の中間で、光体は約一〇秒停止した。さらに北斗七星の付近で一八〇度の旋回を行った。この出来事に関する連絡を受けた蔡章献天文台長と二人が屋上に上ってきた。全員が上空監視を続けた。

午後九時一五分頃、奇妙な飛行物体が西北の観音山方向に再び出現した。その物体は円盤状で真珠色をしていた。それは約一五秒間停止した。蔡章鴻氏はポケットから一六ミリの小型カメラを取り出し、望遠鏡（アメリカ海軍用で口径五インチ二〇倍）の接眼部に当ててシャッターを切った。

しかし物体は完全に静止してはおらず、微速度で移動していた。そのため、大きく拡大された物体は、望遠鏡の視野から少しズレており、三分の一が欠けた像となった。写真には、黒っぽい葉巻型の周囲を白く光る雲が取り巻いている物体として写っている。

一九九六年、蔡章鴻氏はコンピュータ処理によりネガの汚れを除去し、欠けた部分を再現したＵＦＯの全体像を、中華飛碟学研究会機関誌『飛碟探索』誌一九九六年八月号に発表した（円山天文台蔡章献天文台長が筆者に寄稿した「台湾でのＵＦＯ観察と感想」と中華飛碟学研究会機関誌『飛碟探索』誌一九九六年八月号をもとに構成した）。

一二、チリ大学の天体観測所が撮影したＵＦＯ（一九六八年）

南米チリの首都サンチャゴの北にあるエル・インフェルニリョ（El Infiernillo）天体観測所は南緯三三度一〇分・西経七〇度一七分、アンデス山脈の高度四三四三メートルに位置しており、チリ大学の物理科学数学部に所属している。同観測所では、一九六七年の一〇月以来、宇宙線測定器具を操作している技師たちによって、謎の光が度々目撃されていた。

一九六八年五月一七日、山岳時間午前一時三五分、いつものように夜空を動き回る謎の光体が現れた。光度は〇等星から一等星であった。それが山岳を動き回っている六〇分の間に、三枚の写真が撮影された。そのうちの一枚には山を背景に光跡を引きながら降下する光体が右端に写っている。その本体の形は、凸レンズのように円盤を真横から見た形を思わせる。

観測所所長ガブリエル・アルビアル・C教授（Dr. Gabriel Alvial Cáceres）はこれをOVNI（スペイン語でUFO）と呼ぶことを避け、説明を必要とする現象と呼んでいた。この撮影された写真の中の光体の左上にある小さな光は、高度二〇〇〇メートルの高度に位置するエル・ローブル天体観測所の光と説明されている（『世界のUFO写真集』高文社の二〇〇頁「チリの宇宙線観測者たちによって撮られた写真」をもとに構成した）。

一三、米陸軍ヘリコプターがUFOに引き上げられた（一九七三年）

一九七三年一〇月一八日午後一一時頃、米陸軍予備ヘリコプター部隊第三一六医療支隊の指揮官ローレンス・コイン（Lawrence Coyne）少佐、副操縦士アリゴ・ジェジー（Arrigo Jezzi）中尉、衛生兵ジョン・ヒーリー（John Healey）軍曹、ロバート・ヤナセック（Robert Yanacsek）軍曹の四名は、オハイオ州コンパス航空基地から、同州クリーヴランドのホプキンス基地へ向けて飛行していた。軍用ヘリは「ヒューイ」という愛称のUH－1で、ベトナム戦争でも活躍した機種。指揮官コイン少佐は右前部のバケット・シート（人がすっぽりはまるような構造の席）に座り、その左側でジェジー中尉が操縦していた。視界は晴れていた。

彼らのヘリコプターがホプキンス基地までの中間地点の七五〇メートル上空を飛行していたとき、ヤナセック軍曹が地平線上の小さな赤い光を発見した。それはヘリにぐんぐんと迫り、ヘリとの衝突コースまで接近してきた。

あわや衝突するかと思われたとき、コイン少佐はジェジー中尉から操縦桿をひったくり、押し下げて降下を開始した。物体はヘリの真上にあり、赤、緑、白のライトがついていた。

コイン少佐は高度計を見て機体の降下を確認した。ところが、高度計は一〇五〇メートルを指し、さらに毎分三〇〇メートルの速さで上昇していた。何ということか、コイン少佐がヘリを降下させたのに、ヘリコプター自体は物体に向かって引き上げられる状態になったのである。

彼らが操縦席上のガラスの天蓋を通して物体を見上げると、物体は葉巻型をしており、金属製と思われた。その後部からは、緑色の光が下に向かって伸びているのが見えた。

緑色の光線が九〇度向きを変えると、光線は操縦席を明るい緑色の光で照らした。緑の光線が消えるとヘリコプターは降下を始めた。飛行物体はこの後、西に向かって進んだ後、北西に向きを変え、スピードを速めて飛び去っていった。

なお、コイン少佐は、一九七八年一一月二七日の第三三回国連総会第三五特別政治委員会でこの事件について証言している（『ＵＦＯ大襲来』ＫＫベストセラーズ／『ＵＦＯと宇宙』一九七九年二月号、ユニバース出版「国連政治委にUFO新決議案提出――証言ラリー・コイン中佐」をもとに構成した）。

触手を持つUFOやミサイル攻撃をマヒさせるUFO

一四．触覚を伸ばすオーストリアの奇妙なUFO（一九七三年）

一九七三年一〇月二九日午前〇時三〇分、オーストリアのトラウンシュタイン（Traunstein）山の近くに住む印刷工ヨハン・プリッツ（当時二一）は自宅で就寝中、友人のカール・フィヒティンガーに起こされて外に出た。南の空仰角九度に、星より大きく輝く輪郭のはっきりしないオレンジがかった黄色の光体が見えた。

フィヒティンガーが最初にこれを発見したのは一〇月二八日午後一一時三〇分頃で、彼は二人の村人に知らせてから、友人のプリッツ宅の窓を叩いたのであった。彼らは八×四〇の双眼鏡でその観察を始めた。その光体からは、二本のオレンジ色の光線が上方に向かってゆっくりと伸びて、左右に開いて緑色に変わった。その光線が緑色のモヤのようになって落ちるように消えるのが見られた。

五秒ほどたつと、再び光線が伸びて同じように開いて変色し、モヤとなって消え、そういう活動が延々と繰り返された。その光景はカタツムリが触覚を伸ばすのを思わせた。光線の長さは本体の四～五倍あった。彼らはそれを〝信号〟と呼んだ。それは一分間に少なくとも四回繰り返された。

午前二時頃、光体の下から突然赤い光体が現れて離れ、凄い速度で東に向かった。赤い光体はいったん消えたが、再び現れると南の空の光体と同じ色彩となって滞空した。そして、最初の光体と同様、〝信号〟を発し始めた。

南と東に二つの光体が〝信号〟作業を繰り返すのをプリッツとフィヒティンガーは見つめた。最初の光体を二人は〝母船〟と呼んだ。

二人がふと西を見たとき、いつの間にか別の巨大物体が現れていた。それは輪郭が明瞭であった。本体は暗い紫色で、ドームを持つ円盤の側面を見せており、周囲はボンヤリした黄色い光に包まれていた。驚いたことに、その物体からも二木の曲がった光線が夜空に発射され、やはり先端が緑色になって消えた。それが何度も繰り返された。信号活動する光体は全部で三つになった。

次に二人は、東の空の光体の近くに三個の小さい光球が現れたのに気づいた。これで光体は全部で六個になった。つまり、最初の〝母船〟が南南東に、次の東の光体は三個の新入りを従え、ドームのある円盤は西南西に見えていた。

午前三時三〇分、光体が動き始め、〝信号〟も止んで、まず一個が西空へと去り、一列に並んだ三個の小光体も南に去った。〝母船〟とドーム付き円盤だけが元の位置にとどまっていた。二人は仕事があるため、やむなくこの時点で現場を離れた（前掲『ＵＦＯと宇宙』一九七五年六月号「オーストリアの光るカタツムリ状物体」をもとに構成した）。

一五．メキシコに現れた触手を持つ物体（一九七三年）

一九七三年一一月三日午後四時四五分頃、メキシコのモレーロス（Morelos）州で行楽地に車で出かけたメキシコ人の銀行家夫妻は、彼らの子供、そして子供を世話する看護婦と共に、同州ココヨク（Cocoyoc）とオアステペック（Oaxtepec）間の国道を走行していた。

最初、夫人が空中に奇妙な物体を発見した。銀行家は車を停め、夫妻と看護婦は車外に出た。それは梨を逆さにしたような物体であった。その周囲には〝触手〟のような突起が数本出ていた。その突起は空中を泳ぐように移動する物体の進行方向とは逆方向にたなびいていた。

この物体は〝触手〟を下に向けて着陸した。付近にいた地元の子供二人もそれを目撃して着陸地の方へと走った。それは銀行家夫妻の車から三〇〇メートルほどの樹木のそばに着陸していた。

銀行家は持っていたカメラで飛行中の物体を六枚撮影した。物体には窓もエンジンも識別マークもなかった。色は少し暗い青緑色をしていた。

夫人と看護婦が「早く逃げよう」と言うので、三人は車に戻り現場を去った。物体が着陸し

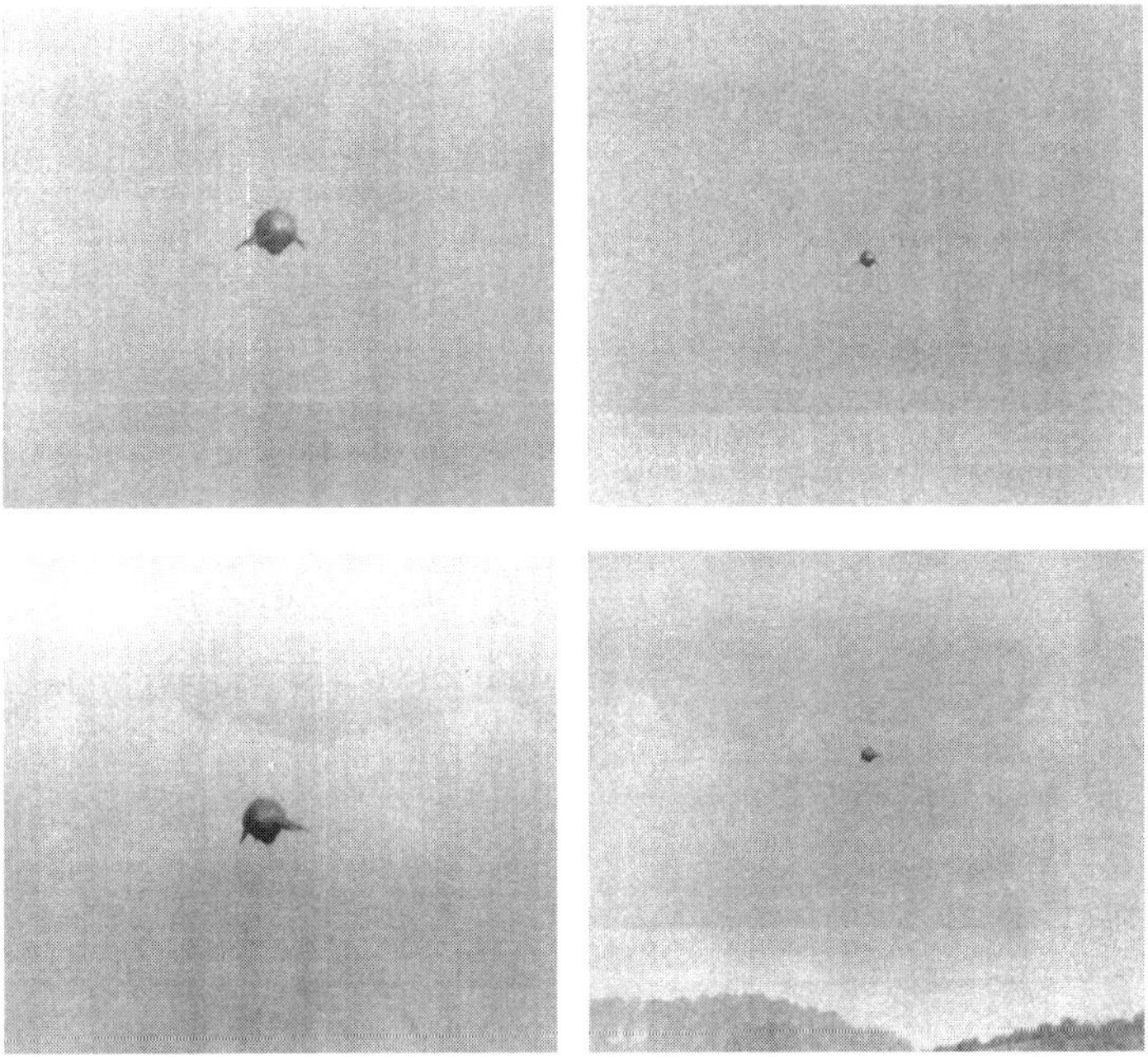

1973年11月3日、メキシコで銀行家が撮影した物体の連続写真の中の4枚。右上→右下→左上→左下という順番になる（『UFOと宇宙』ユニバース出版社、1977年8月号より）。

ていたとき、興奮した二人の女性を静めるのに忙しく、写真を撮れなかった（『ＵＦＯと宇宙』一九七七年八月号、ユニバース出版をもとに構成した）。

一六、韓国海軍が遭遇した嵐の中を飛行する円盤（一九七三年）

一九七三年一一月一一日、大韓民国海軍所属の長さ三〇メートルの改装魚雷艇は、黄海の荒れ狂う波の谷間を、日課の補給任務で仁川《インチョン》付近を航海中だった。艇長のキム・ビョンハク中尉は、この海域をうろつく北朝鮮の快速魚雷艇を警戒しつつ、朝鮮半島上空で、航空機やミサイルでは不可能な飛行を見せる空飛ぶ円盤にも注意を向けていた。嵐にもまれる魚雷艇の上で、パク・ミュンファ水兵がキム中尉の肩を叩いて上空を指さした。残り四人の乗組員もそれを見た。

かすかな光しかない暗い夜の雲を背景に、明るいはっきりした飛行物体が見られた。パク水兵は語る。

「その物体は嵐や雨やみぞれをものともせず、水面すれすれの高度を直線飛行していました」

（前掲『UFOと宇宙』一九七六年一〇月号「韓国上空のUFO嵐」より）

キム艇長は仁川港湾司令部を無線で呼び出し、帰港許可を求めた。司令部からも、それがレーダーで探知されており、超音速飛行していると知らせてきた。

しかし乗組員に衝撃波は感じられず、彼らの推定では物体は水面上三〇メートル以下のところを、高速で魚雷艇に向かっていた。そして突然空中に停止した。それから再び動き始めた。

嵐と雨とミゾレはゴウゴウと音を立てていたが、その物体はまったく無音で接近し、頭上を通過した。そのときに彼らが見たものは、白熱した金属でできているような感じで、平滑な表面は桜色に輝いていた。パク水兵はそれが典型的な空飛ぶ円盤の形をしていることに気づいた。

パク・ミュンファ水兵は、後日それを絵に描いたが、それは中央にドームを持つ平たい円盤で表され、腹部の中心から排気を吹き出していた。

パク水兵はこう語っている。「その〝物体〟は私たちについて来るのです」「私は〝監視されている〟ような気がしました。あの飛行物体が知的生物によって操縦されていることは確かです……」「よくよく観察しました。物体は海面上三十メートル以上の高度にはけっして上昇しませんでした。でも位置だけはたびたび変えました——突然右側から左側に行き、続いてまたもとの位置に戻るといった具合いにです。そして少なくとも二十分は私たちの周囲をうろついていました」（同前）

他の乗組員も、悪天候にもかかわらず、地球上のものではない飛行物体から自分たちがずっと調査されていたという点では、パク水兵と同意見であった（前掲『UFOと宇宙』一九七六年一〇月号「韓国上空のUFO嵐」をもとに構成した）。

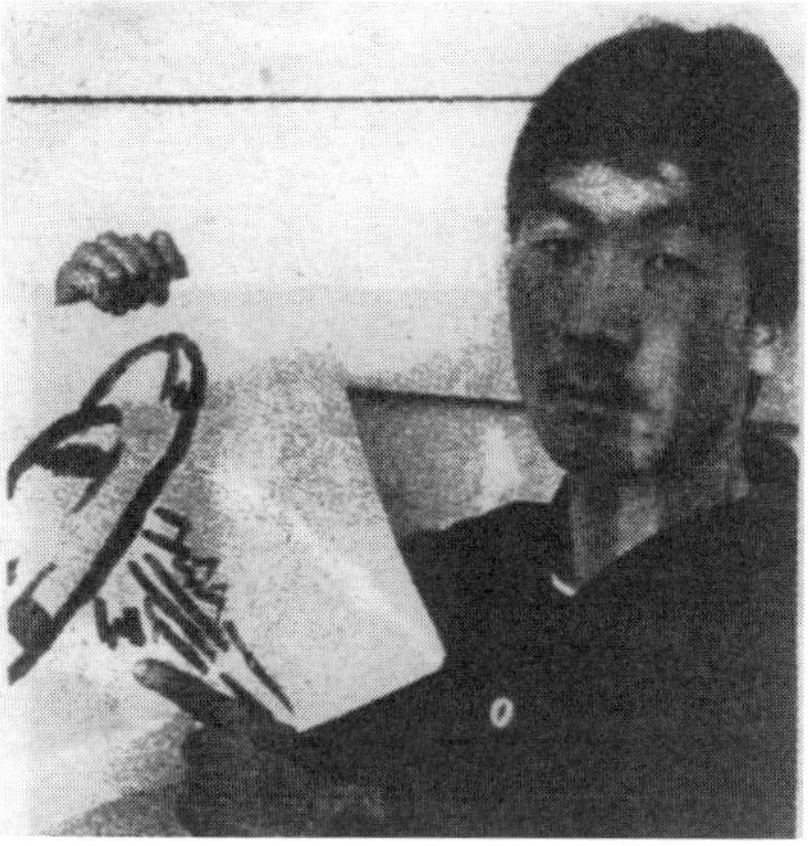

1973年11月11日、韓国海軍が遭遇した円盤のスケッチとパク・ミュンファ水兵（『UFOと宇宙』1976年10月号より）

一七．イラン空軍機のミサイル攻撃をマヒさせたUFO（一九七六年）

一九七六年九月一九日午前〇時三〇分頃、イランの首都テヘランの市民から空中に不思議な物体が見えるという電話通報がメヘラバッド（Mehrabad）国際空港管制塔にあった。午前一時三〇分、シャーロキー（Shahrokhi）空軍基地から調査のためF4戦闘機ファントムⅡが離陸した。戦闘機はテヘラン北方約七四キロの地点に到達し、パイロットは戦闘機から一一〇キロ離れたところにあるまばゆい物体を視認した。

F4機が物体から四六キロ以内に接近すると、同機の全計器と通信機器（UHFと相互通信方式）が故障した。F4機は迎撃を中止して、シャーロキー基地へ帰還した。それと同時に機の全計器と通信機器は正常に戻った。

午前一時四〇分、第二のF4戦闘機が発進した。機は物体から五〇キロの地点でレーダー自動追尾をロックオン（自動的に目標を捉えること）した。物体は一二時方向（機の正面）にあり、VC速度（設計巡航速度）時速二八〇キロメートルで固定した。

機上レーダースコープ上に表示されたUFOの反射像は、707型給油機と同じ大きさの反射像を示していた。発光体には発光する光源が複数並んでいたようで、それぞれの光源が青、緑、赤、オレンジと、目まぐるしく発光した。その全体は長方形に配列されたストロボ灯のように見えた。

テヘラン南方上空において、発光体から別の発光体が出てきた。それは見かけの大きさが満月の半分か三分の一くらいで、F4機に向かって直進してきた。パイロットはその物体に向けてA1M9ミサイルを発射しようとしたが、その瞬間、兵器操作盤が故障し、全通信機能（VHFとインタフォン）が不能になった。

パイロットは機を旋回させつつ急降下を行って空域からの離脱を開始した。機が旋回する途中、第二物体が現れ数キロ後方から機を追尾してきたが、第一物体から遠ざかったためか、第二物体は第一物体へと引き返していき、完全に合体した。

二つが合体して間もなく、また別の物体が第一物体の反対側から出現、高速でまっすぐに降下を始めた。このときＦ４機は通信装置と兵器操作盤の機能を取り戻し、パイロットは地上に向かって降下する物体が大爆発を起こすかと見守った。

だが、その物体は地面にふんわりと着地し、約二～三キロメートルの範囲をあかあかと照らし出すように見えた。乗員は機の高度を七五〇〇メートルから四五〇〇メートルに下げて、物体の観察と位置確認を続けた。（以下省略）（『人類は地球外生物に狙われている』二見書房の「イラン空軍機を追跡した正体不明物体」「イランＵＦＯ追跡事件の驚くべき真相」をもとに構成した）。

光の雨を降らせるＵＦＯや乳白色のドーム型物体

一八．光の雨が窓ガラスに穴を開けたペトロザボーツク事件（一九七七年）

フィンランドとの国境近くにあるロシアの工業都市ペトロザボーツク（Petrozavodsk）にお

いて、旧ソ連時代に大規模なUFO事件が発生した。一九七七年九月二〇日午前四時頃、ペトロザボーツク上空に巨大なクラゲ状のUFOが飛来し、市民多数が目撃したのである。この現象はフィンランドの首都ヘルシンキからペトロザボーツク、レニングラード南西三〇〇キロメートルの古都プスコフからバレンツ海の港町ムルマンスクまでの広大な地域で目撃された。目撃された物体は、中心に核を持つ発光体で、ガス状の噴流を出し、それがクラゲの足に見えた。人々はこれを「クラゲ」「パラシュート」「傘」と表現した。

ペトロザボーツク上空で、クラゲ型物体はいったん空中に停止した。次の瞬間、霧雨のような光線を、都市に向けて発射した。そしてその光の雨は、一五分ほど降り続いた。

翌日、市内の家屋の窓ガラスに丸や楕円の穴があいているのがわかった。穴のあいた窓ガラスのそばに丸いガラスの小片が落ちているのも見つかった。ペトロザボーツク上空のUFOの見かけの大きさは一度以上あった。これは、UFOが一五〇キロメートルの空間にあった場合、直径四キロメートルとなることになる。

このクラゲ型UFOは、ペトロザボーツク以外の各地にも現れていた。その出現時間と地理的な状況から、モスクワ航空研究所のフェリックス・ジーゲリ（Felix Yurievitch Zigelj）助教授は「同じ特徴を持つ数個の物体が、その夜ソ連領土上空に出現したのではないか」と述べている（『ソ連のUFO研究』東洋書院の二六八頁／前掲『UFOと宇宙』誌一九八〇年一〇月号「ソ連都市上空を通過した未確認飛行物体」をもとに構成した）。

一九．中国空軍機が遭遇した膨張する乳白色のドーム（一九八二年）

一九八二年六月一八日夜、夜間飛行訓練を行っていた中国人民解放軍空軍航空兵七名は、華北北部上空に現れた巨大なドーム状の現象を目撃した。この現象は地上の施設や農場からも目撃され、目撃者総数は二〇〇人以上と推定された。六月一八日の昼間から夜間にかけて飛行訓練を行っていた空軍航空兵某部隊のパイロットの一人、劉氏は報告書の中でこう述べている。

「午後九時五五分、某型高速戦闘機を操縦して離陸後、不明飛行物が機の航路に向かってきた。機の無線連絡が中断し、ラジオコンパスが作動不能になった。

午後一〇時〇六分五〇秒、商都《シャントウー》から一〇キロメートルほど上空で、地平線の下に一個の明るい物体が現れた。それは黄色い光の束となったが、三〇秒後に光束が消失すると、一個の黄色い球体状の光が現れた。

その球体は高速で回転しながら円形の光環を次々と発生させた。光環の中心には燃えるような火焔が見られた。約一〇秒間後、光環の中心に爆発的変化が起こり、続いて一個の半円状の物体が現れた。

その半円状の物体は急激に膨張し拡大していった。全体が乳白色で、空中に浮き、縁《ふち》はハッキリしていたが、底部はぼんやりしていた。

このとき、機は七〇〇〇メートル上空にあった。機からは、ドーム状の乳白色体の頂上を仰視することができた。土木爾台（中国河北省張家口の西にある地名）の上空において、機は帰投を迫られた。何個かの不規則な黒い影が機体のそばをかすめた。機は帰投中、基地から四〇キロメートル手前で無線機能を回復して正常に戻り、午後一〇時三六分、無事に着陸した」

劉氏が不明飛行物と遭遇中、別の四機（そのうちの二機は練習機）の六名のパイロットも、張北《チャンペイ》と懐安《ホワイアン》などの上空において不明飛行物を目撃し、やはり無線連絡上で異なる妨害を受けていた（『飛碟探索』中国甘粛科学技術出版社、一九九六年二月合訂本第三巻「我国空軍飛行員空遇不明空中現象」をユナイテッド・チャイナサービスが翻訳した文をもとに構成した）。

二〇．巨大UFOと共に三六〇度旋回した貨物機（一九八六年アラスカ上空日航機事件）

一九八六年一一月一七日午前一一時一〇分、ワインを満載してパリを出発した日航一六二八特別貨物便のボーイング七四七ジャンボ機は、アラスカ時間午後五時一〇分に、アンカレッジ北東約七七〇キロでアンカレッジ空港への直進コースに入った。

乗員は寺内謙寿機長（当時四七）、T藤副操縦士（三九）、T航空機関士（三三）の三人。高度一万六〇〇〇メートル、時速九一〇キロで夕闇の中を飛行中、左前方四～五キロ、下方六〇〇メートルに航空機の灯火らしい光二個が現れた。それは同機とほぼ同じ速度で同方向に進み始めた。機長がアンカレッジ航空管制センターに問い合わせたところ、レーダーには何も映っていないとの回答であった。

二個の飛行物体は「子グマがじゃれ合うように」動きながら約七分間日航機と並行して飛んだ後、突然日航機の直前やや上方、一五〇メートルから三〇〇メートルの近くに瞬間的に移動した。この物体の表面は無数のノズル様のもので覆われ、ノズルからは光が噴き出していた。寺内機長はカメラ（ミノルタα－７０００）で物体の撮影を試みた。フィルムはＡＳＡ１００であった。しかしシャッターが降りず撮影はできなかった。

寺内機長が二〇マイル範囲を表示したデジタル気象用レーダーで確認したところ、一〇マイルと五マイルの中間の地点に緑色の巨大な物体の像が映った。このことから、物体とジャンボ機体との距離は一二キロメートル前後と推定された。気象用レーダーでは、金属の物体なら赤い映像となるはずであったから、寺内機長は「宇宙船に使われている金属は、我々のものと違う」という感想を述べている（ブルース・マカビー博士による「Silhouette of a Gigantic Spaceship」http://www.nicap.org/reports/861117_brumac.8k.com_JAL1628.pdf に詳しい）。

午後五時二五分四五秒に、ＡＲＴＣＣ（アンカレッジ航空路交通整理センター）のレーダーは、トランスポンダーシグナル（航空機がレーダー波を反射してレーダースコープに反射像を映すとき、同時に航空機からの応答電波による機体記号が表示されるシステム。どの表示がどの航空機かを区別する。この応答電波がない場合、民間航空機でなく未知の目標となる）のないエコー（反射像）を検出した。この状況はレーダー面上で、二つの反射像として表示された。

一つがトランスポンダーシグナルを持つ日航機。もう一つがトランスポンダーシグナルを持たない未知の航空機である。この事実はトランスポンダーリターンがなくてもレーダー反射性物体が存在していた証拠となる。そして、その未知のレーダー反射性物体は機長が報告したのと同じ位置にあった。

五時三四分五六秒、ＡＡＲＴＣＣは日航機に対し、三六〇度の右旋回を頼んだ。旋回は五時三五分九秒に始まり、その時間の中で、高度は三万五〇〇〇フィートから三万三〇〇〇フィートに下がった。物体はその間、ジャンボ機の左後方にあり続けた。

こうした地上レーダーと日航機の状況は、元米国連邦航空局事故調査部長ジョン・キャラハン（John Callahan）によっても証言されている（『ディスクロージャー』ナチュラルスピリットの九八～一〇一頁）。（以上、朝日新聞一九八六年一二月三〇日「日航貨物機ＵＦＯと遭遇？」とBruce Maccabee「Silhouette of a Gigantic Spaceship」をもとに構成した）

「真性ＵＦＯ」に見られる各種の特性（急加速する・回避能力・消失と再出現・航空機機器への影響など）は、民間と軍が運行する航空機への接近によって、多くのパイロットたちに認識されてきた。また、観測に従事する各種の専門家も、どのような状況下でＵＦＯが飛来してくるのか、判断する経験を重ねてきた。

こうしたＵＦＯ観察経験者が一堂に会して幾日も議論すれば、ＵＦＯとは何かを探る上で重要なヒントが得られるのではないだろうか。

ここに掲げたベスト二〇例は、「ＵＦＯ」という実体が、それぞれの国に様々な「面」を見せてきたことを示している。ＵＦＯ事件とは米国だけのものではない。

なぜ中国では各省にまたがる広範囲な目撃事件が多いのか、なぜ日本では小規模なＵＦＯ騒ぎしかないのか。

そこに、「ＵＦＯを見る国民」に対する「方針」という要素があるのか。あるとすれば、「ＵＦＯの見せ方（継続時間や高度、実体の大きさなど）」「タイプの違い（円盤型・葉巻型・小さな大群など）」などの多様性は、「ＵＦＯを見る」側の国民性と何か関係があるのか。ＵＦＯの問題は全人類にとって、謎解きのための一斉テストではないかとさえ思わせる。

第2部

海外のUFO研究史

「地球外仮説」「古代宇宙人来訪説」から「霊的世界からの干渉説」まで

第1章 キーホーの「地球外仮説」とオーベルト博士の「遠隔世界から」

二つの世界大戦を終えたとき、空中物体は活発化した

永い人類の歩みの中で、日常的な光景とは違った奇妙な出来事に関心を持ち、その伝承や証言を集めることに熱心な人々が、世界各地にいた。彼らの収集範囲には、空中に見られる異常な飛行体も含まれていた。

人類が二つの世界大戦を終えたとき、その空中物体はにわかに活発化した。まず第二次世界大戦末期にヨーロッパ戦線と太平洋戦線に赴いた爆撃機や戦闘機のパイロットたちは、機体に

接近する小さな飛行物体を目撃した。これは「フーファイター」と呼ばれた。そして一九四六年の北欧ではロケットのような飛行物体が広い範囲で多数目撃された。これは「ゴースト・ロケット」と呼ばれた。

米空軍がフーファイターズ（Foo Fighters、幽霊戦闘機）と呼んだこの小さな謎の飛行物体は、フランス語の「feu＝火」から名づけられたとされる。それは赤や黄金色、銀色の円盤（discs）あるいは球（balls）であり、戦闘機や輸送機に接近したことで知られる。

一九四七年のアーノルド事件を契機として、「空飛ぶ円盤」が世界各地で目撃され、それを調査する軍関係者や、民間で研究する人々が生まれ、組織化された。こうして「ＵＦＯ研究」が始まったわけである。

これから海外と国内のＵＦＯ研究史に移るわけだが、ＵＦＯは、野外にいる人や、航空機、艦船、車に乗っている人間によって目撃される。その目撃談が他人に知られ報道されたりして研究者の知るところとなる。それゆえ、これから始める研究史編では、ＵＦＯ研究を開始した国では、どんな人々がどのようなＵＦＯ研究を行ったかを最初に見ていくことにしたい。

我々日本人は、各国でＵＦＯ調査を行った研究者の発表を通じて、それぞれの特色あるＵＦＯ事例を知った。そこで、まず良質なＵＦＯ報告資料を我が国にもたらしてくれた、それぞれの国の研究者を簡潔に紹介したい。続いて彼らのＵＦＯ現象に対する解釈・研究を取り上げ、それら研究者がもたらした代表的事例を見る——という順序をとってみたい。

もちろん我々がＵＦＯ事件発生を知るのは、新聞やテレビ、今はインターネットである。しかしそれらはＵＦＯ出現という出来事が、まだ噂や話題として広まりつつある局面を知るのに役立つだけである。それらが研究用のＵＦＯ資料となるためには、各事件について調査した地元の研究者や学者の活動が重視されるからである。

宇宙への野望と宇宙の隣人への探究心

「考えれば考えるほど、畏怖の念をもって心を満たすものが二つある。一つは心の中の道徳律であり、一つは無数の星輝く大空である」（『純粋理性批判』インマニュエル・カント）

惑星と星々の秩序ある運行と数学的構造に対する限りない探求と思索は、我々知的生命体が、宇宙に生まれた意味を知る永遠のテーマとなるものだ。それに、人生における究極の目標にもなりえるだろう。

古代の哲人（哲学者）の中には、ギリシャのエラトステネス（ＢＣ二七五〜一九四）のように、地球の円周を四万キロメートル、直径を一万二八〇〇キロメートルと言い当てる者がいた。エピクロス（ＢＣ三四一〜二七〇）のように「人間の住む世界はたくさんあり、これらの世界は我々の世界とまったく同じ」と見た者もいた。「地球を無限の空間で唯一の人間の住む世界と考えるのは馬鹿げている」とする人々が大勢いたのだ。

中世の暗黒は地球中心のプトレマイオスの天動説をキリスト教会が支持することで、およそ一〇〇〇年間、天文学の進歩を停止させた。しかし、コペルニクスは青年時代から天動説に疑いを持った。コペルニクスは古代ギリシャの古典を読む中で、古代の天文学が惑星軌道の中心に太陽があると考えていたことを知った。

イタリア僧ジョルダーノ・ブルーノは、地動説を支持する考えの正しさを説きつつ、各地を巡った。彼は「宇宙は無限に広がっていて、太陽も宇宙の中心ではない。恒星はすべて太陽と同じで、そのまわりにはそれぞれ惑星を持ち、その惑星の上には生物もいる」と説いた。そのため宗教裁判にかけられ、一六〇〇年ローマで火あぶりの刑に処せられた。

一八世紀後半、詩人シラーは「歓喜への頌歌」の中で至高の宇宙世界をこう書いた。

「星の上の世界に　彼を求めよ！　星の上に彼は必ずや　おわします」

一八七七年、火星の「人工的直線模様」を観測したスキャパレリやパーシバル・ローウェルは火星の知的生物存在の可能性を世に広めた。ジュール・ベルヌの『地球から月へ』（一八六五）や『月を回って』（一八六九）などの小説が宇宙旅行の概念を広めたし、一九〇三年のコンスタンティン・ツィオルコフスキーが新方式の空飛ぶ機械を論文に書いた。

ベルヌの科学小説に影響を受けた一人にヘルマン・オーベルト（一八九四～一九八九）がいた。彼は一九二三年に発表した論文の中で、計算によると地球の大気圏を突き抜けて飛ぶ液体燃料ロケットを製作することは可能だと述べた。また、数十年後には人間を乗せて宇宙ステーションができ上がり、宇宙旅行もできるとも述べた。

一九二七年にできた宇宙旅行協会の会員の中に、オーベルトの助手であるウェルナー・フォン・ブラウン（一九一二〜一九七七）がいた。師オーベルトより一二年早く他界したブラウン博士が来日したとき、筆者はＣＢＡの同僚とブラウン博士の講演と記者会見の場にいた。同僚は堂々と彼に質問を発した。

「コロンブスは新大陸と共に原住民を発見したが、あなたの火星探査計画では、火星の原住民の問題をどう考えているのか」と。

どっと記者団から笑い声が発せられたので、明確には聞こえなかったが、ブラウン博士はこの質問に返答するのは乗り気ではなかったようだ。アポロ計画を推進させた宇宙への野望と、未知なる宇宙の隣人への探究心とは別個のもののように感じた。

なお、質問の中の「火星の原住民の問題」とは火星に知的生命が昔いたか、あるいは今もいるかもしれない、という話題が当時、問題になっており、それを指す。

オーベルトは宇宙への野望と宇宙の隣人への探究心を別個だと考えなかった。「宇宙を身近に引き寄せる道」を、宇宙産業の中にではなく、宇宙からの飛行物体の中に見出したのである。

キーホーとオーベルト博士のＵＦＯ研究

ＵＦＯ事件の報道と調査においては、米国が先行した形で一九四七年以後の現代ＵＦＯ史を形成した。多数のＵＦＯ報告を受け取りながらも、その不思議さを否定し、それらを気球や自然現象の誤認だと説明しようとする米空軍当局と、航空機性能を上回る神秘的な物体が実在すると主張する側の間には常に論争が生じた。

退役軍人ドナルド・キーホーは空飛ぶ円盤が実在し、地球外から来ると主張する一人であった。彼が一九五〇年に出版した『The Flying Saucers Are Real（空飛ぶ円盤は実在する）』によって、未知なる物体が宇宙から来ている可能性についての認識が大衆に広まった。なお、「未知なる物体が宇宙から来ている」とする説を「地球外仮説」という。

キーホーはさらに一九五三年、「地球外仮説」をそのままタイトルにした『Flying Saucers from Outer Space（空飛ぶ円盤は宇宙から来ている）』を刊行。五〇万部以上を売り上げた。こうしたＵＦＯ肯定論に対して、円盤現象を既知の現象や人間の心理で説明しようとするドナルド・メンゼル博士の『Flying Saucers（空飛ぶ円盤）』も科学的な書物として人気を得た。

このような「空飛ぶ円盤は存在するか」を巡る論争が初期のアメリカで展開されたが、これらは学術的発展とは無縁のものであった。論者たちは直接の目撃者でも、科学的ＵＦＯデータを持つ研究者でもなかった。彼らの論述の根拠は、新聞報道や人々の目撃談記述の集積であった。

すなわち、この状況は「ＵＦＯは実在する」という主義に対する賛否両論のレベルである。それゆえ、この時点ではまだ、ＵＦＯ研究という真の意味でＵＦＯ現象について議論するレベルには達していなかったと見るべきだろう（参考・星雲社『全米ＵＦＯ論争史』）。

このような背景の中、宇宙を扱う科学者としてＵＦＯ研究に取り組んだドイツのヘルマン・オーベルト博士（一八九四〜一九八九）は、本格的ＵＦＯ研究の先駆者であった。オーベルト博士がドイツの誇るロケット理論学者として、ＵＦＯ研究史に登場するのは一九五三年からの三年間である。西ドイツ政府内のＵＦＯ調査を指導し、七万件にのぼる目撃データを分析したことに始まる（参考・平野威馬雄編『これが空飛ぶ円盤だ』高文社／中富信夫著『アメリカ宇宙開拓史』新潮社）。

オーベルト博士はそのデータのうち、五〇％を誤認、三九％をデータ不十分として退けた。残る一一％、約八〇〇〇件を真性ＵＦＯ現象として、そこから抽出される平均的ＵＦＯ像を発表した。

オーベルト博士は「空飛ぶ円盤は遠隔世界から来る」と唱えた

一九五四年一〇月二四日付『アメリカン・ウィークリー』に掲載されたオーベルト博士の論文「Flying Saucers Come from a Distant World（空飛ぶ円盤は遠い世界からやってくる）」は、初期のUFO研究における一つの到達点であった。彼の見解はその冒頭でこう示されている。

「空飛ぶ円盤は実在し、彼らはこの太陽系ではない、他の太陽系から来た宇宙船である……というのが私の主張である。彼らはたぶん、英明な観察者により配属された人々であろう。その英明なる方とは、おそらく過去幾世紀にもわたり、この地球を調査し続けてきた事が有りうる種族のメンバーであると私は考えている。彼らはおそらく、遠大な長期計画に基づく調査により、最初の人類と動物の成長、そして最近では原子力や軍備と軍需産物中心の地球人類を、組織的に秩序ある生き方へと導くために派遣されたものと私は思惟する」

「私はこの訪問者の仲間を〝ウラニデス〟と呼んでいる。私はギリシャ語の天を表す〝ウラノス〟から言葉を構成した。ウラニデスは、幾世紀にもわたり、地球を精査し続けてきたと私は思っている。（中略）彼らが我々に、静かな未知の光線を放って反応しようとした事はあり得る。たぶん彼らは、未知の光線を放って我々に手を差し伸べようと試みている。（中略）彼らのコミュニケーションの手段は、光を放つ事から、超精神力をもって折節テレパシーで人間的顕現を我々に啓示する事から、何でもあり得る。（中略）彼らの知的なパワーは、彼らにとっては何でもない事かも知れないが、その〔天宮注・知的なパワーの〕出現は極めて重大な事である可能性がある」（『地球外知性痕跡探索』天宮清、一九九三より）

空飛ぶ円盤についての初期の頃の説明に「無音の中で超高速で鋭角ターンを繰り返したり、たちまち空中に静止したりするありさまは完全に地球物理の諸法則を無視している。重力の壁も熱の壁も、光速の壁さえも突破する地球科学技術では製造不可能な飛行物体」というものがあった。

周知のように、空中を一定の推力をもって飛行する物体は、慣性の法則というものに支配される。簡単にいうと、戦闘機が方向転換しても、この慣性の法則により直角に曲がることは不可能なのである。大小の規模はあっても必ず放物線的な飛行経路を描かなくては旋回できない。ＵＦＯがいとも簡単に直線的なジグザグの鋭角ターンを見せるのは、我々の物理法則では説明がつかない。

筆者も、飛行機の数倍ほどの超高速や（一九六二年一月二日夜、東京・田端で）、急速な鋭角ターンの繰り返し（一九六二年一月四日夜、東京・田端で）、見かけ上人工衛星の速度から流星のような急加速（一九七五年八月二日夜、京都・新田辺で）を目撃している。

オーベルト博士はこうしたＵＦＯ飛行の特徴と飛行性能から、その推進原理を人工重力場によるものと考えた。人工重力場とはＵＦＯの飛行原理に関してオーベルト博士が唱えた仮説で、惑星上や宇宙空間に働く力である重力を人工的に作り出すことができるとする。そして人工的に作り出した重力の場を人工重力場と呼ぶ。

カナダのUFO観測計画「プロジェクト・マグネット」

カナダ政府運輸省（DDOT）はその多方面にわたる研究の一環として、オタワから一〇マイルのシャーリー・ベイ（Shirleys Bay）にUFO観測研究所を設置した。「プロジェクト・マグネット」と称して、同研究所が設立されたのは一九五〇年一二月二日であった。

研究所の主任ウィルバート・B・スミス（Wilbert B. Smith）の手記によると、一九五〇年から一九五四年までの四年間、UFOから発信されるかもしれない「無電音」や、UFOによって生じるかもしれない「重力の擾乱《じょうらん》」を検出する装置を、観測小屋に設置したという。その装置では、「無電音」や「重力の擾乱」と関連するかもしれない「放射能」や「磁気変化」も検出する。

これら四つを検出する器材は、四針式レコーダーを用いて記録用テープにグラフ式の線を描いた。また、グラフの規定を超えてペンのどれかが動いた場合は、警報機が鳴る仕組みで、それらは二四時間作動した。

スミスはＵＦＯは宇宙船だと確信し、心の中は彼らへの思いで一杯であったようだ。彼は手記の中でこう綴っている。

「……吾々は外部の人々と共にコンタクトへの試みをやり続けた。ある日曜日の午後、私達が見得るように宇宙人が宇宙船を降下してくれとか、何かの徴候が得られる様にと彼等に頼んだ……運悪く、その選んだ午後は大へんどんよりと曇っていた。それで吾々は〔天宮注・ＵＦＯを〕目撃することが出来なかったけれども自分達の器械上に多くの〝スクィグル〔同・squiggle、相互なぐり描き法とも呼ばれるもの〕〟を得た。彼等が下降させた宇宙船は大よそ80呎〔同・フィート〕の長さであった――科学的観測では葉巻状の素晴らしいもの――然し或る理由のため宇宙船は約50哩〔同・マイル〕以内に近づかなかったので、どのみち肉眼では見られなかった。然し乍ら新聞社の記者達は明らかに私達の長距離電話回線について探り出した……記者達はこの実験後群がって材料とした。（中略）吾々が確認したこの様なコンタクトの発表は制限した。

この報告は〝人間工学〟と呼んでよいところの〝哲理〟の多くや沢山の科学上のものを包含している。（中略）私は如何にして宇宙機が建造され、如何に彼等が操縦するのか又どうして彼等は私達の航空機がなし得ないところの極めて多くの興味ある事柄を為し得るのかを知りたいと思った。私が彼等に尋ねる機会をもった時、尋ねた質問の多くは科学的な方面に走った」

（ＣＢＡ『空飛ぶ円盤ダイジェスト』一九六一年二月号掲載の「プロジェクト・マグネット」ウィルバート・Ｂ・スミスより）

この続きの部分で、スミスは「彼ら」から得た「情報」について述べている。しかし、その情報源が現実に上空に展開されるUFOの組織体にあるのかは、我々にはわからない。あるいはロシアの理論物理学者ウラジミール・アジャジャ博士やフランスのUFO研究家ジャック・ヴァレ博士の言う「地球に重なる異次元空間の住民、あるいは霊界に住む科学者」が情報源なのかもしれない。

一九六二年にウィルバート・スミスは死去し、今や「プロジェクト・マグネット」は伝説と化している（参考・CBA『空飛ぶ円盤ダイジェスト』一九六一年二月号）。

月面観測時の異常現象の研究をしたジェサップ

天文学者であり、月面の観測史をUFO史と合流させた著作『UFOの論拠（The Case for the UFO）』で知られるモリス・K・ジェサップ（Morris Ketchum Jessup、一九〇〇～一九五九）教授は、UFO愛好家の間では「フィラデルフィア実験」や、その謎めいた自殺で知られる。彼の追求したテーマは現代UFO学の各分野に応用されている。

フィラデルフィア実験とは、米海軍が行ったとされ、強力な磁場を用いて艦船を瞬間移動させたとされる。ジェサップが船や航空機の失踪を扱った本を出版した後、一人の人物から連絡があったという。

その人物は米海軍が一九四三年にフィラデルフィアで行った実験で被害を受けた一人だと述べた（参考・『神秘と怪奇』学研）。

ジェサップはチャールズ・ホイ・フォート（Charles Hoy Fort、一八七四〜一九三二）が収集した、合理的な科学では説明できない異常な現象や空中落下物について（二〇〇九年六月に日本でもオタマジャクシ落下事件があった）、「宇宙船に積まれた食料タンクから捨てられたものだ」と推理した。さらに今日でいう古代宇宙人来訪説の根拠となるような民族神話（例えば「ハワイ人は一〇〇〇年前にすでに円盤を知っており、アクワレレという名称もあった」「ピグミーは自分たちの神プルガが火に似ており［火という表現は、現代のＵＦＯ報告でも用いられる］不滅であると信じていた」等の資料）やピラミッドやスフィンクスの謎にも迫っていた。

ジェサップの白眉《はくび》はやはり月面観測史に見られる異常現象の研究であろう。すなわち月面観測で記録された「移動性のある一時的な物体」「完全な正方形の地形」「リンネ火口（晴れの海にある直径一〇キロメートルのクレーター）を円形に囲む平たい針のような点々」「うろちょろする暗斑」「影の中に光る光点」「プラトー火口（雨の海北端にある直径一〇一キロメートルのクレーター。底は平坦で暗い）内を動く巨大な物体」「非常に細かい光点」などの動きを、月面ＵＦＯ基地より発せられたものと解釈する論である。

彼の「月面＝ＵＦＯ基地」論は、米アポロ計画による月面活動中のＵＦＯ記録に引き継がれて、いまなお継続中の「ＵＦＯ地球外仮説」の要となっている（参考・『天文学とＵＦＯ』たま出版）。

第２章
ハイネック博士は様々な基準でＵＦＯを分類した

ＵＦＯ否定論者から肯定論者へ転向したハイネック博士

ケネス・アーノルドの空飛ぶ円盤遭遇事件から一年後の一九四八年、ノースウェスタン大学天文学部長だったアレン・ハイネック博士（Josef Allen Hynek、一九一〇～一九八六）は米空軍から、ＵＦＯ報告を惑星、流星、人工衛星などで説明できないかと依頼を受けた。そこで天文学者としての立場から、米空軍秘密調査機関「プロジェクト・ブルーブック」の科学顧問として参加した。「プロジェクト・ブルーブック」とは一九五二年から一九六九年まで米空軍が公式にＵＦＯ現象を調査したプロジェクト名である。

ハイネック博士は当初、ＵＦＯの存在に対して否定論者として出発した。「当初は、ＵＦＯ目撃報告を片っ端から見破ってはひとり悦に入り、ＵＦＯが宇宙船であれよと、こよなく願う円盤狂信者のくやしそうな顔を思い浮かべては、溜飲を下げていたものでした」と一九七九年一月に来日した際のインタビューで述べている。

ハイネック博士の転機は一九六六年に訪れた。同年三月二〇日ミシガン州アナーバーで発生したＵＦＯ着陸事件に対し、「円盤は沼のガス」と発言したことからマスコミの反発を招いたのだ。

ライフ誌はＵＦＯ目撃者のインタビューを使い、沼のガス説を厳しく批判した。ニューヨーカー誌の記事は「そのバカバカしさに驚き大笑いした」などと書いた（参考・『全米ＵＦＯ論争史』星雲社）。

ここでハイネック博士による沼のガス説を説明しておこう。

一九六六年三月二〇日夜、米国ミシガン州アナーバー（Annarbour）市デクスター（Dexter）の湿地帯で、地元警察官一二名を含む四〇人以上の住民によって五機の空飛ぶ円盤が目撃された。その中の一機が沼地に着陸したのを見たフランク・マナー（Frank Mannor）と息子のロニー（Ronnie）は、小川を渡って物体に近づいた。近くから見ると、それは車ほどの大きさで青みがかった灰色に見えた（『ライフ』誌一九六六年四月一日号一四頁）。

この事件は新聞各紙で大々的に報道され、国民的な関心事となった。米空軍から派遣された科学顧問アレン・ハイネック博士は、三二人のＵＦＯ目撃者から聞き取りを行い、デトロイト市で開いた記者会見で声明を発表した。そこに「沼地ガス（swamp gas）」という言葉があった（前掲『全米ＵＦＯ論争史』一八六頁）。

ハイネック博士は一九六六年四月五日にワシントンで開催された公聴会で、「沼地ガス」について説明した。その発言から重点部分を紹介してみる。

「ミシガン大学の教授連から知らせていただいたところによると、メタン、硫化水素、気状リン化水素とその有機誘導物、液状リン化水素、不純なリン化水素化合物といったガスが空気中で自然発火すると、いわゆる沼地ガスが生じ、多様な淡光色に見える現象を作りだすとのことでした。このことは、私自身も後に数冊の専門書で確認しています。

こういったガスが発火すると、赤、黄、緑の淡光色を作りだします。ですから、その色にはなにも不思議なことはありません。あっちこっちで光が生じるから、あたかも動いているかのような印象を受けるのです」

「普通、鬼火やキツネ火などの名で知られる沼地光は、数時間から時には一晩中観察されることがあるという指摘があります。これこそ、ミシガン州の事件に該当する解答です」

「湿地で腐食した草木は、沼地ガスを発生させます。雪解けの季節になるとこのガスが泡立ちあふれ、自然発火します。その結果、みんなが淡色光を見るだろうと推測するのは、まさに論理的です。これが私の論理的な解釈なのです。ですから私は記者会見の席上で、法廷では証明にならないかもしれないが、この説明はかなり論理的なものに思われる、と述べたわけです」
(『Rock on UFO』新評社の一九六〜一九七頁より)

このハイネック博士の「沼地ガス」説は、警察官や多数住民の目撃証言を無視していた。誰もが「ありえない」と思う自然現象の理屈で無理やり説明しようとした。本に書いてある文章を現実の状況に当てはめようとした。

これは、UFOについての知識が一般の人々やマスコミにも広まっている米国社会では、そぐわない発言といえるだろう。ハイネック博士は空軍科学顧問であったが、彼は天文学者なので、沼地のガスについてはよく知らなかった。それゆえ、それに詳しい教授から知識を得たのであった。

学者というものは、旧来の学問に忠実であることが望ましい、という姿勢を貫いたのか。UFOなどはありえないのだから、すべては自然現象で説明できると信じたのか。ハイネック博士の真意は不明である。

しかし、マスコミは彼のコメントにあった「沼地ガス」を大きく取り上げ、「そんなのはおかしい」と笑い話的な話題として扱われることになってしまった。ハイネック博士はこの頃はまだ、空軍科学顧問としての仕事に忠実であった。すなわち、その仕事とはUFOを否定することであった。

しかし、ハイネック博士は、この事件の後、科学者としての良心を取り戻したかのように、ＵＦＯ肯定論者としての道を歩むことになる。彼はのちにこう書いている。

「私に変身をとげさせ、これほどかりたてる理由は、ＵＦＯ現象はたしかに存在するものであり、それを調査し、理解し、最終的には解答をあたえることが、人類の宇宙観にはかりしれない影響をあたえ、変革への大きな足がかりになると信じているからにほかならない」（『ハイネック博士の未知との遭遇リポート』二見書房の八頁より）

筆者はハイネック博士のＵＦＯ問題に対するこの改心、つまりそれまでＵＦＯ懐疑論者であったのがＵＦＯ肯定論者になった経過が、新約聖書に出てくるパウロに似ていると思った。パウロも当初はキリスト者を迫害していたが、上空にキリストの声を聞き、改心してキリスト教の基礎を築いた。ハイネック博士も「沼地ガス」事件をきっかけとして、ＵＦＯ否定論者から肯定論者となりＵＦＯ学の基礎を築いたといえそうである。

一九六六年四月五日にワシントンで開かれた第八九議会軍事秘密委員会で、ハイネック博士は沼地ガスに関して、スクウェイカー議員らから警察官や多数の住民が見ているのを疑問視するのか、という追及を受けた。

同年八月、ハイネック博士は科学誌『サイエンス』に書簡を送り、一〇月二一日号に掲載された。この書簡が「ハイネック博士、円盤否定論者から、円盤肯定論者への転向」と話題になった。彼は書簡の中でこう述べた――。

「ＵＦＯは信頼できない無教養な人々によってのみ報告されているということは誤りだ。中にはそのような人もいるが、報告の大部分は信頼できる教養あるしっかりした人たちである。また、報告者はヒステリー症状の持主か気狂であって、科学的訓練を積んだ人は皆無で……というのも大へんな誤解である。実は、非常に驚異的な目撃報告は科学者からもたらされたものだ。だが、これら重大な報告の大部分は、彼らの職業的地位に影響するのを恐れて何ら発表されていない」

「もう一つの誤りは、ＵＦＯは決してハッキリ見えないし、近くでも見られないという考え方である。実際には多くのものが非常に近くで目撃されたし、ハッキリ見えた」

「私の持っている数百の報告ファイルの中には、物理学者や社会学者の頭を悩ます恰好な議論の対称《（ママ）》となることは、もし公開されたら必至だ。空軍の所有する膨大なファイルがあるにも拘らず、それに関する評価も調査も全くなされていない」

「ＵＦＯがレーダーやフィルムにキャッチされたことがないというのも正しくない。〝物体〟はレーダーにもカメラにも人工衛星追跡カメラにも捉えられているのだ！」（以上、ＣＢＡ『空飛ぶ円盤ニュース』一九六六年一一月号「ハイネック書簡——米空軍ＵＦＯ顧問ハイネック博士はいかにして円盤肯定論者に転向したか」より）

ハイネック博士が提唱した〈奇妙度〉と〈可能度〉

ＵＦＯを学術的に言うと、どういう言葉になるのだろうか。ＵＦＯ学の権威だったハイネックは、ＵＦＯをこう定義している。

「空中ないし地上にて目撃された物体ないし発光に関し報告される現象で、その外見、軌道、力学的光学的行動がいかなる既存の論理的説明にも合致せず、さらにまた最初の目撃者を当惑させたばかりでなく、専門技術的に良識ある分析確認能力を有する人々により、入手可能なすべての証拠が厳密に論証されたのちも、なお確認できぬまま残る現象である」（ハイネック著『ＵＦＯとの遭遇』大陸書房より）

やや難しい言い方だが、ＵＦＯ目撃とは通常、目撃者が日頃見慣れている飛行機や星などとは違う形状や動き、光の大きさに気づいて当惑することから始まる。ハイネックはその状況に〈奇妙度（Strangeness rating）〉と〈可能度（Probability rating）〉という尺度を加えた。奇妙度とは文字通り、その物体なり光体が、どれほど既知の現象・物体と異なるのかという度合を表すが、〈可能度〉というのは少しややこしい。

〈可能度〉とは要は〈信憑性〉〈信頼性〉ということだが、ハイネックは「ＵＦＯ報告の〈可能度〉の査定は大いに主観的な評価である」と認めている。つまり目撃者個人の信頼度の評価から、目撃当時の状況がどれぐらい首尾一貫しているか、説明に説得力があるかなど、調査員個々の主観が左右する微妙な要素である。

簡単にいえば、調査員が目撃者から話を聞き「うん、なるほど、それはもっともだ。それは奇妙だ」と受け止める報告内容ということになるであろう。

ハイネックはさらに「目撃報告者のタイプ」にまで踏み込んでいる。ＵＦＯを目撃する人間のタイプとはどんなものか、を分析したのである。

日本で、ＵＦＯ問題に熱心な論者が、ＵＦＯ体験を豊富に持っているかというと必ずしもそうではない。ＵＦＯを熱心に探究する研究者であっても「私はＵＦＯを見たことがない」というタイプは意外と多い。

一方、ＵＦＯ問題を普段は笑い飛ばす人が、ＵＦＯらしき変なものを見てしまった、という場合も少なくない。この辺がＵＦＯ目撃と人間を考えるとき、我々の基準が適合しない謎の部分といえる。ハイネックはＵＦＯ目撃者についてこう述べている。

「私の経験では、ＵＦＯ報告者の素性の点で共通するものはまずない、といえる。彼らはあらゆる階層にわたっている。だが、正直者という評判は共通しているうえに、しばしば自分の体験を話したがらないのが特徴的である。少なくとも、質問をしてくる相手が誠実で真面目だ、と確信するまでは」（ハイネック著『ＵＦＯとの遭遇』より）

「第一種接近遭遇」「第二種接近遭遇」「第三種接近遭遇」

　ハイネック博士は、ＵＦＯと目撃者の距離感とその影響度、接近度から「第一種接近遭遇」「第二種接近遭遇」「第三種接近遭遇」という区分を提唱した。

第一種接近遭遇……接近遭遇とは単に空に異常なものを見るという意味での目撃ではない。ＵＦＯが目撃者に接近するか、目撃者が間近に目撃した事例をいう。なお、その接近遭遇によって環境に影響を及ぼした事実がなければ、すべてこのカテゴリーに含まれる。

第二種接近遭遇……ＵＦＯの接近によって、その周囲の立木や草などの生物、接地した地面の土壌が影響を受けて痕跡を残した場合をいう。車のエンジンが停止したり、照明器具、撮影機器のトラブルが生じるなどその影響範囲は広い。

第三種接近遭遇……ＵＦＯの内部あるいはＵＦＯのそばで、搭乗者と見られる生物が目撃される場合である。このケースは「宇宙人会見者」とは明確に区別されなければならない、とハイネックは述べている。

ハイネック博士はまたUFOに関して、その外観的状況から「夜間発光体」「日中円盤体」「レーダー眼視」という分類を提唱した。

夜間発光体……夜間にはUFOは発光して見られる。その発光は、全体が発光体をなす場合と、黒や灰色の本体が複数の光源を持つ場合とがある。単に光点として見られるUFOには、曲線的な運動や飛行機を上回る速度、また逆に不動のまま静止を続けるなどの特性がある。

日中円盤体……明るい太陽光線の下できらめく金属的な円盤として見られるケースが多い。もちろん黒いシルエット状や燐光《りんこう》を放つ円盤もある。筆者は一九七五年五月、奈良県天理市において、曇天《どんてん》の空の下を黒い円盤が回転しつつ飛行するのを見たことがある。また一九八九年一月には飛行機のそばを銀色の小判型の物体が飛ぶのを見た。

レーダー眼視……UFOがレーダー波を反射した場合、レーダースコープ上に輝点（ブリップ）として表示される。これを「ターゲット」とか「ボギー」と表現する航空管制官もいる。

この不明（アンノウン）反射像（エコー）が、航空機ではなくUFOとされた場合、それが現実の空にある物体かどうかを確認するためには、係官が外に出て肉眼で確認しなければならない。
このようにして、レーダー面上のＵＦＯが、肉眼でも目撃されたら「レーダー＝眼視」となる。この初期の事例は、一九五二年のワシントン事件で見られた。ワシントン事件とは一九五二年七月、ワシントン空港と二つの空軍基地のレーダーが、飛行禁止地域上空にＵＦＯと見られる反射像の動きを捉えた出来事である。

以上は現在でも目撃報告に適用され、「統計的アプローチ」に活用可能である。しかし近年ではそうした定番には収まらない事例も発生している（例えば一九八九年に始まったベルギー上空の夜間黒色航空機形態など）。したがってハイネック時代に分類された項目がいつまでも通用するかどうかはわからない。

ハイネック博士はＵＦＯ現象の科学的解明のためには、適切な人材の育成が重要であるとして、こう述べている。

「個々の事例へのアプローチには、訊問技術にたけている上に、ＵＦＯ現象のさまざまな表われ方にも精通し、通常の誤認によって生じる報告の特徴を識別できる人々が必要である。彼らは心理学と基礎物理学の両方に詳しいことも、不可欠の要件だ」（ハイネック著『ＵＦＯとの遭遇』の二七九頁より）

このようにして、優秀な人材によってＵＦＯ現象上の「定量的な物理データ」が蓄積され、そのデータをコンピュータ処理することによって、多くの解答が得られるだろう。それが人類にとって、新しい科学の黎明《れいめい》をもたらす可能性は十分にある。

ハイネックは「現象を客観的に分析するための統一用語」を採用することで「人類にとって新しい経験観察事実」が確定し、最終的解決に到達することを理想としたようだ。

「ＵＦＯをいくら研究しても地球の科学の発展には寄与しない」というコンドン報告（米空軍の依頼で、コロラド大学がコンドン博士を研究主任とする大規模な研究を行い、一九六九年に最終結論を出した報告書）的なレベルの考え方は、科学を新型兵器や宇宙開発技術といった新しい物づくりに限定している感がある。一方、ハイネックは「この現象がどの程度まで人間精神への挑戦とみなされるか。また人間の教化発展に寄与する潜在的価値をどの程度有しているか」という、人類文明全体を視野に入れた問題提起をしている。

これをわかりやすくいうならば、「ＵＦＯ問題を通じて人間自身を探求する」ということになるだろうか。

「プロジェクトグラッジ」の機関長だったルッペルト大尉

現代ＵＦＯ研究史において、米空軍ＵＦＯ調査機関「プロジェクト・ブルーブック」初代機関長エドワード・ルッペルト（Edward J. Ruppelt、一九二三〜一九六〇）大尉の名は不朽であろう。彼は一九五六年に出版した著書『The Report on Unidentified Flying Object（空飛ぶ円盤に関するレポート）』の中で、「ＵＦＯ」の名称を彼自身が考案したものだと記した。

それまで「フライング・ソーサー」という俗語で呼ばれていた未知なる物体に対して、ルッペルト大尉は米空軍としての軍事用語「Unidentified Flying Object（未確認飛行物体）」の名を与えたのであった。因みに彼の指定したＵＦＯの発音は「Yoo-foe」である。日本人が「ユーフォー」と発音するのに似ている。

ＵＦＯの名称から、それを学問とする「ＵＦＯＬＯＧＹ」が生まれた。そして、この問題に従事するあらゆる階級と職種を包括する学徒は、「ユーフォロジスト」と呼ばれている。

ルッペルトは、一九五一年にオハイオ州デイトンのライト・パターソン空軍基地内の航空技術センター（ＡＴＩＣ）に配属された。そこで米空軍ＵＦＯ調査機関「プロジェクトグラッジ」（後に「ブルーブック」と改名）の機関長を、一九五三年に除隊するまで務めた。

ルッペルト大尉の著書は、米国における初期のＵＦＯ事件と、空軍による調査の推移を知る上で欠かせない資料となっている。その著書には、元Ｂ－29の爆撃手でありレーダー操作員であったルッペルトが、この新しい空中現象にどう立ち向かったか、が明晰な筆致で記されている。その中でも一九五一年八月、テキサス州ラボックにおいて発生した「ラボック光体群」の調査では、学者を含む目撃報告書を読み、彼自身も現地に赴いた。

この事件をいちやく有名にしたのは、テキサス工科大学の一年生カール・ハートが一九五一年八月三一日夜に連続撮影した写真だった。そこには、ＵＦＯ編隊と見られるＶ字型の光体群が写り込んでいた。ルッペルトはハートから状況を聴取すると共に、ネガフィルムを借り、基地の写真研究所に持ち込んで分析を依頼した。

ルッペルトはハートが使ったのと同じカメラを準備し、当時のＵＦＯ飛行を想定した速度に従って写真を撮った。彼はこのテストを数回繰り返したが、撮られた写真が非常に不鮮明だったため、調査関係者はハートのＵＦＯ写真に疑いを抱いた。ルッペルトは可能な限り多くの専門家から意見を聞いた。

ルッペルトが調査した時代から六〇数年を経た現在の「ＵＦＯ写真観」に近い言葉が記されている。

「……人間に暗く見え、フィルムにはっきり写り、しかも空を飛ぶようなものは、この世に存在しない」（『未確認飛行物体に関する報告』開成出版より）

これを現代風に解説してみよう。ＵＦＯ写真と呼ばれるものの中に「写り込み」がある。これは人間の目には見えなかったが、フィルムには写り込んだものと解釈されるものである。すなわち、目に見えないＵＦＯは、フィルムを感光させる未知のエネルギーを照射していると推測されている。

こうした肉眼とフィルムの能力差を突き詰めると、人間の目には薄く見える光源でも、ＵＦＯに限り、写真に撮ると明瞭になる、という理屈になる。私の意見はこうだ。

ＵＦＯとは通常、人間の眼には見えないが、常に上空から地表の様子を自動的にサーチしている。カメラの視野に見えないＵＦＯが入り込むと、ＵＦＯの発するエネルギーによってフィルムにＵＦＯ像が写り込むのだと思う。

第３章
フランスやスペインではどのように展開したか

フランスＵＦＯ研究の草分け的存在のエメ・ミシェル

一九六〇年代に出版された高文社刊「空飛ぶ円盤シリーズ」は、我々日本人ＵＦＯ愛好家にとって、空飛ぶ円盤というテーマに関して良くも悪くも啓発するものとなった最初のＵＦＯ本であった。その中でも田辺貞之助（一九〇五～一九八四）というフランス文学者によって一九五六年に翻訳されたエメ・ミシェル（Aime Michel、一九一九～一九九二）著の『空飛ぶ円盤は実在する』は、当時まだ断片的にしか知られていなかった米国初期の事件と調査を詳しく紹

介した。内容的には天文学者の観測例やアフリカ、ヨーロッパを含む目撃例を豊富に集めていた。

とりわけ、一九五二年一〇月に彼の自国フランスのオロロンとガイヤックに現れた母機と見られる筒状物体と、それを取り巻く円盤機の組み合わせは詳細であり極めて興味深いものであった。そしてエンゼルヘアという未知の物質を降下させた事例についても同様である。エンゼルヘア（天使の髪）とはＵＦＯが飛来した後に地上に降る、細い糸状の物質である。

次に日本で翻訳されたエメ・ミシェルの著作は、一九五八年の『ＵＦＯとその行動』（後藤忠訳、暁印書館）であった。これは一九五四年秋にフランスで発生した一大ＵＦＯウェーブ（同じ地域で一定期間にＵＦＯ目撃が多発することをＵＦＯウェーブと呼ぶ）を取り上げたものである。

そこでは一九五二年一〇月に現れたのと同様の葉巻型物体の様々な様子と、そこから放出された小型円盤機の組み合わせが見られる。多くの場合、葉巻型物体から出た小型円盤は、地上近くまで降下して、再び葉巻に戻ったり、葉巻の周囲を旋回したりする。これは母機と子機の組み合わせによる空中作業の観を呈する。エメ・ミシェルは『ＵＦＯとその行動』の中で、フランスのＵＦＯ研究家ジャック・ヴァレ夫妻による火星の周期とＵＦＯウェーブとの関係について紹介している。ジャック・ヴァレ夫妻は火星の周期とＵＦＯウェーブは相関関係にあると主張した。

「火星と地球との距離が近くなる『衝《しょう》』という時期にUFO目撃が増加する」という法則性については、米ユタ州立大学のソールスベリー教授も「科学者とUFO」（『米下院UFOシンポジウム』二〇〇三年、本の風景社刊に収載）でグラフを示して述べている。UFO目撃ウェーブ曲線が火星の衝に連動するという指摘が妥当ならば、UFOが地球外起源であることの傍証となる。

しかし今や火星で活動する探査機から送られてくる「火星上空のUFO」や、火星の地下のパイプラインなどの人工物が話題となっている状況にある。

さて、フランスのUFO研究者の草分け的存在だったエメ・ミシェルだが、ドイツ生まれのUFO学識者イロブラント・フォン・ルトビガー（Illobrand von Ludwiger、一九三七〜）は著書『ヨーロッパのUFO』（星雲社）で、「ミシェルは現地調査を行わず、不正確な可能性のある新聞の切り抜き情報を得ていただけである」とこき下ろしている。しかし、空飛ぶ円盤に目覚めたばかりだった日本人にとって、エメ・ミシェルの果たした功績は大きいといわざるを得ない。

「UFOと地球磁場の変化」を研究したクロード・ポエル

好事家《こうずか》や夢見る愛好家だけの嗜好の対象として「現代の神話」と揶揄《やゆ》されたこともあったU

ＦＯ問題が、国家研究機関の取り組む分野として確立されたなら、その研究はどのような内容になるであろうか。一九六〇年代にＣＮＥＳ（国立宇宙センター）のロケット部門ディレクターであり、天体物理学の博士号を持っていたフランス宇宙研究の電子技師クロード・ポエル博士（Claude Poher、一九三六〜）は一九六九年、国立経済統計研究所の責任者であった。国立経済統計研究所はこの年、宇宙問題米仏計画（紫外線により恒星観測をする計画）の一環として、ロケット打ち上げによる紫外線天文学について調査した。このとき博士の調査要請に対応した米国の研究者が、ＵＦＯ研究に取り組んでいたアレン・ハイネック博士であった。

クロード・ポエルはハイネック博士の率いるＵＦＯ研究チームに加わると共に、ＵＦＯ研究に着手した。

一九六九年以後、彼はＣＮＥＳにおいてＵＦＯを統計的に研究するため、ＵＦＯ目撃のデータをコンピュータで解析した。それは、天文統計を基礎とする解析であった。

クロード・ポエルはＵＦＯ情報を分析する上で、天文統計のコード化の要領を参考にした。まず、天文統計によりスペクトル（電磁波を波長順に分解したもの）を解析し、電磁波とＵＦＯ出現に相関関係がないかを調べようとした。これはハイネック博士も述べている「分析のための統一用語」を定めようとした試みであった。

クロード・ポエルはＵＦＯでない既知の現象を組織的に排除するために、航空機、気象観測気球、惑星、彗星などの基本データを通して目撃報告をふるいにかけた。こうして一九四七年から一九七〇年までの世界から集めた三万五〇〇〇件の報告を一〇〇〇件に絞り込んだ。

その内訳は、（フランスから見た）外国七八〇件、フランス国内二五〇件。それらをコンピュータ処理した結果は、例えば①目撃者数の分布は人口密度に比例する。②目撃数は雲量の直接的影響を受ける。③目撃数は情報手段（目撃者がUFO目撃を研究機関へ報告する手段）の密度に比例する。電話や手紙といった伝達手段が多い地域は目撃実数が多く、少ない地域は目撃実数が少ない。④UFOの六〇％は速く動き、四五％は複雑な飛行パターンを示す。飛行中に突如停止し、閃光を放ちつつ再び動き出すケースが多い。

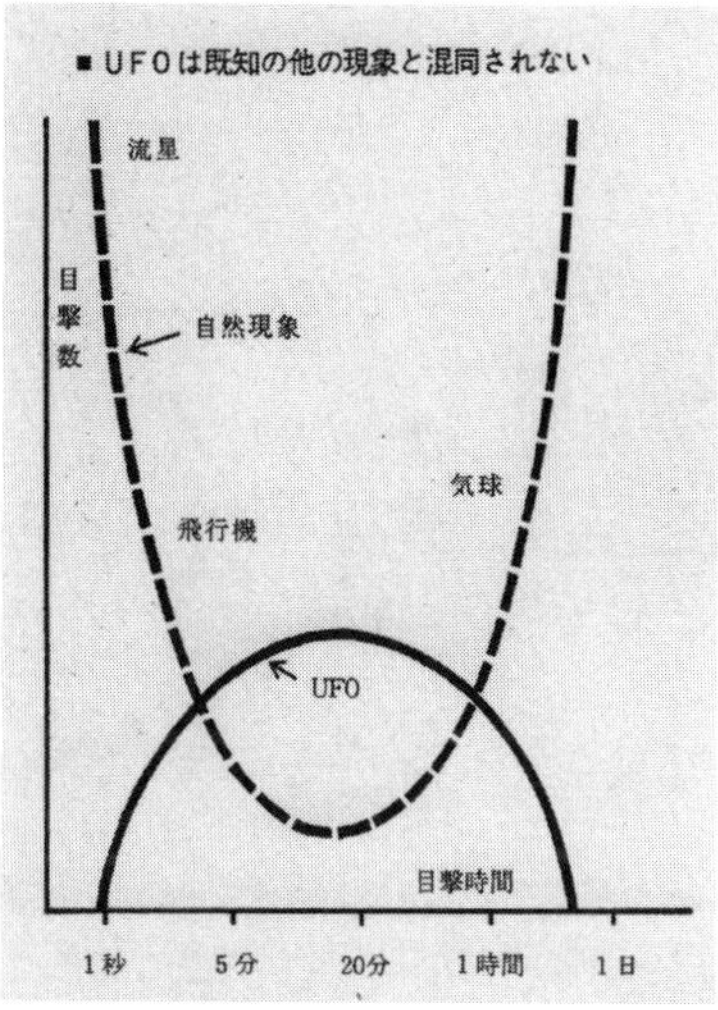

フランスのクロード・ポエル博士による「UFOと他の現象 - 目撃時間の比較曲線図」（CBA『UFO News』1974年、Spring - Summer号より）

このような結果は「年間UFO目撃数」「月別UFO目撃数」「時間別UFO目撃数」「UFOと既知の現象との継続時間と目撃数の比較」「UFOと地球磁場の変化」と項目ごとにグラフ化されている。

なお、「UFOと既知の現象との継続時間と目撃数の比較」とは、継続時間の短い流星や、やや長く見られる飛行機、気球といった既知の現象は、「目撃継続時間二〇分」を最小とする「Ｕ」の曲線で表される。一方、ＵＦＯは「目撃継続時間二〇分」を最大とする円弧で表される。この両者の目撃継続時間の違いは、グラフによって一目瞭然である。それゆえＵＦＯと既知の現象の「継続時間」を調べ、目撃数と比較すれば有用なデータが得られると考えたわけである。

「ＵＦＯと地球磁場の変化」の項目では、一九五四年一〇月のＵＦＯウェーブにおける一日当たりの目撃数と地磁気観測所で記録された地磁気の擾乱《じょうらん》の相対偏角を示すグラフが掲載されており、両者の変動の相似形の波が見られる（参考・ＣＢＡ『UFO News』一九七四年）。

地磁気の擾乱の相対偏角について説明しておこう。方位磁石の針が指す北は、地理上の北とずれている。このずれた角度を偏角という。太陽面で爆発が起きると高エネルギー粒子が地球に到達し、地磁気擾乱が発生する。これを磁気嵐ともいう。こうした地磁気の乱れがＵＦＯの出現によっても発生し、その変化の度合いを偏角で表すことを「地磁気の擾乱の相対偏角」と言っているわけである。

「ＵＦＯと地球磁場の変化」について調べた成果としては、一九四七年六月二四日に米国カスケード山脈ポートランド山中で、ＵＦＯ接近に伴って磁気的変動が起きたことが挙げられるであろう。このときには磁針が激しく左右に動く現象が起こった。この現象は「フレッド・ジョンソンの羅針盤」として知られる。

ＵＦＯ接近に伴う磁気的変動といえば、筆者も一九七〇年八月、九州不知火《しらぬい》海沿岸でＵＦＯ

の滞空出現時に岩の上に置いた方位磁石が大きく何度も振れるのを、仲間と共に観察したことがある。

一九七七年、CNESの所長であったポエル博士は、UFO（フランス語ではUFOはOVN）研究専門機関としてGEPANを創設した。この組織には光学機器の技術者ジャン・ジャック・ヴァラスコ（Jean-Jacques Velasco、一九四六〜）夫妻が参加した。一九七八年、GEPANの代表はクロード・ポエルからエンジニアだったアラン・エステルに移り、一九八三年、エステルは後継者にヴァラスコを任命した。

二二年を経てヴァラスコは任務を終了し、二〇〇七年、その成果を本にまとめた。この本は日本でも翻訳されて宝島社より『UFOは…飛んでいる！』として出ており、フランス政府のUFO研究を知る上で不可欠な資料となっている。

「オーソテニーライン」を唱えたスペインのアントニオ・リベラ

スペインを代表するUFO研究家アントニオ・リベラ（Antonio Ribera、一九二〇〜二〇〇一）は、一九五〇年のイベリア半島におけるUFO事件を研究した。その研究で、イベリア半島において、母機を中心にして各地へ「偵察機」が送られるUFOの計画的飛行活動があると想定した。さらにＵＦＯの目撃地点が直線上に点在していることから、これを「Orthoteny（オーソテニー、直線則）」と命名した。

この「オーソテニーライン」は、後にフランスでエメ・ミシェルによっても提唱された。ミッシェルの著書『ＵＦＯとその行動』（暁印書館）では地図上に記された図解的表現で示されている。この本の翻訳者・後藤忠氏は「訳者あとがき」の中で、「《直線則》オーソテニーはＵＦＯに関する類似の現象を予言できず、したがって何の役にも立たないことを日本の読者に伝えてほしい」というミシェル自身の否定的な手紙を紹介している。

しかし、一九五八年にスペイン・バルセロナで民間ＵＦＯ研究団体ＣＥＩ（Centro de Estudios Interplanetarios、惑星間研究センター）を設立し、フランスや英国のＵＦＯ研究誌にポルトガルのファティマ事件（一九一七年に三人の牧童が聖母とコンタクトした）など独自の研究成果を寄稿したアントニオ・リベラの見解はやや異なるようだ。

リベラがその事例とした《直線則》の一つは、一九五〇年三月二七日に見られた。その目撃地点はスペイン中央部を南北に縦断する六〇〇キロメートル以上の直線上にあった。

マドリッド、トレドンヒメノなどの三か所で、午前六時三〇分から七時の間に目撃された。その方向は南から北に延びている。リベラはこうした直線上のＵＦＯ目撃が、一九五〇年三月二一日、三月二七日、三月二九日、四月一日に発生し、その経路が北や北東へ延びる方向性を持つことから、その「起点」を大西洋のカナリア群島上空と推定した。つまりその起点に「母機」があり、そこから彼の名づけた「偵察機」が発進されたのではないかという推論を立てたのである。

「母機」と「小型機」の組み合わせがヨーロッパで目撃されたのは、一九五二年一〇月のフランスであった。

すでに一九五一年一一月には、米国を飛行中の旅客機から、飛行機大の物体が飛行しながら全方向に火の玉ボールを発射するのが目撃されている。また一九五七年一二月にはデンマーク上空で巨大な卵型の飛行体から小型物体二個が発射されるのが目撃された。一九五〇年当時のスペインでは、母機と子機の組み合わせという概念自体、珍しい発想ではなかったかと思われる（参考・『空飛ぶ円盤ダイジェスト』一九六二年三月号「一九五〇年に於けるスペインのOrthoteny」）。

米空軍への民間UFO研究団体からの挑戦状

米国の民間UFO研究団体NICAP（The National Investigations Commitee on Aerial Phenomena、国家空中現象調査委員会）は一九六三年、五か年をかけて制作した報告書『The UFO Evidence（UFOの証拠）』を発表した。「序文」「議会声明」「1－典型的な報告」「2－知的コントロール」「3－空軍観察者」「4－陸軍、海軍、海兵隊」「5－航空専門家による報告」「6－科学者と技師」「7－役人と市民」「8－レーダーと特殊証拠」「9－外国の報告」「10－検閲の証拠」「11－国会議員とＵＦＯ」という項目自体が、米国社会が常にＵＦＯ騒動の渦中に置かれてきたことの証にもなろう。同時に、民間でなされたＵＦＯ資料の体系化の一歩を記したといえる。

この報告書の序文には、宇宙ロケット専門科学者、元海軍ミサイル長官、宇宙医学顧問、退役空軍将校、ＵＦＯ遭遇経験を持つ機長など二〇〇名以上の軍事・技術専門家から助力を受けたと述べられている。

この報告書は、ＵＦＯ問題の重大性を軽視してきた米空軍当局に向けた、民間団体からの挑戦状であった。しかし、採用されたデータは米国内だけに限られており、すでに全地球規模の視野を必要としていたＵＦＯ問題の総括としては、やや不完全な内容といえそうだ（参考・ＣＢＡ『空飛ぶ円盤ダイジェスト』一九六三年五月号／ＣＢＡ『空飛ぶ円盤ニュース』一九六四年一〇月号）。

「トリック」メモランダム公開に貢献したマクドナルド博士

物理学者のジェームズ・Ｅ・マクドナルド博士は、悪名高いコンドン報告の「トリック」メモランダム(注)と称されるものの公表に貢献し、その三年後に謎の死を遂げる。彼の自殺の原因は今もって不明だが、マクドナルド博士の自殺は英国の有名ＵＦＯ誌でも報じられた。以下、英国ＵＦＯ誌『Flying Saucer Review』の一九七一年五〜六月号二七頁からの翻訳文を抜粋して紹介する。

「一九七一年六月一三日（日）、五一歳のアリゾナ大学教授の死体がアリゾナ州タクソン北方の砂漠で発見された。ピマ郡警察当局の話では明らかな自殺であり、頭部に致命傷を負い、短い書置きと口径三八レボルバーが死体のそばにあった。

ジェームズ・Ｅ・マクドナルド（James E. McDonald、一九二〇〜一九七一）博士は、アリゾナ州立大学の気象物理学部門における空の研究者であり優れた物理学者であった。博士は空の物理学と気候制御の分野で貢献した。合衆国においてＵＦＯ問題および超音速機（ＳＳＴ）に対して論争を巻き起こした者として広く知られている（それはＳＳＴがオゾン層を破壊し、全米に皮膚ガンが増加するという論であった。この論は下院議会で批判された。この件は『全米ＵＦＯ論争史』星雲社の二三六頁に詳しい）。

ジェームズ・マクドナルドは、外に向かって話すことを恐れなかった。彼はプロジェクト・ブルーブックの有名なＵＦＯ報告書の多くの部分に対して批判的であり、コンドン委員会のロバート・ロウ氏によってコロラド大学に送られた例の悪名高い『トリック』メモランダムを一般に公表したのも彼の努力に負うところが大である。チャールズ・ボーエンＣ．Ｂ．」（大石邦基氏による翻訳文の一部を手直しした）

（注）「トリック」メモランダムとは、一九六六年に米空軍からＵＦＯ研究を委嘱《いしょく》されたコロラド大学のコンドン委員会が、ＵＦＯを否定するために考え出した方法をメモした覚書を指す。ＵＦＯプロジェクトのコーディネーター、ロバート・ロウが作成したとされる。

ロバート・ロウは「大衆には全く客観的に研究していることをアピールし、科学界に対しては、我々はＵＦＯを信じてはおらず、フライングソーサーを発見する見込みはほとんどゼロであるが、できる限り客観的に研究していることを示す、というトリックを使って、このプロジェクトを説明する必要がある」（前掲『全米ＵＦＯ論争史』二二一頁）と書いたという。

この覚書がジェームズ・Ｅ・マクドナルド博士の手に渡ったことで、博士はロウに宛て、プロジェクトの方法論を批判する手紙を送った。その手紙の中で「我々はＵＦＯを信じてはおらず、……できる限り客観的に研究していることを示す、というトリック」の部分を引用した。

ロウの覚書と、それを批判したマクドナルド博士の手紙は、一九六八年五月にアメリカの写真雑誌『ルック』に「フライングソーサーの大失敗」という記事になって公開された。これによって、コロラド大学のＵＦＯプロジェクトの信頼性は失墜した（詳しくは前掲『全米ＵＦＯ論争史』二二一～二二二頁を参照）。

米国ＵＦＯ界でも極めて真面目で真剣なＵＦＯ研究学者であったジェームズ・Ｅ・マクドナルド博士としては、全地球にとって重大なＵＦＯ問題が、その重大性にそぐわない人々の手によって汚されていくのを見ていられなかったのかもしれない。彼が一九六八年米下院ＵＦＯシンポジウムに提出した『未確認飛行物体に関する公聴会用論文』の冒頭から紹介しよう。

「これまで科学は我々のまわりで起きる出来事を理解しようとする方向で進歩してきた。だが、たいていの人は、自動車、電力施設、都市等の上空を飛びまわっているのに、科学者の組織に注目されない、まったく従来にない性質を持つ機械的物体が存在する、という話に疑いの目を向ける。

確かに、そんな話を聞かされても真剣に受け止めることは難しいだろう。はっきりした証拠を見せられなければ、それもしかたがないかもしれない。私もそうだった。

我々は単に事実を無視することで取り繕ってきたが、地球外生命体のテクノロジーの所産が、地球上で活動している可能性がある、という憂慮すべき重大な問題を、先入観によって退けてきたのである。

そして我々科学者は、観測事実からＵＦＯの注目すべき特質を強調し続けてきたＮＩＣＡＰ〔天宮注・全米空中現象調査委員会〕やＡＰＲＯ〔天宮注・空中現象研究機構〕のような団体の主張を無視してきた。科学者の組織ではない民間団体が収集した報告など無意味だ、と無視してきたのである。

私はこうした無関心のことはよくわかっている。私も、そういった事実をほとんど無視した科学者の一人だったからである。そんなことはあり得ないだろう、と確信していた科学者の一人だったのである。それに、ＵＦＯが実在するという明確な証拠は存在しない、という公的機関の発表は多分正しいのだろうと思っていた市民の一人でもあった。

　ＵＦＯ問題はあまりにも異常で、信じがたい出来事や理解しがたい現象が含まれており、現代科学の知識では説明困難という特質がある。科学者たちがそのことをあまり真剣に受けとめてこなかったことは驚くにはあたらない。我々科学者は、科学の最前線の問題でもなく、あまりにも常識からかけ離れたこの問題に、一丸となって対処しようとは思っていないのである。科学者たちがこの問題を綿密に調べるようになれば、上に述べた話が正しいことはすぐわかるだろう。

　ＵＦＯ問題は、それが何であったとしても、非常に型破りな問題である。（中略）私の考えでは、ＵＦＯが地球外起源のものでないとすれば、とてつもなく奇怪な何か――地球外起源の機械装置よりも科学的にはるかに重大な何か――であることになると思う」（『米下院ＵＦＯシンポジウム』学術研究出版センター、二〇〇三年）

　筆者がこれを読んで思うのは、マクドナルド博士の科学的手法を純粋に信じる心と、それに相反する科学界の実情との落差の激しさである。マクドナルド博士はその落差に懊悩《おうのう》したのではないか。彼のような純粋な科学者こそ、より永く活躍してほしかった。

　科学者こそ未知なる現象を公平に先入観なく調べる手段を豊富に持っているし、その結果により世界を変えていく力を持っている。マクドナルド博士の言葉「ＵＦＯ問題は、非常に型破りな問題」――まさに科学者たちに限らず、自らその「型破りな問題」に足を踏み入れなければ永遠に核心に近づくことができないのかもしれない。

第4章 旧ソ連――「ＵＦＯ観測において大変優れた人々」による研究

ジーゲリ助教授とペトロザボーツクのＵＦＯ

旧ソビエトのＵＦＯ研究者フェリックス・ジーゲリ助教授（Felix Yurevich Zigel'、一九二〇〜一九八八）の著書『ソ連のＵＦＯ研究』（東洋書院、一九九〇年）によると、旧ソ連におけるＵＦＯ研究はアメリカと同様、一九四七年に、あの一九〇八年のツングースカ大爆発（この年、大気圏外からやってきた未知の物体がシベリアのツングースカ川上空で大爆発を起こした）の究明と共に始まったという（ツングースカ大爆発については、ジョン・バクスター／トマス・

アトキンス著『謎のツングース隕石はブラックホールかＵＦＯか』講談社刊が詳しい）。

一九六七年は旧ソ連でＵＦＯ問題が最も盛り上がった年であった。すなわち、一九六七年五月一七日、モスクワのフルンゼ記念中央航空宇宙飛行会館でＵＦＯ研究者たちの会合が開かれ、ソ連全土から四五名が参加したのだ。

座長役に空軍少将Ｐ・ストリャーロフ、補佐役にＦ・ジーゲリ助教授が選出された。会合の目的はソ連全土にわたるＵＦＯ観測記録を収集するための組織を作ること、ＵＦＯ研究のための研究機関を作る準備を進めることであった。

一九六七年一〇月一八日、ソ連軍支援協会宇宙飛行全国委員会の中にＵＦＯ研究会が設立され、第一回の会合が開かれた。約三五〇名が出席し、二〇八名がＵＦＯ研究会に入会した。

ＵＦＯ現象とは、ハイネック博士も主張したように地球規模で発生する。では「地域差」、つまり国によって現れ方や形状、運動に差があるのか。それらを比較したら何かわかるのか。旧約聖書の「創世記」でカインとアベルの兄弟が神によって差別されたように、神を宇宙人とするなら、そういう高度な知性でも相手によって態度を変えるようなことはあるのか。あるとしたら、それは人間のどの部分を根拠になされるのか。

地理的な点、民族の性質、社会の状況などによってＵＦＯ現象は変わってくるのか、変わるとすればどのような要因で変化するのか――このようにＵＦＯを主軸とした「人類観」を想定すると、ハイネックが指摘したように「この現象がどの程度まで人間精神への挑戦と見なされ、また、人類の教化発展に寄与する潜在的価値をどの程度まで有するか」（前掲『ＵＦＯとの遭遇』二七五頁）という問題になってくる。

では「ＵＦＯ現象の海」の中でロシア人はどこに位置するのか（ロシア人はどれぐらいＵＦＯ現象との遭遇に近い位置にいるのか）をジーゲリ報告から見てみよう。まずロシア人はＵＦＯ観測において大変優れた人々だということがわかる。これはジーゲリ助教授の人脈によるものかもしれない。彼は天文学者で『宇宙に人は住んでいるか』（白揚社、一九六〇年）という天文学の本の著者でもあるからだ。

したがって彼の情報ネットワークには天文学者に準ずる学者が多い。それゆえ、彼の収集したＵＦＯ報告は、かつて日本でよく見られた「目測一〇メートルの物体が高度三〇〇〇メートルを飛行した」といった空想的な報告は皆無である。「その大きさは満月の四分の一だった」とか「北斗七星の柄杓《ひしやく》の底辺の二個の星の間の長さに近い」といった具合に客観的である。こうした客観的な表現は、ＵＦＯの本場といわれる米国でも多くはない。

一九七七年九月二〇日真夜中のペトロザボーツク（ロシア連邦の都市。現在はカレリア共和国の首都）を中心として発生したＵＦＯ事件では、各目撃地点からの仰角によって、その交点である地面からの垂直高度が学者によって計算された。その結果、「ＵＦＯの高度は六〇〇〇メートル」だとわかった。

これはジェット旅客機の巡行高度一万メートルより低い高度である。すなわち、ジェット旅客機の安全飛行高度という人類の定めた航空法を無視して、地上に近づいたことを示したわけだ。

ペトロザボーツクのＵＦＯは、光の雨を降らせたことで知られている。その光によって家の窓ガラスに穴があいた。しかし、光線がガラスに穴をあけた現場を見た人はいなかった。そのガラスの標本はジーゲリ助教授のもとに送られた。

そのガラスの穴の角度から、光線の発生源の高度が算出された。すると目撃時の仰角によって求められた高度より倍近く高い高度であった。目撃者の仰角報告が間違っていたのか、窓ガラスの光線通過軸は目撃された実体とは別の何かを物語るのか、謎が残る。

ジーゲリ助教授が「ＵＦＯ」という課題から引き出したソ連での目撃報告と、学者たちによる論文の数々は、この問題の広大さを物語る。ＵＦＯ報告に「半月状」が多いのはやや特徴的である。

『ソ連のＵＦＯ研究』三五三頁に、ＵＦＯ観測の時刻分布がグラフで示されている。この統計に使用されたデータは「ソ連二一〇例」「ソ連以外の諸国三七五例」「スペイン・ポルトガル一〇〇例」で、興味深いことに、その三つとも目撃数のピークが二一時～二二時なのである。これは米国の場合も日本の場合（一九六二年の七三七件の統計による）もほぼ一致している。

アジャジャ博士と「UFOは異次元からの乗り物」説を採用したヴァレ

UFO現象には科学の世界に無数の「謎」を投ずることで、「UFO研究」を継続させようとする意図があるようだ。一九〇八年六月三〇日早朝にシベリアで起こった「ツングースカ大爆発」の解明にしても、「キエフ年代記」（ウクライナの首都・キエフ市にある修道院で、一二〇〇年頃に編纂された年代記。単独の書籍としては現存せず、後世に編纂された『イパーチー年代記』の中に、その写しを見ることができる）に見られるUFO古記録の解明にしても、ジーゲリ助教授亡きあと、ロシアに残されたUFO研究課題は膨大《ぼうだい》である。

ジーゲリ助教授によって培われた「地球外起源のUFO」という古き時代のUFO観は、一九九〇年以後、ソユーズUFOセンターのウラジミール・G・アジャジャ（Vladimir G. Ajaja）博士へと引き継がれていく。

アジャジャ博士の代になって、ロシアのUFO研究はフランスのUFO研究家ジャック・ヴァレ（Jacques Vallee）博士（一九三九〜）を招くなど国際交流が拡大する。そして古き時代の「UFO地球外起源」に代わって「地球と重なる異世界起源」へと流れていくようだ。それに加えて各種の陰謀論、「宇宙人コンタクト」を偽装する霊的世界からの干渉も活発化する。

ジャック・ヴァレ博士はフランスのパリ天文台で、人工衛星追跡計画に従事していた一九六一年当時、普通の人工衛星とは違う異常な振る舞いをする物体を観測した。この体験がきっかけとなってUFO研究に入った。

米国で出版した『Anatomy of a Phenomenon（現象の解剖学）』では「UFOの調査研究の資料となるものは、研究所で再生されたものではなく、実際の目撃者によって書かれた報告である」と述べ、紀元前のUFO事例も紹介した。しかし、一九六九年『Passport to Magonia（マゴニアへのパスポート）』では、UFO現象は九世紀のフランス民間伝承における異世界「マゴニア」から繰り出されたものという異世界を想定した意見に傾いたようだ（参考・『人はなぜエイリアン神話を求めるのか』徳間書店）。

この見方は、かつての古典的なUFO目撃よりも、異世界住民からの迫力ある個人的密着体験が激増したこと（例えば、円盤の乗員に水を提供したお礼にクッキーのようなものをもらった、一九六一年四月米国の事例など）を、「すべてのUFOは異次元からの乗り物だった」と結論することで、UFO現象の不可解さに対する整合性を見出した感がある。そういう見方こそが真性UFOを打ち消す「超常的詐欺」なのだとするのが本書の趣旨である。実はハイネック博士が晩年にたどり着いた結論も、ジャック・ヴァレ博士の意見と同種のものであった。

ハイネック博士の考え方は「UFOは我々の住む世界と平行して存在する別の世界のものであり（この世界の）限られた空間に突然姿を現し、すぐに平行宇宙、すなわち別の次元へ消えて影も形もなくなる」（参考・『The OMNI』Aug. 1986）というもので、この論は彼が来日した際にも示唆された。

このときハイネックは雑誌『週刊プレイボーイ』に持論を語っており、「……ほとんどのＵＦＯ現象には、時間と空間の分離がある。というのは、ＵＦＯは急に現われて、また急に消える。（中略）新幹線は出発点があり、時間とともに空間を移動してここまで来ているわけです。でもＵＦＯはたとえば東京駅では見えず、横浜にパッと現われて、熱海でパッと消える。これが時間と空間の分離です。いわばＵＦＯは〝無〟から出現して〝無〟に消えるみたいです。そこで、異次元空間から現われるとすると、じつに説明しやすいわけですよ」と発言している。

この機会に、この件に関する筆者の見解を述べておこう。ハイネックがたどり着いた「ＵＦＯ異次元仮説」は、ＵＦＯの出現と消滅について、やや極端な解釈に走った感が否めない。すなわち、ＵＦＯが消えることとすなわち異次元移行とはいえないと言いたい。

様々なＵＦＯ映像にも見られるが、ＵＦＯ映像の状態は不安定であることが多い。発光体の場合は光の強弱と消滅、再出現を繰り返すことが多い。日中の円盤体も、薄くなって消えかかったり、また消えて再び現れるという変則的な状態が見られる。この現象は筆者も一九九〇年代に八ミリビデオで撮影した。

そこから「消える」という現象の意味を推理することもできる。例えば、フランスやスペインで提唱された《直線則》オーソテニーにおける、点的な目撃地点にしても、「ＵＦＯがＡ点からＢ点まで継続して目に見えるのではなく、直線的な飛行経路上で、消滅と再出現が行われることで、目撃地点は点在する」ことになる。その場合の解釈として、**ＵＦＯが「必要な目撃者を得るために現れ」不必要な地域の上空では「姿を消して通過し」「再び必要な地域に姿を見せて目撃報告を書かせる」**という知的な飛行形態を想定することができる。

その解釈に続く課題は「ＵＦＯ目撃報告を書く必要があるのはどのような人間なのか」ということになるが、それは第3部で論じたい。

つまりＵＦＯは「異空間」が起源だと考えるよりも「異空間に出入りすることができる」とした方が自然だというのが筆者の考えである。

ジーゲリ助教授がアジャジャ博士を批判

一九八五年、六五歳で『ソ連のＵＦＯ研究』を書き上げたフェリックス・ジーゲリ助教授は、当時ソユーズＵＦＯセンター所長だったアジャジャ博士についてこう書いている。

「一年ほど前のことだが、私の目の届くところにＶ・アジャジャという男が現れた。そのときは〝空飛ぶ皿〟の科学的研究に興味をもっているように見受けられた。私は、乞われるままにいくつかのＵＦＯ資料をその男に提供した。ところが、このアジャジャは私から貰ったＵＦＯ資料を自分の小さな商売のネタに使いはじめたのである。つまり、所定の手続きや講演料のルールなど一切おかまいなしに、アジャジャは連日連夜、講演活動で駆けずりまわりはじめたのである。

航空会社から呼ばれて行った講演では、アジャジャの厚顔無恥で無学な本性がさらけ出された。彼はその会場で、おもに外国の卑俗な出版物から掻き集めた、ありとあらゆる扇情的なヨタ話を聴衆にばらまいたのだ。彼は、あたかも自分は上層部に近い革新者であり、ＵＦＯ問題を早急に、しかも首尾よく解決できる人物として、実態以上に自分を売り込んだ」（『ソ連のＵＦＯ研究』東洋書院の四五七頁より）

一九九〇年一一月一七日から二五日にかけて、石川県羽咋《はくい》市で開催された「宇宙とＵＦＯ国際シンポジウム」において、旧ソ連からは元女性宇宙飛行士マリーナ・ポポビッチ博士とアジャジャ博士が来日して講演した。

アジャジャ博士は「ソ連におけるＵＦＯ研究」という演題の話の中で、一九七七年のペトロザボーツク事件で窓ガラスに穴をあけた光のビームを「攻撃兵器」とした。同様にＵＦＯに攻撃をしかけた戦闘機パイロットも、ＵＦＯから発射された光線で怪我をした、と述べた。

さらに「ＵＦＯ出現からの危険をどう回避するか」という話に進み、「異星人は身長が伸び縮みし、壁を通過できる」と話すなど、ジーゲリの指摘したように「扇情的」な話し方が見られた。

自国での豊富な「ＥＴ接触体験者」の証言をもとにした彼の論によると、

「ソ連ではテレパシーによって、（中略）宇宙のメッセージを受け取っておりますが、（中略）これらのメッセージには、宇宙人というより我々地球人の思考の影響が読み取れます。またこうしたメッセージの内容には、聖書に書いてあるような情報や共産主義の本に書かれてあるような内容までありますが」「こうしたメッセージの特徴として我々が望んでいるような建設的な内容はほとんど含まれておりません。（中略）何故こうした情報でない情報を大量に送ってくるのか、これも判らないわけです。こうした情報の流れは、どうやら人類をＵＦＯ問題に対する正しいアプローチから脇へ外そうとする意図が感じられます」「コンタクト（ＵＦＯ遭遇者）の中には、他の惑星へＵＦＯに乗って飛行したという証言をするケースもあります。これは（中略）いわゆる『魂』が他の惑星へ飛行したという事もあり、古くからヨガでも知られた方法です」（一九九〇年羽咋市・宇宙とＵＦＯ国際シンポジウム実行委員会『宇宙とＵＦＯ国際シンポジウム報告書及び会議録』より）

ということになる。こうした意見は、「まえがき」で述べた「霊的世界からの介入」に通じるものであるといえよう。

アジャジャ博士はＵＦＯによる誘拐行為（体外離脱的アブダクションと日本の民俗伝承にある「天狗にさらわれて戻った話」のように肉体ごと誘拐される例）を根拠にして、「我々の世界を自由にする実際の主人は誰なのか」という問いかけを行った（「自由にする」とは見えない世界の住民がコントロールすること）。その見えない世界の住民がＵＦＯを操って人間を誘捌している、というのがアジャジャ博士のＵＦＯ観である。

次に一九九七年三月二一日から石川県羽咋市で開催された「宇宙&ＵＦＯ国際会議」をまとめた報告書から、公開された研究の一部を紹介してみたい。難解な理論は割愛せざるを得ないので、筆者の理解の範囲に限定されることをご了解願いたい。

ヘインズ博士がコスモアイル羽咋で行った講演

ＮＡＳＡのエイムズ研究センターに勤務したリチャード・Ｆ・ヘインズ（Richard F. Haines）博士は、二〇一七年五月に八〇歳を迎えて、航空機のＵＦＯ遭遇を調査する専門機関ＮＡＲＣＡＰの主席科学者の地位を退いた。彼は一九五〇年代のＵＦＯと航空機の遭遇事例をまとめた『Advanced Aerial Devices Reported during the Korean War（朝鮮戦争中の高度な航空機器）』を一九九〇年に出し、図解豊富なＵＦＯ事例集『Project Delta（デルタ計画）』を一九九四年に出版した。筆者は二〇〇四年に撮影した映像をヘインズ博士に提供したことで、彼らからの分析を受けた。それにより、筆者の映像が国際的にも知られるようになった。

ヘインズ博士のＵＦＯ研究の特徴は、独自の仮説を立てることにあるといえるだろう。その一つが石川県羽咋市で開催された「宇宙とＵＦＯ国際シンポジウム」で公開された。ヘインズ博士の講演は、個々の事例を難解な数値と図式をつけて解説するもので、我々に理解できる内容ではなかった。以下の講演の断片は、筆者が何とか理解できた部分をまとめたものであることをお断りしておきたい。

「私たちは多分ＵＦＯの外側・表面しか見ていません。（中略）表面は固定された硬い金属ではなく、ＵＦＯと周囲の大気との間で放射ないし吸収されているエネルギーにすぎないかもしれない」

「この仮説［天宮注・フラクタル・ダイナミックス理論］を用いれば、そのメカニズムを解明し、従来バラバラに考えられてきたＵＦＯ現象の特徴をひっくるめて解釈する事が出来るのではないかと私は考えています」

「シダの先端部の一つの葉の形態は、シダ全体の形状の小さなミニユチア《（ママ）》です。（中略）部分が全体の相似形であること、しかし同時にそれらは非常に多様な形態をとることが母なる自然の基本的な法則だとわかります」

「以下に述べる三つのファクターを理解すれば『フラクタル』をほとんど理解することができます。ロテーション（回転－角速度）、スケール（大きさ）、ディビジョン（分離）の3要素です。（中略）まずロテーション（回転－角速度）ですが、ここに同一の形状のものがありますが、（中略）45度回転させることもできます、ただし形そのものは変化していません。二番目の要素であるスケールでは同じ形状のものを大きくしたり小さくしたりできます。ディビジョン――一つの形状のものをその形に従って分離していくことです。（中略）ここに基本原理があるのです」

「ＵＦＯのいくつかの事例では、ＵＦＯが光のビームをゆっくりと発したといいます。（中略）均一な強烈な光であるにもかかわらず、部屋全体を照らさなかったというのです。私たちが日常的に使っている言葉の『光』とは、明らかに違うものです」

以上は「宇宙&ＵＦＯ国際会議報告書」コスモアイル羽咋からの講演録の断片である。これらをわかりやすい言葉に置き換えるのは難しいが、ＵＦＯから発せられる光は、我々の知る光の性質と異なっている、ということはいえるだろう。

第5章
英国の「クロップ・サークル」とブラジルのトリンダデ島事件

コリン・アンドリュースの「クロップ・サークル」研究

一九七五年頃から英国の麦畑などの穀物畑に円形の図形が現れ始め、それは「クロップ・サークル（Crop Circle)」と呼ばれた。日本では一九九一年に各地にも現れ、「ミステリー・サークル」と名づけられてテレビでも紹介された。

　これが米国やオーストラリア、ヨーロッパ等に拡大したことは周知の通りである（サークル現象については、パット・デルガード／コリン・アンドリュース著『ミステリー・サークルの謎』二見書房が詳しい）。

コリン・アンドリュース（Collin Andrews）は、その調査と研究にすべてを捧げるほど熱心に取り組んだ、この分野の第一人者といえる。やがてこのサークル現象の周辺で、小さな発光球体が目撃されるようになった。その明瞭な映像が一九九〇年七月二六日にスティーブ・アレクサンダー（Steve Alexander）によって撮影された。

一九九六年八月一一日未明、イングランド南部・ウィルトシャー地方のオリバース・キャッスルでジョン・ウェレイ（John Wheyleigh、二二）が、二個の球体が麦畑を低空で旋回し、それと共にサークル図形が形成されていく一部始終を八ミリビデオカメラに撮影した。この映像は日本でも公開された。

さらに一九九九年、チェコのドマジュリツェ町でも、巨大な二個の発光体によってサークルが次第に形成されていく過程が二一コマのスチル写真として撮影された。この写真はポーランドのロベルト・リシャニキェビッチ（Robert K. Lesniakiewicz）が投稿して、ポーランドの不思議系雑誌『Nieznany Świat』二〇〇〇年六月号に掲載された。このスチル写真は日本のバラエティー番組でも紹介された。

このようにクロップ・サークル発生時にＵＦＯが出現するという事実によって、サークル現象が宇宙からの超技術によって引き起こされる可能性が高まった。

コリン・アンドリュース自身も、元医師のスティーブン・グリアなど総勢三〇人の仲間と共に

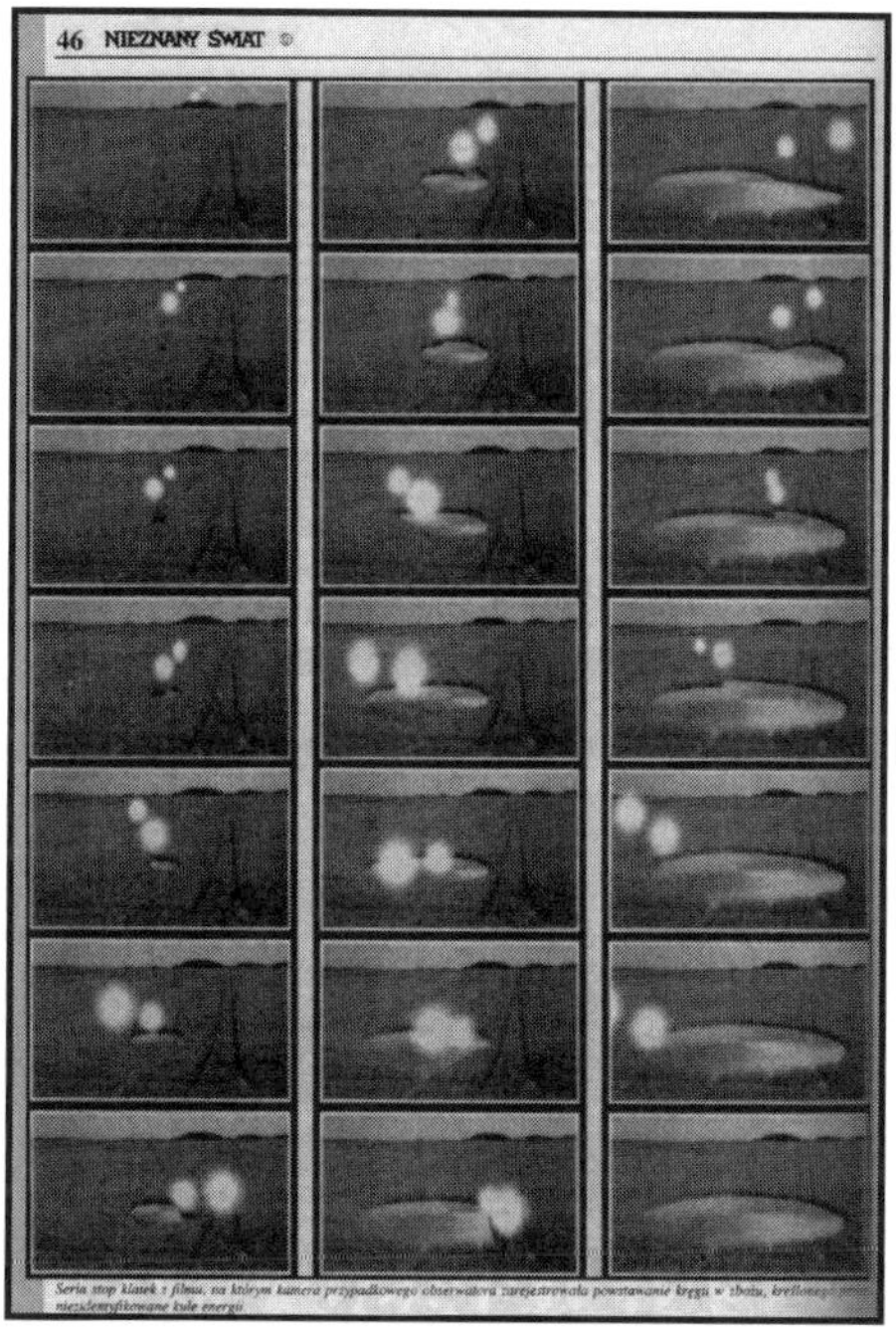

1999年にチェコのドマジュリツェ町で、巨大な２個の発光体がサークルを形成していく過程を撮影した21コマのスチル写真（ポーランドの不思議議系雑誌『Nieznany Świat』2000年6月号より）

一九九二年七月二七日深夜、ウィルトシャー州アルトンバーネスにおけるクロップ・サークル調査中に低空を飛行するUFOを目撃している（「Circles Phenomenon Research International Newsletter」Vol.1 No.2 1992より）。

　では一九九七年の石川県羽咋市での『宇宙&UFO国際会議報告書』から、アンドリュースによる講演の要旨を紹介しよう。

　筆者も日本のサークル現象と英国のそれを実地に検分した一人だが、英国のサークル現場では直角に近い角度で折れ曲がり、節《ふし》が膨らんだ麦が多数見られた。これについてアンドリュースはこう述べている。

「（ミステリーサークル）の内部の植物は、よじれたり損傷を受けたりすることなく曲がっています。（中略）収穫前の時期の麦は普通かなりもろく、本来ならこの曲がった部分で折れてしまうはずです。これはなたね畑にできたサークルの例で、この場合も普通なら折れているはずですが、ごらんのとおり均等に、直角に曲がっています。
　多くの植物には、このような押し出し穴？（爆発の痕跡として無数にできる微小の孔、噴出口）が見られます。植物の中身が、この穴から一瞬にして吹き出し、これらの小さな穴を残すのでしょう。何人かの科学者は、サークルが形成されるあいだ――かなり短い時間に、植物の内部で急激な温度上昇がおきたのだと信じています。この一本の麦の様子は、サークル内の植物が、いかに損傷なしに曲がっているかを物語っています。同時に、麦の穂を垂直方向に戻そうとする力が働いたため、麦の節が引き延ばされていることもわかります。（中略）これらの節をみますと、その（引き延ばされ）程度が異なることがわかります。サークルの中心部ほど長く、周辺ほど短いのです。（中略）節の伸張はしばしば選択的に生じています」（『宇宙＆ＵＦＯ国際会議報告書』コスモアイル羽咋より）

　すべての麦が曲がっているのではなく、通常の麦の中に曲がっている茎が見られたという事実は何らかの選択的なプロセスが生じていることを示しているのではないか。

「植物――麦自体も細胞レベルで変化しています。このケースではサークル内の麦の根が活性化されて非常に大きく発達し、麦の穂が通常より40%早く生育しました」

「サークルのなかで、とつぜんコンパスの針が大きく振れ、北の方角に（針が）おさまるまで、二、三秒かかりました。テレビやビデオカメラに電気的な異常（故障）が起きたり、リモートコントロールのヘリコプターにも問題が発生したこともありました。（中略）このカメラがミステリーサークルの上を飛ぶごとに制御不能になったことがありました。非常に複雑なパターンの境界あたりで、この傾向が顕著だという技術者の報告もあります」

「イングランドでの地磁気は、通常五ミリテスラですが、ミステリーサークルのなかでは、それより３００%も多い45ミリテスラから50ミリテスラの値を示しました」

「初期の単純なミステリーサークルは、ストーンヘンジの内部の構造にかぎりなく近いものです。（中略）

ミステリーサークルのデザインは、世界各地のひじょうに古いネイティブアート、古代聖地（の線刻画）で見られます。（中略）リングタイプ、二重円、ダンベル・タイプ、（中略）これらの線刻画は、日本を含め、他多くの場所で見られます」

「［天宮注・サークル発生と］同じエリアにＵＦＯがしばしば出現することです。（中略）発光する小さな球体が飛ぶようすを撮影したフィルムをたくさん持っています。（中略）これらの特異な物体（ＵＦＯ）は非常に小さいものでして、おそらく8インチから18インチ［天宮注・二〇センチ〜四五センチ］のものだと思います」（以上、前掲『宇宙&ＵＦＯ国際会議報告書』より）

アンドリュースの指摘は、麦畑のサークルが、ＵＦＯと古代遺跡を結びつける宇宙からの活動体によって製作されている可能性を示したといえるだろう。

「ニュージーランドＵＦＯ事件」（一九七八年）を調査したマカビー博士

ＵＦＯ目撃事件が発生し、専門家によって調査された上で、「やはりこれは謎だ」と結論されるまでの経過を簡単に述べてみよう。まずＵＦＯ目撃が新聞やテレビニュースで報じられる（今はインターネットがその役割を果たしている）。その情報をキャッチしたＵＦＯ研究者は、事件の当事者や関係者と連絡を取る。そして現地に赴き、目撃者や撮影者から状況を聴取する。研究者は入手した資料と聴取した事柄を検討、分析し、第一次報告書を書き上げて発表する。研究者による報告は、新聞のように紙面の制限がないので、生のデータをそのまま使用することができる。

一般的には分刻みの細かい観察記録を発表することは少ないだろう。しかし研究者はそのような詳細な報告を行うことで、専門的な情報を供給することができる。その点、天文学者など既成の権威の見解を入れて記事を仕上げることで公正さを保つ報道とは異なるといえよう。

一九七八年一二月三一日夜、ニュージーランド上空を飛行中のオーストラリアのテレビ取材班が、七分間にわたりＵＦＯの撮影に成功した。ウェリントン空港のレーダーもこれをキャッチするという事件が発生、各国に配信され報道された。日本では翌年一月三日の朝刊で各紙が大きな見出しをつけてこれを報道した。

例えばこんな具合である。「緑色の明るい光を放ちながら取材機に接近するＵＦＯ（未確認飛行物体）。球体をやや平べったくした形で直径約三〇メートル。遠くに〝白い光〟が踊っているようにみえるＵＦＯ群は全部で約二十五個」（一九七九年一月三日、サンケイ新聞）。

報道されると、これを誤認とする見解も報じられた。ニュージーランドの天文観測所は「金星に間違いない」と言明。英国の著名な天文学者バーナード・ラベル博士は「大気圏で燃え残ったいん石の可能性が高い」と述べた。さらにニュージーランド空軍の機長は「日本のイカ釣り漁船のいさり火が雲に反射したもの」と語り、ニュージーランド国防省も「調査の結果、ＵＦＯは大気現象と判明した」と発表した。

こうした権威ある人物や公式筋からの否定的見解は、常にＵＦＯ騒ぎと共に唱えられるものだ。そうした早急な結論を出さずに、まずは現場調査を偏見なく行うのがＵＦＯ調査員の仕事であった。

この事件は、当時米海軍に勤務していた光学専門物理学者ブルース・マカビー博士（Bruce Maccabee,Ph.D.）によって調査された。彼はＵＦＯを撮影したオーストラリアのテレビ局チャンネル「Ｏ《オー》」からの要請で、米民間ＵＦＯ研究団体ＮＩＣＡＰ（全米空中現象調査委員会）

の科学顧問として正式に現地入りした。

ニュージーランドに一〇日間、オーストラリアに一週間滞在して調査を行った。そこでマカビー博士は目撃者や関係者から直接話を聞いた。撮影機はカイコーラ半島を中心とする飛行経路上でＵＦＯを目撃し、一六ミリフィルムに撮影したのであった。

マカビー博士は目撃証言と、二万三〇〇〇コマにのぼるフィルムのフレーム（フィルムの一コマのこと）、そして地図上に分刻みで示された四〇か所の「ＵＦＯ現象地点」という膨大な情報を検証・整理した上で、一四の可能性ある誤認対象を除外した。例えば「イカ釣り漁船の灯火」説。これは可能性の最も高い説として、日本のテレビ番組でも事件の結論として取り上げられた。しかしマカビー博士は「遠すぎること。方向が違うこと。目撃者である乗組員は機から一四〇キロメートルでそれを識別して報告していること」という理由で退けた。

このニュージーランド上空を飛行中のＵＦＯをオーストラリアのテレビ取材班が撮影した事件では、撮影された映像の中にもそれがＵＦＯだった根拠が見られた。映像は、飛行する機内から夜空に見える発光体を撮影したものである。一〇〇ミリレンズで撮られた映像には、楕円形から三角形、そして円形まで様々な形状が見られた。ＵＦＯが機に急接近した様子も捉えられており、また〇・〇四四秒という短時間にＵＦＯが曲線を描く軌跡も記録されていた。

行動するＵＦＯ学者マカビー博士は、一九八七年一一月からＵＦＯ多発地帯として知られるようになったフロリダ州ガルフ・ブリーズでも現地調査をしている。博士は、自らもＵＦＯ目

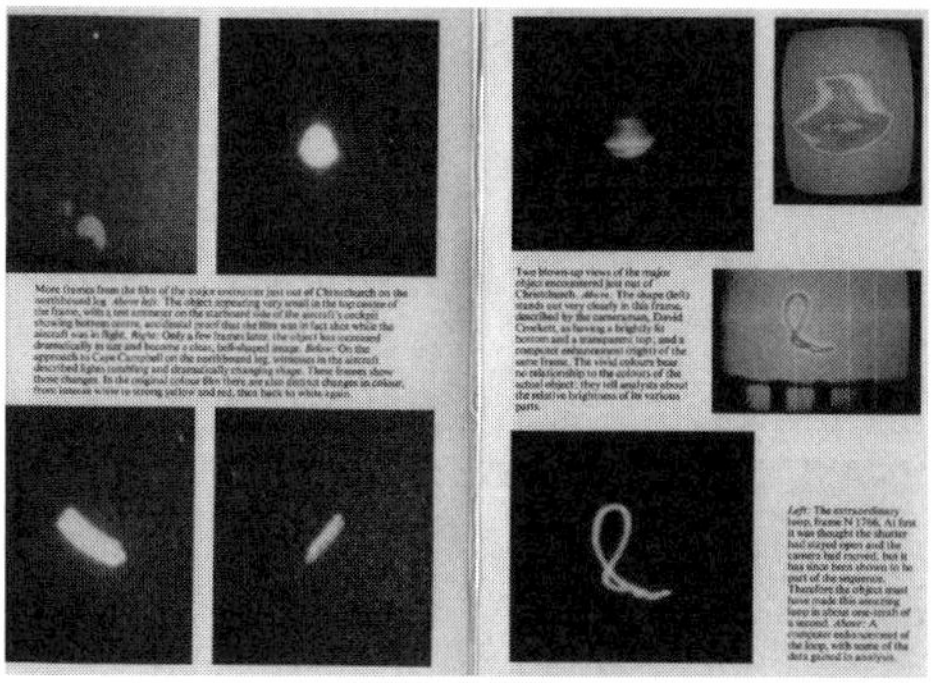

1978年12月31日夜、ニュージーランド上空を飛行中のオーストラリアのテレビ取材班が、100ミリレンズで7分間にわたりＵＦＯを撮影した映像。飛行する機内から夜空に見える発光体を撮影したところ、楕円形から三角形、円形まで様々な形状がみられた（1980年Capt. Bill Startup著『The Kaikoura UFOs』より）。

撃を体験した。

一九九一年九月一六日夜、米国フロリダ州のＵＦＯ多発地帯ガルフ・ブリーズで、大勢の観測者が上空に現れた光の輪を目撃した。現地を訪れていたブルース・マカビー博士は、双眼鏡でこれを観察した。

博士によると、それは白っぽい黄色の楕円形の輪で、八つ見えたという。その光体はビデオにも撮影され、その映像は一九九七年三月二二日に石川県羽咋市で開催された「宇宙&ＵＦＯ国際会議」で公開された。

マカビー博士の講演のタイトルは「ＵＦＯ現象——その科学的アプローチ」であった（参考・『ＵＦＯと宇宙』一九七九年九月号／『宇宙&ＵＦＯ国際会議報告書』コスモアイル羽咋／『UFOs Are Real: Here's the Proof』Avon books）。

異色の研究家スタンフォードと「記録用円盤」

ＵＦＯ研究史の上では一九五〇年代に属する研究家として、米国テキサス州で活動したレイ・スタンフォードとレックス・スタンフォード（Ray & Rex Stanford）兄弟をここでご紹介する。

空飛ぶ円盤に強い関心を持っていたのは兄のレイ・スタンフォードであった。彼は霊能者でもあった。弟のレックス・スタンフォードは、一時的に兄と行動を共にした。したがってＵＦＯ研究家スタンフォードというとき、兄のレイ・スタンフォードを指す。

レイ・スタンフォードはジョン・マッコイらの仲間と共に、一九五五年から一九五六年にかけて宇宙船とのコンタクトを試みた。その観測実験の過程で、ＵＦＯ出現の現場にハイウェーパトロール員が居合わせたことにより、警察官に「パトロールマン、スティーヴ・ウッズの宣誓陳述書」（一九五四年一一月六日夜、テキサス州のパドレ島において、二人の同僚と共に、空飛ぶ円盤とのコンタクト現場に立ち会ったことを宣誓するもの）、「パトロールマン、レイ・ホイドの宣誓陳述書」（同日、パドレ島において、レイ・スタンフォードの言う空飛ぶ円盤ないし宇宙船と推定される物体を目撃し、現場にはホイドとウッズも居合わせたことを宣誓するもの）を書かせるなどの活躍を見せた。

その一方、霊能者であるレイ・スタンフォードは彼の声帯を借りて語る霊的存在とコンタクトしていた。そして宇宙人を自称する霊的存在から「一九六〇年に大変動が来る」とのメッセージを受けた。

このメッセージは、彼の著書『Look Up』と共に日本のＣＢＡに伝わった。ＣＢＡが彼の著作を『地軸は傾く』と題して発行したことで、日本の空飛ぶ円盤愛好家の間に「大変動騒動」が発生した。この件に関しては第４部で取り上げる。

一九六〇年代の日本の空飛ぶ円盤研究者の間に騒動をもたらした元凶となったレイ・スタンフォードではあるが、彼の空飛ぶ円盤に対する洞察力は優れていた。彼の推理は「宇宙船」としてのＵＦＯが、どのような機能を持つかに言及していた。それは他では見られない内容であった。

その推理の中には、クロップ・サークル現象にも似た地上標識の活用が見られる。レイ・スタンフォードと彼の仲間は、円形の図形を地上標識と見立てて、「ＵＦＯ勧請《かんじょう》」を行った。「ＵＦＯ勧請」という言葉は、現在も日本や中国のＵＦＯ愛好家の間で用いられている。上空のＵＦＯに出現を願う形で（中国では「呼喚」という言い方もある）ＵＦＯ観測を、ジョン・マッコイなどの仲間と行ったのである。

ＵＦＯを複数の人たちで見るＵＦＯ観測会は、これまで世界中で行われてきた。この観測が流星や天体観測、自然現象の観測とは決定的に違う理由がある。それは、観測者の意思が「Ｕ

ＦＯ出現」という結果を招く、とされることである。これがジョン・マッコイとレイ・スタンフォードによる観測実験で証明されたのだ。

　つまり「ＵＦＯは宇宙船だ」と確信するかどうかが、ここで問題となる。その確信の深さ・強さが「ＵＦＯ出現」という劇的な結果を招くというわけである。これは、一種の信仰にも類した心理状態ではある。「心に思うことは科学的ではない」とする主張も科学的には正しい。

　そこで、外観は同じ人間でも「意思を持つ者」と「意思を持たない者」との区別があるとしたら事は重大である。そうした人間の内部の心理状態を記録する小型のＵＦＯとして、レイ・スタンフォードは「記録用円盤」の概念を唱えた。それは彼らのＵＦＯ体験に基づくものであった。

　クロップ・サークル現象や、一九九〇年代よりメキシコ上空で撮影されるようになった小球体群、コリン・アンドリュースが羽咋市の講演で「おそらく八インチから一八インチ」と述べた遠隔操作されると見られる球体を、スタンフォードは「Registering Discs（記録用円盤）」と命名したのだ。

　記録用円盤は、宇宙人が操縦する空飛ぶ円盤から発射され、自動的にコントロールされて、対象となった個人あるいはグループの精神波動（メンタル・ヴァイブレーション）を自動的に記録する。それを宇宙船に送信したり、記録を蓄積することができる。

　レイ・スタンフォードは自費出版した著作『Look Up』（『地軸は傾く』ＣＢＡ刊）の中でこう

述べている。

「宇宙人は、時折その素晴らしい宇宙船や特殊な装置を使って、地球の状態をつぶさに観察しています。普通この観察には二つの種類、つまり物質面および精神面の観察があります。本章ではまずその二つのタイプを研究しながら、この観察活動の結果宇宙人は一体私たちの地球について何を知り得たかに関して述べてみたいと思います。（中略）

観察用の装置にはちょっと興味がありますが中でも一番重要なものは『記録用円盤《レジスタリングディスク》』で、そのサイズは、小さいのは数インチから大きいのは十フィート以上のものまで種々あります。このサイズは観察の種類およびその範囲など幾つかの目的によって区別されます。（中略）これらの円盤《ディスク》は、ある特定の時期にある個人を観察し、通常、ある種の条件に対するその個人の反応をキャッチするのです」

「この観察の目的は何かと言うと、その観察範囲に含まれた地域の地球人に関する将来の措置方針を決定するためです。（中略）或いは、地球上の国家的および国際的緊張下にあっては、容易に推定できる理由で（中略）宇宙人は地球観察を行なっていることでしょう。また、時間を問わずあるグループやある地域における潜在的受容性《ポテンシャル・リセプティブ》ある（中略）多くの人々に対して宇宙人がその人たちのやっている仕事を尽く中止させ、空を見上げて宇宙船を見させるという強力な精神感応《テレパシー》による衝動を与えることがある事も知られています」（『地軸は傾く』ＣＢＡ刊より。傍点は天宮がつけた）

「地球上の国家的および国際的緊張下」にある場合は「容易に推定できる理由」とあるが、この点を説明しておこう。例えば東西冷戦下では常に核戦争が起きる危険性があった。こうした地球規模の危険が迫るときには宇宙人も当然、その行方が気になるので、観察するわけである。

「宇宙人は、もし必要ならば宇宙人に尽力できる準備の整った人間を見出すのです。（中略）つまり宇宙人は『磁気異常現象』『核爆発による大気中の放射能』『断層線の歪み』その他、現在地球の科学者が知らない多くの問題を含む地球磁気的諸状態を観察するのです。（中略）世界各地で発生する地殻震動前後の地震地帯上空に円盤がしばしば出現している事実によっても証明されますし、核爆発の放射能に原因する大気の異常現象も円盤の綿密な観察対象となっています」（同前）

地震地帯の上空に現れるＵＦＯは、遠隔操作されていると見られる小球体であり、一九四三年から一九四四年にかけてヨーロッパ戦線と太平洋戦線に出没した前述のフーファイターと同類と見られる。

なお、記録用円盤については、第４部でも空飛ぶ円盤の構造と共に述べることにしたい。

核実験と緑の火球の関連を調べたダニエル・ウィルソン

ＵＦＯ研究とは学者が仮説を立てたり議論するだけではない。技術的専門分野に従事する有志が集まり、複数の命題に対して調査・探索が行われたりもする。その姿は人間の持つ良心的側面を伝えるものだ。

二〇〇一年に成立したグループNuclear Connection Project（ＮＣＰ／核兵器関連計画）は、無数のＵＦＯグループの中でも核兵器とＵＦＯの関係を研究したことで知られる。そのようなグループ活動とは別に、単独で同じテーマに迫った一人にダニエル・ウィルソン（Daniel Wilson）がいた。

彼の論文「Plutonium and the UFOs（ＵＦＯとプルトニウム）」（米国シアトルの古い知人より筆者のもとに直接届いた）には、一九四五年七月に米国ワシントン州のハンフォード・サイトの核施設上空でグラマン戦闘機パイロットが遭遇したＵＦＯ事例、同年エノラゲイ広島原爆投下に先立つ七月四日、神奈川県川崎市上空にあった別のＢ－29が遭遇した六個の火の玉群について報告されている。

ウィルソンが新聞報道を丹念に収集して追究したのは、一九五〇年代を通じてネバダ州のネバダ砂漠で行われた核実験のときに緑の火球が目撃された騒動との関連性であった。核実験によって生じた放射能雲の流れに沿うように、火球の目撃分布が見られることを発見したのである。

ウィルソンが調べたデータは、核兵器とＵＦＯに関して現場取材を続けていた研究家ロバート・ヘイスティングスに提供され、ヘイスティングスの著書『UFOs and Nukes（ＵＦＯと核兵器）』の中で紹介されている（参考・『ＵＦＯと核兵器』環健出版社）。

多くの軍隊関係者が証言したブラジルのトリンダデ島事件

ブラジルはＵＦＯ事件が活発に起こる国である。この国をＵＦＯで有名にしたのは一九五八年一月一六日、ブラジル海軍観測船乗組員によって土星型の円盤が撮影された事件がきっかけであった。

この事件を調査したのがオラボ・フォンテス博士（Dr. Olavo T. Fontes、一九二四〜一九六八）である。円盤は、ブラジルが国際地球観測年に関連して軍の海軍研究所や気象観測局から派遣された技師たちが観測している期間中に現れ、撮影された（国際地球観測年とは一九五七年七月一日〜一九五八年一二月三一日に行われた国際科学研究プロジェクトの名称）。当初、観測基地であった大西洋にあるトリンダデ島（ブラジル領）周辺で未知なる飛行物体が発生した事実は機密事項とされた。

しかし、事件後の一九五八年二月四日、一人の海軍指揮官が、医学博士でUFO研究学者だったフォンテス博士に電話したことから、フォンテス博士自身の取材が始まる。以下、彼の報告から紹介しよう。

ブラジルの上院議員を父に持ち、恵まれた環境で育ったフォンテスは、一八歳で国立医学校の消化器学部の主任となった。彼は米国の民間UFO研究団体APRO（Aerial Phenomena Research Organization＝空中現象研究機構）に参加し、一九六一年にその本部を訪問している（参考・近代宇宙旅行協会『空飛ぶ円盤情報』一九六八年一〇月号）。

以下はCBA発行『空飛ぶ円盤ニュース』一九六一年四〜五月号掲載の「ブラジル海軍の円盤目撃」（オラボ・フォンテス、永田隆司訳）から構成したものである。

フォンテスは医学博士で名士であり、UFO研究家であった。それゆえ、観測基地で発生した事件について彼の親友である海軍指揮官が連絡してきたのであった。指揮官は円盤に対しては懐疑的立場をとっていた。

フォンテスは多年にわたり、海軍指揮官に円盤が実在することを説いてきたが、失敗していた。ところが、その懐疑論者は少し前に見た写真によって、まったく考えが変わってしまったのである。

電話の向こうで海軍指揮官は言った。「アルミランテ・サルダーニャ号の将校や水夫が軍艦の甲板から見て、撮影したのだ。この写真は絶対に本物だ」

海軍指揮官はフォンテスに経緯を説明した。彼は写真を五枚見たと語った（一枚は別の日に撮影されたものであった）。円盤を撮影した軍艦は、トリンダデ島の近くで科学的な調査を行っていたこと。写真が撮られ、艦上でフィルムが現像されたこと。写真のエキスパートによって注意深い研究がなされたことを語った。

そこには海軍指揮官が見ても明らかに奇妙な物体が写っていたと語った。また同様の物体が近くを航行中だった海軍けん引船の乗組員によって観測されたことも語った。

フォンテス博士は海軍指揮官を通して、自分にもそれを見せてもらえるよう申請した。一方、博士は海軍との交渉で、以下の事件に関する情報を得た。

一．写真を撮ったのは民間人、アルミロ・バラウナという写真屋
二．ＵＦＯが撮影されたのは一九五八年一月一六日
三．バラウナが撮影した物体の写真は四枚だけ
四．まったく同じ写真があり、それはサルダーニャ号が到着する前に海軍軍曹によって撮影された。
五．サルダーニャ号が到着する以前、少なくとも二か月以内に六回ほどＵＦＯが目撃されていた。

写真を見てもよいと許可が下りたので、一九五八年二月一四日の夕方、博士はブラジル海軍省を訪れた。そこで博士は関係者から、バラウナが撮った四枚と、別の日に撮られた一枚の引き伸ばし写真を見せてもらった。

博士はＵＦＯ問題を研究している士官らと共に、写真に写っている円盤の構造や、空中を飛行した物体の航跡について話し合った。海軍写真調査研究所では、その最初のネガに対し、視覚研究、連続的な引き伸ばし、顕微鏡検査、粒子検査、像の明暗の測定等を含む分析を行った。その結果、海軍写真研究所では、その写真が真正なものであるとの決定を下した。

さらに目撃した人たちの証言と照合し、目撃談と写真がまったく一致することが確認された。海軍写真調査研究所は博士に対し、「このことに関しては完全に沈黙を守ってほしい」と頼んだ。

博士は次に撮影者のバラウナと会うことにした。ＵＦＯ研究仲間の報道員の仲介により、二月一五日にフォンテス博士は撮影者バラウナと会見した。

撮影者との仲介の労をとった報道員は写真を雑誌の特ダネとして使いたいとバラウナに申し出た。そのためには海軍の許可が必要であった。その夜、海軍のＣ・Ａ・バセラー司令官による許可は下りたが、その次に海軍省の許可を待たねばならなかった。事件は依然として政府の検閲の対象であった。

しかしこの頃、事件の噂をかぎつけたマスコミが、ラジオニュースで海軍省撮影の円盤写真が発表されるという予告を放送してしまった。これを聞いた海軍は、何とかして新聞公表を阻止しようとした。しかし、より大きなところから、この検閲が破られたのである。

この検閲を破ったのはブラジル大統領ジュセリーノ・クビチェック（Juscelino Kubitschek）であった。彼は海軍大臣から数枚の複写された円盤写真を手に入れていた。それをたまたま訪れていた『コレイオ・ドゥ・マナ』紙の編集者と関係者が見てしまい、大興奮してその写真の新聞発表の許可を大統領に願い出たのであった。大統領は執拗な要請に押し切られて写真公開に同意した。

一九五八年二月二一日、二つの新聞の朝刊で事件と写真が発表された。海軍の幹部たちは、これ以上事件を隠し通すことは問題が大きくなりすぎると感じていた。さらに、事件当時船上にいた一般市民の目撃者によっても秘密は暴かれた。目撃者は大いに語った。それは撮影者バラウナの報告を決定的に裏付けるものだった。

次にブラジル海軍は世論の力に押されて公的な見解を発表せざるを得なくなった。こうして事件は議論され、混乱の頂点に達した。

一九五八年二月二七日に開かれた国会で、国会議員セルジオ・マガルヘスはブラジルの法律に従い、海軍大臣に対して、トリンダデ島事件に関する事実を説明するよう要求した。この議事記録はリオデジャネイロのすべての新聞に「ブラジル下院で公的質問」という見出しつきで発表された。

質問は八項目にわたっていた。空飛ぶ円盤は過去一〇年間、世界中の興味や好奇心を引きつけてきたが、これほど多くの軍隊関係者によってその現象が証言されたことはなかった。こうして、この円盤写真は、ブラジル海軍大臣官房が新聞に発表した見解により、公式の折り紙つきとなったのである。

ＵＦＯ情報隠ぺいの動きに対して発言した英空軍ダウディング卿

ＵＦＯ研究史として扱うには情報不足だが、英国のＵＦＯ事情についても少し述べてみたい。英国皇室とＵＦＯのつながりについては、フィリップ殿下（一九二一〜）のＵＦＯ問題への関心や、その伯父であるマウントバッテン卿（一九〇〇〜一九七九）のＵＦＯ目撃体験がよく知られている。こうした貴族層に向けて発行を続けた最上品質の印刷物『ＦＳＲ（Flying Saucer Review）』の編集長を務めたのがゴードン・クレイトン（Gordon Creighton、一九〇八〜二〇〇三）であった。彼は英国外務省に勤務し、ヨーロッパ、南北アメリカ、そして中国に赴任した。

クレイトンが赴任先の中国で初めてＵＦＯを見たのは一九四一年夏であった。それは青白いディスクで、雲の下を飛行したという（参考・『ＦＳＲ』二〇〇三年四月号／『ディスクロージャー』ナチュラルスピリット）。

クレイトンの名が日本のＵＦＯ雑誌に初めて掲載されたのは、おそらくＦＳＲから翻訳された『空飛ぶ円盤ダイジェスト』一九六二年九月号の記事「幽霊戦闘機－Foo Fighters」であったろう。クレイトンはその事例を、ハロルド・Ｔ・ウィルキンス（H. T. Wilkins）著『Flying Saucers from the Moon（月面の空飛ぶ円盤）』から引用していた。

米空軍がフーファイターズと呼んだ小さな謎の飛行物体については前にも触れたが、ウィルキンスはフーファイターズの特性について、こう述べている。

「この火球は一種の空中バレイを踊っているかのようであり、戦闘機翼端上でくるりと急転回した。同機が急降下を行った時など、速力の限度いっぱいのスピードで機体をきしませ、大気を引き裂かんばかりの速力を出したにもかかわらず、その火球は急降下で追跡し、同機をはるかに追い抜いた。また他のパイロットは、正確な編隊を組んで飛翔するぶきみな燃えるような光体を目撃したと報告している。あるイギリス爆撃機の乗り組員は、15ないし20の火球が遠方から同爆撃機を尾行していたと報告している」（ＣＢＡ『空飛ぶ円盤ダイジェスト』一九六二年九月号掲載の「幽霊戦闘機－Foo Fighters」ゴードン・クレイトン、菊池務訳より）

こうした報告を危険な兆候として機密扱いとしたのが、英国のチャーチル首相であった。チャーチルは当時空軍偵察機が報告したＵＦＯ報告に対し、連合国軍最高司令官だったアイゼンハワーと協議し、「民衆の間にパニックを引き起こし、宗教信仰を崩すことになりかねない」との懸念から五〇年間の機密扱いとした（二〇一〇年八月六日、産経新聞）。

　こうしたUFO情報隠ぺいの動きに対して、正面から発言したのが当時の英空軍長官ダウディング（Dowding）卿であった。彼は一九五四年五月二六日に米国のトワイニング大将がUFO報告に対する発言をした一〇日後、記者会見でこう述べたとされる。

「わたしは現今の世界的危機に直面し、空飛ぶ円盤を操縦してわが地球救済のために活動している他の遊星の人類の存在を確信している」（『これが空飛ぶ円盤だ！』高文社より）

　このダウディング英国空軍大将のUFO発言は、一九五四年八月二九日の神戸新聞にも大きく掲載された。その一部を抜粋しよう。

「……地球上の人間が余りにも気楽にいじくり回している新型のおもちゃ［天宮注・原子爆弾を指す］で地球だけでなく他の天体までがまきぞえをくい破滅に陥るのを救うために、遠征隊を繰りだしているのかも知れない。……私は〝空飛ぶ円盤〟に乗ってくる訪問者たちの大部分が、友好的で善意に満ちた動機からする訪問者だと信じている、といっておこう。……〝空飛ぶ円盤〟には高射砲によるにせよ、飛行機によるにせよ、絶対に撃ってはならないということである」

　英国空軍の最高地位にある軍人が、このような見解を唱えた背景には、一体何があったのであろう。彼は立場上、戦時下のパイロットたちが遭遇した不思議な飛行物体に関する多数の報告を読むことで、前記の発言のような性質を知ったと推定される。

ダウディング卿はレーダーを用いた敵航空機の襲撃経路探査システムを考案したことで知られる。すなわち初期の防空システムである。

現在、ＵＦＯは防空上、敵性の存在ではないとして、例えば第七艦隊レーダーシステム上に接近しても敵襲とはみなされない。こうした認識は、一九四〇年代からあったものと見てよいだろう。

第6章
「コンドン委員会」と「古代宇宙人来訪説」

コロラド大学のUFO研究チーム「コンドン委員会」

一九六六年一〇月七日、米空軍のハロルド・ブラウン長官は、空飛ぶ円盤の研究をコロラド大学に委嘱したと発表した。このことは一〇月九日版『スターズ・アンド・ストライプス』（主に米軍に関する記事を載せている米国の新聞）で報道された。

空軍科学研究局イワン・C・アトキンソン大佐は、コロラド大学に宛てた一九六六年八月三一日の書簡でこう述べている。

「未確認飛行物体の科学的調査がすべて空軍の管轄外で行われることは、科学的関心から見ても、一般的な関心から見ても、これまでになく意義のあることだ」

一般のＵＦＯ愛好家からは、これで学者による本格的なＵＦＯ研究が始まる、と大いに期待された。未確認飛行物体の科学的調査をすべて空軍の管轄外で行うこのプロジェクトには、各種研究機関、複数の大学から天文学、宇宙物理学、心理学、環境科学、大気物理学などの学者が多数参加した。

エドワード・コンドン博士率いる研究チーム（コンドン委員会）は、一九六六年一〇月、作業を開始した。大学は国会図書館、科学技術庁、空軍宇宙研究部等の尽力で、ＵＦＯに関するあらゆる出版物を収集した。

書誌学者のリン・カトー氏は、ＵＦＯ図書、ＵＦＯ雑誌、ＵＦＯチラシ、切り抜き、録音テープ、書き下ろし原稿など世界中の九〇〇人近い人による記述、一六〇〇に上る参考品目を集めた（参考・『火星からの使徒』ボーダーランド文庫）。

このプロジェクトに参加した学者には、心理学者のデビッド・ソーンダースとスチュアート・クック、化学者のロイ・クレイグ、天文学者のフランクリン・ローチ、そしてプロジェクト・コーディネーターのロバート・ロウを含む一二名がいた。彼らは、多方面からＵＦＯ問題に着手するための、実行可能な計画を作成していった。

スタッフは入手できる最良の目撃例をケースブックに保管するよう計画し、デビッド・ソーンダースはそれらを統計学的に研究しようとした。しかしデビッド・ソーンダース（David R.

Saunders）がプロジェクトの偏向的方針に抗議したため、プロジェクトから外された。その結果、ソーンダースは独自に『UFOs? Yes!』を著して話題となった。こうして五〇万ドル以上の巨費が費やされ、いわゆる「コンドン計画」（コンドン委員会が手がけたプロジェクト）が終了した。


コロラド大学のJ・R・スマイリー学長は、ハロルド・ブラウン空軍長官に宛ててUFOの科学的研究の最終報告を送付した一九六八年一〇月三一日付の書簡の末尾をこう結んでいる。

「我々はこの報告により、今後科学的な姿勢に基づいて未確認飛行物体の本質が議論されるようになることを期待し、またそうなるであろうと信じています。そして、重要な科学知識が得られる方向で、科学的研究が喚起されるものと確信しています」（『未確認飛行物体の科学的研究』木の風景社より）

だが、一九六九年一月九日に発表された結論は、UFOファンの期待する内容ではなかった。エドワード・コンドンが「結論と勧告」の中でこう述べているからである。

「我々の結論は、過去21年間のUFO研究から科学的知識はまったく得られなかった、というものである。（中略）これ以上UFO研究を続けても、おそらく科学の進歩に貢献することはないだろう」

「UFOというテーマは、一部の人たちが記事や講演であまりにもセンセーショナルで、誤った形で一般に伝えられている。このような無責任な行為に多くの人々が惑わされているわけで

はないが、悪影響を及ぼすものであるのは間違いない」（前掲『未確認飛行物体の科学的研究』より）

コンドン委員会が解答を得るための対象としたＵＦＯ事例には偏りがある。まずコンドン報告が定義したＵＦＯとは、「一人、あるいはそれ以上の人が空中に存在する（中略）ものを目撃して報告した場合の最初の刺激となったものであり、目撃者がその正体を識別できず、困惑して、警察、政府機関、報道機関、あるいは民間のＵＦＯ研究団体に報告しようと考えるもの」（同前）であった。つまり、ＵＦＯ研究の初歩としてあるべき、科学者による目撃事例、民間航空機による目撃事例、軍用機による目撃事例を取り上げていない。ＵＦＯと他の現象との識別、ふるい分けができたものはＵＦＯに含めない（「識別できず、困惑して、報告しようと考えるもの」のみを対象としている）という大胆な解釈をしている。

ハイネック博士もこの点を指摘してこう述べている。

「委員会がとりくんだ仕事は、じつは目撃報告に適合する自然［天宮注・自然現象］の説明を見つけだす問題だったのである」（『ＵＦＯとの遭遇』大陸書房の二五九頁より）

コンドン報告書の論文『Scientific Study of Unidentified Flying Object（未確認飛行物体の科学的研究）』（九三七頁もある！）を開いて写真の頁を見ると、ＵＦＯ研究で信憑性が高いとされた一九五八年ブラジル海軍省公認のトリンダデ島円盤写真とか、ルッペルト大尉も取り組んだ一九五一年「テキサス州ラボックのＵＦＯ編隊」は見られない。一方でＵＦＯ研究者間では「怪しい」と評価された写真が多数見られるのだ。

こうした点についても、ハイネック博士は次のように指摘している。
「コンドン委員会に提出されたＲ・Ｍ・Ｌ・ベイカー博士による分析報告——モンタナ州グレート・フォールズで撮影されたＵＦＯフィルムの徹底的分析についても、コンドンはまったく言及しないのだ」（『ＵＦＯとの遭遇』大陸書房の二七〇頁より）
ここで言及されている「モンタナ州のＵＦＯフィルム」とは、一九五〇年八月、米国モンタナ州グレートフォールズで目撃されたＵＦＯ編隊を撮影したもので、空軍基地レーダーもそれを追尾した。時間にして二分間目撃され、その間にムービーフィルムに撮られた。
以下、コンドン報告書論文の中にＵＦＯ古記録の分野があったので、ここで取り上げることにする。

コンドン報告書に見るＵＦＯ古記録研究

ドキュメンタリーのプロデューサーでフォトジャーナリストのサミュエル・ローゼンバーグ(Samuel Rosenberg)は、コンドン報告書論文の中で、古代人の宇宙観や迷信について長い記述を行っている。そのあと「UFO Books」の項でＵＦＯ研究家が著した書籍から、研究家たちがＵＦＯ古記録と解釈した紀元前からの文章を紹介した。その一例を挙げてみる。

ローゼンバーグが引用したＵＦＯ書籍の著者は、ジャック・ヴァレ、ルポア・トレンチ、Ｃ・Ｇ・ユングなど、我々日本人にも馴染みのある人物も多いが、ジェイ・デーヴィッド（Jay David、一九四二〜）の『The Flying Saucer Reader（空飛ぶ円盤選集）』は筆者は知らなかった。この選集では旧約聖書「出エジプト記」に見られる「火の柱」「雲の柱」をＵＦＯとする論、新約聖書のイエス誕生に伴う「ベツレヘムの星」を進んで止まる一種のＵＦＯとする論から始まっているという。

ローゼンバーグはＵＦＯ古記録として常に引用される、「ニュルンベルグ年代記」（ドイツ・ニュルンベルクの人文学者ハルトマン・シェーデルが世界の歴史や地理に関する奇事や珍聞を集めたもの）の一五六一年四月一四日、朝日の近くに見えた多数の球体、「バーゼル年代記」（詳細不明）の一五六六年八月七日に現れた太陽に向かう黒い球体の記述を紹介した。そして自然科学史や天文学史からも記述した。

その多くはＵＦＯ研究者が見つけてＵＦＯ書籍に記載されたものだが、ＵＦＯに類したものの記録が、どのような分野に多いかを教えてくれる。

古代エジプト文書と旧約聖書を比較したローゼンバーグ

従来のＵＦＯ書籍に引用されるＵＦＯ古記録は、現代のＵＦＯ現象と比較して類似性を見るのが定番である。踏み込んだ考察はあまり見られない。その点、ローゼンバーグは古代エジプト文書の記述と、旧約聖書の記述の比較を行った点が新鮮であった。

まず古代エジプトのＵＦＯ記録が世に見出されたいきさつについて述べておこう。この文書は「Tulli Papyrus（トゥリ・パピルス）」と呼ばれるもので、一九三四年にカイロの骨董店で、前ヴァチカン博物館長アルベルト・トゥリ（Alberto Tulli）が見つけた。しかし、高額だったため、店主の許可を得てこれを写し取った。ところが、トゥリはこれを翻訳する前に死去してしまう。

トゥリ教授の遺品書類からパピルスの写しと思われるものを発見したエジプト人学者ラケウィルツ（Boris de Rachewiltz）は、日常書体（筆記体の意味だと思われる）の写しを正式書体に書き換えて翻訳した。その文書はＢＣ一五世紀初頭、エジプト王女ハトシェプストの権勢が消滅すると同時に、ファラオとしての実権を握ったトトメス（Thothmes）三世の「王室年代記」となっていく。

「第22年、冬の第3の月の、その日の6時に……〝生命の家〟の書記たちは一つの火の環が空からやってくるのを見た……（中略）その体は、縦が一ロッド（約五ｍ）、横も一ロッドあった。声はなかった。彼らは混乱し、腹這いになった……彼らはそれを報告するためにファラオのところへ行った……（中略）それから幾日か過ぎると、それら［天宮注・火の環］が以前よりも数を増して空に現れた。それらは空の上で太陽よりも明るく輝き、天の４本の支柱の先まで達した。（中略）ファラオの軍隊は、彼らの中にいたファラオと共に傍観した。それは夕食の後であった。そのあとすぐに、火の環は、南の方へ向かって上昇していった」（『未確認飛行物体の科学的研究（コンドン報告）』第３巻所収のサミュエル・ローゼンバーグ「歴史に記されたＵＦＯ」より）

次に、古代エジプト文書の記述と、文体や言い回し、その他の類似点があるとした旧約聖書「エゼキエル書」を見てみよう。これはＢＣ五九七年、大勢のユダヤ人と共にネブカドネザル王によってバビロンへ連行された祭司ブシの子エゼキエルが三〇歳になった頃の四月五日に体験したとされている。

「１：第30年の第４月の第５日、わたしがケバル川のほとりで囚われ人の中にいたとき、天が開き、わたしは幻影を見た。

４：そして、わたしが見ていると、北の方から一陣の旋風と、巨大な雲と、輪の形をした火がやって来た。その周囲は明るくなった。その中心、すなわち火の中心から琥珀色の光が放たれていた」（『未確認飛行物体の科学的研究（コンドン報告）』第３巻所収のサミュエル・ローゼンバーグ「歴史に記されたＵＦＯ」より。欽定英訳・旧約聖書エゼキエル書第１章部分）

この両者を比較したローゼンバーグは、エジプト文書では「書記の家」であるのが、エゼキエル書では「イスラエルの家」となっていること。エジプトが「空からやってくる」と記したのに対し、エゼキエルでは「天が開き」と似た表現であること。エジプトは「火の環」を見たとするが、エゼキエルは「輪の形をした火」を見たとする。つまり両者は同じ形状の物体を同じように記述している、とした。

さらに音声、明るさ、などを比較している。その比較表を見ると、エジプト文書では「声はなかった」とし、エゼキエル書が「話す声を聞いた」となっている。それらの記述を類似していると見るには疑問が残る。それに、エゼキエルは川のほとりでそれを見たのであり、エジプトの書記たちの記述にある館のある状況とは異なる。

「これらの驚くべき一致」とローゼンバーグが指摘する根拠は希薄と見るのが妥当なようだ。しかし彼は、列挙したUFO書籍からの引用について鋭い勧告をしている。

「少なくとも7冊のUFO書籍の著者たちが、元の情報源の確認を試みることなく、二次的、三次的な情報源から得た〝事例史〟を使ってUFOの実在を示すための論拠を築こうとしたこと、（中略）もし同様のふるまいをしていた科学者もしくは学者がいたとするならば、その人はとうの昔に自分の職場から追放されていたであろう」（同前）

ローゼンバーグの指摘は、民間UFO研究家の陥りやすい「孫引き」による安易な文章制作をしないよう警告を発したと見てよい。我々が研究資料として扱うものは、いわゆる原典、直接当事者の書いた報告、最初の報道、そうした第一次資料が望ましいということである。

今も続く「古代宇宙人来訪説」ブーム

近年、地球外惑星探査の精度が高まり、二〇年間に約四〇〇〇個もの系外（太陽系外の）惑星が発見されているという。それだけ「宇宙人」の存在が身近になってきたといえる。有名なロケット研究者、物理学者、数学者、ＳＦ作家だったツィオルコフスキー著『わが宇宙への空想――偉大なる予言』（理論社）にはすでに宇宙文明が語られていた。

ツィオルコフスキーの想像によると、高度に進んだ宇宙の文明では、隣り合う太陽系グループ、銀河系、島宇宙と大きな単位で代表者が選ばれており、神々に近い徳性を持つ者によって統治されるとした。

世界の空で展開されてきたＵＦＯ現象は、宇宙の文明が存在することを証拠づけるものなのかどうか。これは世界のＵＦＯ研究史がずっと抱えてきた命題である。

一九七八年一一月二七日、世界一五〇か国の代表が出席して行われた第三三回国連総会・第三五特別政治委員会において、天体物理学者ジャック・ヴァレ博士はこう述べた。

「今日、世界には宇宙人の来訪を期待するという感情的な新しい社会現象が起こっています。（中略）

また、昔、宇宙人が地球を訪れて人類を導いたという説が大衆にひろまり、（中略）これが人間にとって好ましい社会的変化の原因となるか否かは、この感情がどう処理されるか、そしてUFO現象がどう真面目に研究されるかにかかっており……」（『UFOと宇宙』一九七九年二月号「国連政治委にUFO新決議案提出――グレナダ」より）

このような一般大衆の宇宙文明への多大な関心は、ソ連邦崩壊の一年前に出されたソ連広報誌『今日のソ連邦』でも見られた。そこには市民の描いた様々なUFOや宇宙人のイラストが掲載されている。

この中で「宇宙と接触した古代人」を書いた地質鉱物学博士候補のある人物は、ツィオルコフスキーが歴史上の不可解な現象に対して、秘密の形態で行われた古代宇宙接触だと考えていたと指摘している。

ロシア人でおそらく最初に「古代宇宙人の来訪」を唱えたのは、SF作家アレクサンドル・カザンツェフ（Aleksandr Kazantsev、一九〇六〜二〇〇二）であったろう。彼が最初に取り組んだのは一九〇八年にシベリアで起こったツングースカ大爆発であった。

ツングースカ大爆発とは、一九〇八年六月三〇日朝、隕石と見られる物体が宇宙から飛来してシベリアのツングース密林上空で爆発した事件である。これが自然の隕石爆発ではなく、核爆発を思わせる大規模な空中爆発であったことから、アレクサンドル・カザンツェフは宇宙からやってきた宇宙船の事故と考えた（参考・『宇宙人と古代人の謎』文一綜合出版）。

同じくロシア人数学者マテスト・M・アグレスト（Matest Mendelevich Agrest、一九一五〜

二〇〇五）は、古代人は空からやってきた来訪者から教えを受けたのだろうと想定した。この想像はジャック・ヴァレ博士が国連で指摘した大衆レベルの関心事に通じるものである。ジャック・ヴァレ博士も「宇宙人が地球を訪れて人類を導いたという説」を唱えていたからだ。アグレストは一九五九年にこう述べた。

「他の惑星人がかつて地球を訪問し、地球人と出会ったならば、このような大事件は伝説や神話に必ず反映されているはずである。当時、地球に住んでいた原始的な人間にとって、これらの宇宙人は超自然力をもった神のような存在に見えたにちがいない。これらの不思議な生物は、おそらくは再び《天》にもどっていったであろう。そして神話のなかでは、この《天》が特別な意味を与えられたにちがいない。また、これらの《天上の人々》が地球人に手先の仕事や、ときには科学の基礎知識を教えたということも考えられる。これもおそらくは伝説や神話のなかに反映されているにちがいない」（『宇宙人！　応答せよ』東京図書より）

古代の地球に宇宙人が訪れたとする「古代宇宙人来訪説（Ancient Astronauts Theory）」は、ルポア・トレンチによる「天空人（Sky People）」、レイモンド・ドレイクやバリー・ダウニングによる「キリスト宇宙人説」、映画にもなったデニケン・ブームとなって継続している（デニケンについては次項で扱う）。そして今やヒストリー・チャンネルでは「古代の宇宙人」がメインテーマとして扱われるようにもなっている。

謎の巨石文明や宇宙人を模したような土偶、天から降下し、人々に教えを授けた文化的英雄がいたという神話伝説には、現実生活を変える何かが潜んでいるのか。救世主キリストが宇宙人だとしたら、第二次世界大戦中のチャーチルがUFO報告に対し、「宗教信仰を崩すことになりかねない」と危惧したようなことになるのだろうか。

「古代宇宙人来訪説」を唱えたデニケン、ウィリアムスン、W・J・ペリー

一九六九年、「コンドン報告書」が期待と異なり、UFO実在説に対しては否定的なようだと、UFO愛好家は意気消沈していた。その年に一冊の本が早川書房から出版された。

エーリッヒ・フォン・デニケンというスイス人の書いた『未来の記憶』である。写真もない文章ばかりの新書版であったが、古代世界に宇宙人が訪れて地球文明に関与したことを主張した画期的な本であった。

当時はあまり知られていなかった南米ペルーのナスカの地上絵や、ボリビアのティワナク遺跡、その他の謎の古代遺物が箇条書きで列挙されていた。聖書の記述を宇宙人の介入によって解明しようとしてもいた。しかし、このような不思議な古代遺物や聖書の神を、宇宙人来訪と関連づけた論考は、デニケンが最初ではない。

昔にさかのぼれば、ジョージ・H・ウィリアムスン（George Hunt Williamson、一九二六〜

一九八六）が知られている。彼が一九五三年に書いた『Other Tongues Other Flesh』（『宇宙語・宇宙人』CBA刊）は、古代に地球を訪れた宇宙人の任務的な分類までやっている。

同様に聖書を古代UFOの記録としたM・K・ジェサップ（Morris K. Jessup、一九〇〇〜一九五九）が一九五七年に出した『UFOs and the Bible（UFOと聖書）』は、邦訳はないものの、聖書をUFOと結びつけた初期の作品として知られている。

しかしデニケンの場合、翌一九七〇年にドイツ語の本『Erinnerungen an die zukunft（未来の記憶）』をもとにした同名の映画が上映され、その短縮版「宇宙人は地球にいた」がテレビでも公開された。その結果、世にいう「デニケン・ブーム」が日本に到来したのであった。

デニケンによって、それまでUFO研究者だけのテーマであった「古代宇宙人」説が、大衆文化に取り込まれた感がある。この傾向は世界共通のようで、二二二頁で紹介したジャック・ヴァレ博士の一九七八年一一月二七日の国連総会での発言にもそれが反映されている。こうした古代宇宙人来訪説の日本語版を多く出版していたのが、いまはなき大陸書房であった。

ジョージ・H・ウィリアムスンの次に日本で紹介されたのは、英国のブリンズリー・ルポア・トレンチ伯爵（Hon. Brinsley Le Poer Trench）が一九六〇年に出した『The Sky People』であった。これは大陸書房から一九七四年に『仮説宇宙文明』として出版されている。

これらの説の根拠となっている資料は、聖書や各種教典、神話伝説など書籍になっているもの、および今や観光地となった古代遺跡、博物館に陳列された遺物などである。つまり、名前を挙げた研究者たち自身が原典を翻訳したり、碑文を解読したわけではないことは覚えておきたい。

この古代宇宙人来訪説に類似した主張は、一九世紀のイギリス・マンチェスターに端を発する政治、経済、社会運動である「マンチェスター学派」のW・J・ペリー（William James Perry、一八八七〜一九四九）などの「超伝播論者」にも見られる。W・J・ペリーは、巨石文化が空からの異人群によってもたらされたとするインドネシアの伝説を、古代エジプト文明と結びつけた。「文化英雄（Culture Heroes）」が文明を伝播したと考えたわけである。

W・J・ペリーの著書『古代文明研究』には、「天上界との交通」「農耕を教えたタンガロア（タンガロアとは、南太平洋のフィジーやトンガ諸島の伝説で地上に住む神々）」「巨石の用法を教えた天からの異人群」「石に力を与えるヴィ・マナ（「ヴィ」は古代メラネシア人の伝説にある生命を賦与する力、「マナ」は一種の超自然力）」など興味深い伝説が記載されている（参考・一九三一年『世界大思想全集65・66』収載の「古代文明研究――太陽の子」春秋社／The Children of the Sun: a Study in the Early History of Civilization、一九二三）。

このような古代宇宙人来訪説を、予言と混合させたのが仮想惑星「ニビル」の発案者ゼカリア・シッチンである。彼の最初の訳書は、一九七七年、ごま書房から『謎の12番惑星』として出版された。

シッチンはその中で、古代オリエント世界で神のシンボルとされてきた有翼日輪《ゆうよくにちりん》（別名を有

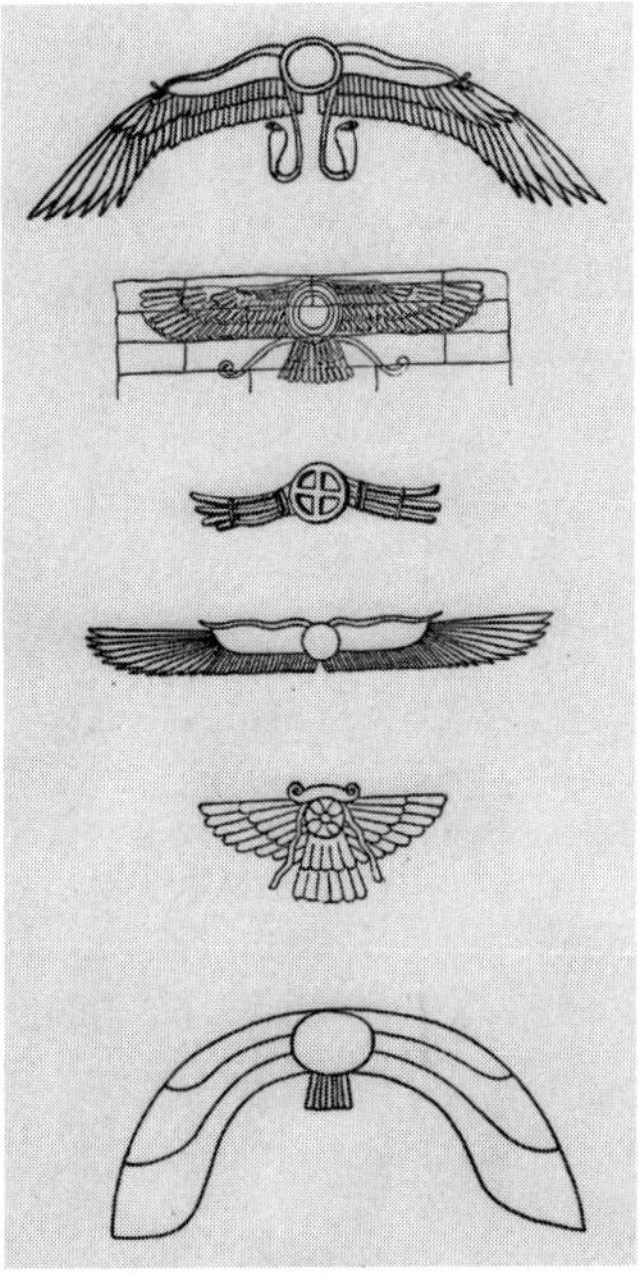

ゼカリア・シッチン『The 12th Planet』に掲載された有翼日輪図（Zecharia Sitchin『The 12th Planet』より）

翼太陽円盤）を第一二番惑星とした。さらにシュメール神話におけるマルドゥーク神と怪獣ティアマトの戦いを「宇宙戦争」と解釈した。

　シッチンは「運命の部屋、定めの場に、神々のうちでもっとも有能で賢い神が生まれた。『深淵』の中心からマルドゥクが造られた」（『謎の12番惑星』一〇三頁より）というシュメールの叙事詩に対し、「新しい神――新しい惑星が加わった」と独自の解釈をしたが、その論拠を明らかにしていない。筆者が読む限り、独自解釈による空想的な宇宙物語を読者に押しつけているようである。

　古代文字を扱う以上、そのように翻訳した過程や理由を一例でもいいから示してほしいものである。先に古代エジプト王、トトメス三世の「王室年代記」における「火の輪」について紹介したが、このヒエログリフの翻訳は、ドイツの雑誌『Magazin 2000plus』一〇号に詳細が記載されている（Dr. C. P. Dorian「Liefert der Tulli – Papyrus」）。

我々の先祖が地球外から来た神々、すなわち宇宙人に教育されたとしたら、我々の歴史観を大きく変える必要が出てくる。その延長に現代ＵＦＯ事件があるとしたら、我々の未来はどのように展開していくのだろうか。

全土に組織が拡がる中国のＵＦＯ研究

これまで、一九四七年以後の各国における代表的なＵＦＯ研究の推移を見てきた。最後に、中国におけるＵＦＯ事情を取り上げてみたい。

筆者は一九九四年に北京で開催された「亜太地区ＵＦＯ資料展示・学術交流会」に参加して以来、ずっと中国のＵＦＯ研究界とのつながりを維持してきた。その膨大な資料から簡単に紹介する。

まず中国では欧米諸国に遅れること約三〇年にして、本格的なＵＦＯ研究が開始された。一九七八年一一月、人民日報紙に沈恒炎による中国初の円盤記事が掲載されたのだ。

翌一九七九年九月に光明日報に空飛ぶ円盤（中国では「飛碟」という）記事が掲載された。それが反響を呼んで、一九八〇年五月に「中国ＵＦＯ研究会」が成立。その翌年に一般大衆を対象にした雑誌『飛碟探索』が創刊された。そこに世界各国のＵＦＯ学者や研究団体の代表による祝賀が掲載され、中国のＵＦＯ研究が世界の関係者に認められた。

その間、欧米同様に一九四七年に遼寧省の省都・瀋陽でＵＦＯが目撃されるなど、目撃事件は続いていたが、まだＵＦＯは「怪物」扱いされた。野人など怪奇現象の類とみなされていた。ＵＦＯ現象が本格的に科学的探究の分野に組み込まれたのは、中国科学院雲南天文台研究員がＵＦＯ現象の予測通知をしてからだといえるだろう。雲南天文台の張周生研究員は、一九七七年に螺旋形のＵＦＯを目撃した。この現象を研究して一種の天体現象と判断、その出現予測を立てたのである。

一九八一年、張研究員は中国科学院（科学アカデミー）雲南天文台・張周生の名で『ＵＦＯ予測報告』という文書を各地のＵＦＯ愛好者グループに送った。そこには「（一九八一年）七月二四日から二九日にかけて、ＵＦＯの出現する可能性が大」とＵＦＯの出現予告が明記されていた。

この予測によって、各グループでは、ＵＦＯ出現に向けた準備を行った。果たして七月二四日午後一〇時四〇分、北極星の付近に一個の光体が出現。その光体は螺旋を描きつつ一条の尾光を吐き出した。それが中心の光体のまわりを回り、ゆっくりと進む「とぐろをまいた龍」のような形になった。

その螺旋形ＵＦＯは、四川省で写真にも撮られた。「毎分五回ずつ回転し、螺旋の光跡を維持したまま、それは北斗七星を通過」という観察記録が取られた。その夜の目撃範囲は、北京、

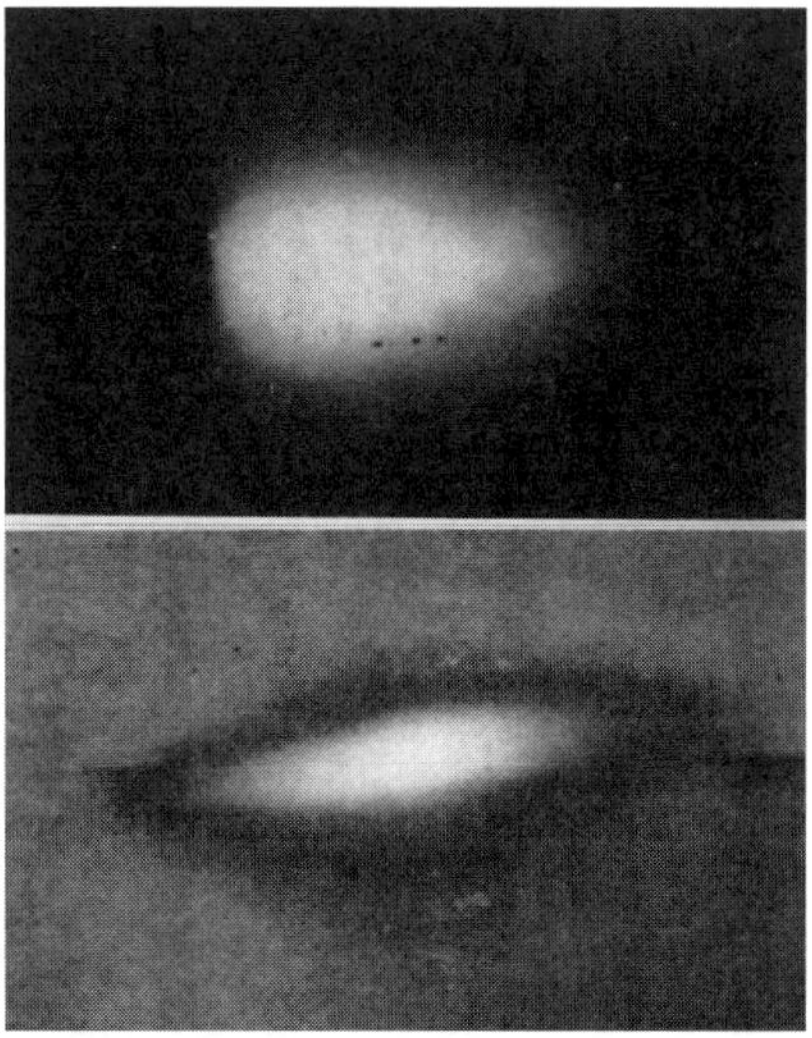

1981年7月24日午後10時33分から45分にかけて四川省の呉志宏氏が撮影した螺旋UFO。写真には螺旋の中心部しか写っていない（『UFOと宇宙』1983年2月号より）。

新疆、内蒙古、寧夏、青梅、甘粛、山西、四川、河西、湖北、雲南、貴州、安徽の各省に及び、気象学者や目撃者の報告は膨大な件数となった。

この螺旋形UFO事件の目撃者は一〇〇万人といわれるが、それを研究する学徒は限られてくる。まずこの事件は、過去の古文書から類似記述を見出す研究に発展した。

すなわち「書の国」といわれる中国には古来「天文志」など、天体観測に従事した専門職の記した膨大な古文書がある。そこに記された「曲がった矢」と表現されたものが、螺旋形UFOと関連づけられたのであった（参考・前掲『UFOと宇宙』、一九八二年六月号／『飛碟探索』誌、一九八一年第六期／韋明铧著『UFO与古代中国』）。

二〇〇五年、遼寧省の南部・大連で開催されたUFO世界大会で、永年にわたりこの事件の研究を重ねてきた紫金山天文台の王思潮研究員によって、螺旋形UFOが段階的に変化する様子が報告された。王思潮氏の段階的変化を説明するのはなかなか難しいが、筆者が理解した範

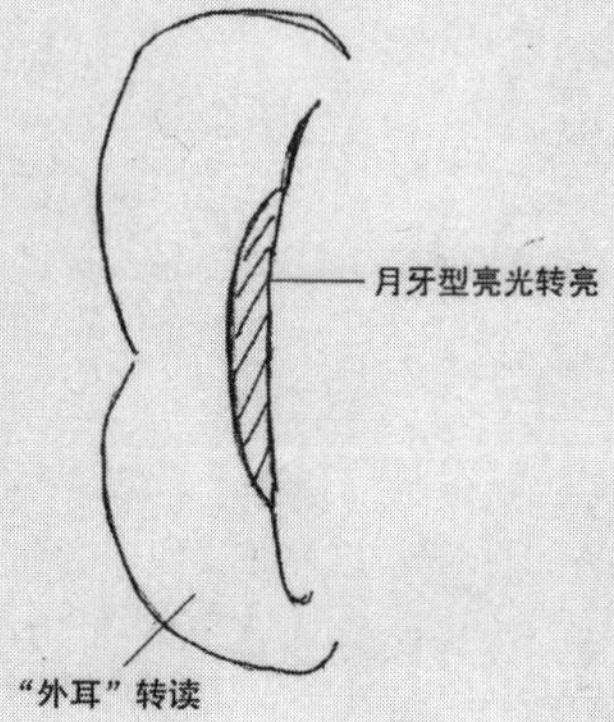

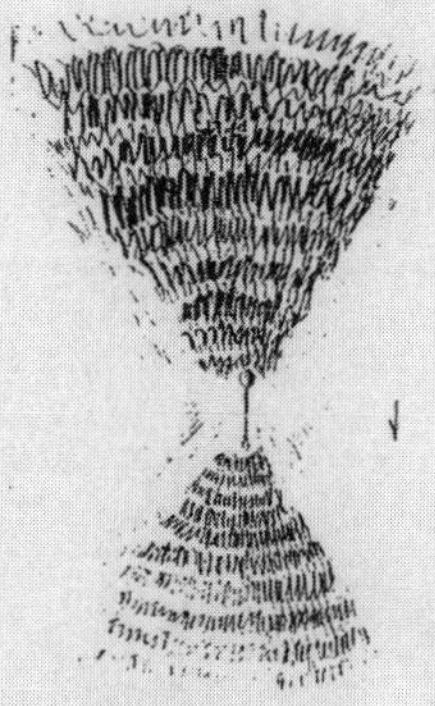

图1：1981年7月24日晚，陕西华县（34° 30′N,109° 45′E）目击的UFO图像，悬停在该地西北上空约半分钟

图3：甘肃武威黄羊镇用望远镜（放大10倍）目击的7.24UFO图像

图2：从发光物南部地区所见螺旋状发光物西飞的5个图像。星空背景为北斗七星。

紫金山天文台研究員の王思潮氏による螺旋UFOの段階的変化を示した図。（左上）螺旋体となる前の弧形発光体、（右上）10倍望遠鏡による観測図、（下）螺旋体の移動する様子が示されている（2005年９月、中国大連『世界UFO大会——資料集』より）。

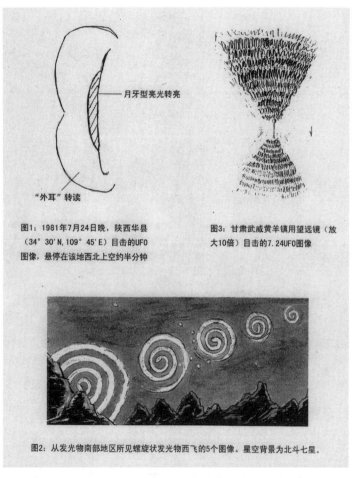

囲で解説してみる。

まず一個の「弧状」の光体もしくは「横に長い光」が現れる。次に光体の周囲を多重の層が囲む。月の暈《かさ》のようなものである。最後に中心部にある光体から発光する気体状の腕が暈に向かって伸び、多重の層に添って螺旋状に発達する。そして北斗七星へ向けて移動を開始する。螺旋形UFOは以上のような段階的変化をするという。張周生研究員はその実体の高度を「五〇〇キロメートル」と算定した（参考・二〇〇五年九月、中国・大連『世界UFO大会――資料集』）。

中国国民には多数が団結してことに当たる、という気風が見られるが、このUFO問題こそは彼らの気風が発揮された顕著な実例といえるのではないかと思う。中国UFO研究会は、各省ごとに分会ができ、全土に組織が拡がった。

中国は大規模な地震被害が見られる国だが、「地震とUFOの研究」も古くから行われてきた。その分野の研究者としては、湖南省UFO研究会の謝湘雄理事長（高級工程師［工程師は技術者の意味］）、四川省成都科技大学の趙慶生がいる。論文としては「一九七六年在四川雲南出現的球状地光（火球）辨析」が知られる。この論文では地震に伴う火球現象の実例が述べられている。

一九七六年七月二八日に河北省の唐山市を震源とするM七・八の大地震が起き、二四万二〇〇〇人が死亡した。また一九七六年八月一六日の四川省地震は規模がM七・二で、地震多発地域とされる陝西省から四川省、重慶市、貴州省、雲南省にいたるラインの地震活動と見られる。

その際に目撃された「地光」つまり、地面から現れる火球状のものは、「地面から空に昇る球状光団」であった。その外観は「小はリンゴの実」「大は洗面器」と表現された。色は紅色、藍、白、黄色で、一見「信号弾」のようでもあったという。

それは崖の縁や丘の中から現れて上昇したり、放物線を描いて地面に降下、あるいは飛び跳ねるような運動をして消失した。

さらに驚くことに水中からも現れたという。その高度は「最高でも数百メートル」であり、「飛行距離も長く」「数個から数一〇個の群れ」もあったという。これは日本の地震学者・武者《むしゃ》金吉《きんきち》の著書『地震に伴う発光現象の研究及び資料』に図解されている、山裾に一列に並んだ円光を連想させる（参考・二〇一〇年『中国UFO研究三十年』）。

第3部

国内のＵＦＯ研究史

個性あふれる研究者たちと研究団体、そして研究の発展

第1章　空飛ぶ円盤の本が出版されるや、続々と研究団体が設立された

空飛ぶ円盤の本が最初に出版された一九五四年はどんな状況だったか

日本で空飛ぶ円盤に関する書籍が最初に出版されたのは一九五四年であった。ジョージ・アダムスキーとデスモンド・レスリーによる『空飛ぶ円盤実見記』（高文社）である。

その頃、すでに新聞紙上でも、「空飛ぶ円盤東京に現わる」（一九五二年八月七日読売）と報じられたり、在日米空軍パイロットによる遭遇事件などがニュースになっていた。物好きな人々の間でこの新しい出来事が話題となり、喫茶店に集まって円盤の話題に興じる人たちもいた。

この頃のことを詳しく書いているのが平野威馬雄《いまお》著『それでも円盤は飛ぶ』（高文社）である。同書によると、飛行機に詳しい作家・北村小松が米軍放送で「マンテル事件」（↓三三頁）の件を聞いたり、米国ではＵＦＯといい、ユーフォーと読むのだとか、「アーノルド事件」（↓二九頁）はこうだったと、詳しく平野威馬雄に語ったという。

彼らは円盤に関する資料を集め始めた。海外文献の翻訳までこなす作家たちにとって、一つのテーマに向かって資料を収集するのは得意技である。職業的な知識欲と相まって、彼らはたちまち空飛ぶ円盤の専門家になっていった。

神戸で公務員をしていた原禎男《よしお》（二〇一一年没）はＳＦが好きであった。宇宙から宇宙船に乗った宇宙人が来るという物語を読み、「宇宙からの来訪は現実になるのではないか」という予感を持っていた。

それゆえアーノルド事件に始まる空飛ぶ円盤情報がどっと米国から日本に流れ込んだとき、「これらのＵＦＯこそは宇宙船に違いない」と確信した。原禎男にとって、予感と現実が一致したのであった（一九九六年九月二二日、大阪ＵＦＯサークル主催「第一回ＵＦＯフォーラム」における発言より）。

原禎男のようにＵＦＯを宇宙船だと即座に確信する人がいる一方で、それが実在するものかどうかをあくまで科学的に検証し、その上で宇宙船の可能性を考えようとする人たちもいた。大蔵省印刷局を退職し、東京・五反田で古本屋を開業していた荒井欣一《きんいち》、そして大阪で中学校の理科の教師をしていた高梨純一《たかなし》がそうした科学的な取り組みを重視するＵＦＯ研究の先駆者となった。

こうして米国の空飛ぶ円盤騒動から遅れること約一〇年、日本にも本格的なＵＦＯ団体が生まれていく。その代表的な三つの団体の経緯を見ていこう。

一九五五年、「日本空飛ぶ円盤研究会」の設立

荒井欣一（一九二三〜二〇〇二）は太平洋戦争中は陸軍航空部隊の夜間戦闘機部隊の将校として、機上搭載レーダーの装備に当たった経歴を持つ。彼は戦後間もない頃に噂となった空飛ぶ円盤が、既知の航空機の概念を遥かに超えた特徴を持っていることから、到底人類が開発できる物体ではないと考えた。地球外からの宇宙機の可能性を考慮し、もしそれが事実なら、これを機に宇宙平和運動を展開する必要があるとして、行動を開始する。

そこで作家・北村小松の協力を得て一九五五年、荒井欣一は日本で最初の全国的ＵＦＯ研究団体「日本空飛ぶ円盤研究会」（英文表記「Japan Flying Saucer Research Association」、略称「ＪＦＳＡ」）を設立、翌一九五六年七月から機関誌『宇宙機』を発行した。

『宇宙機』創刊号で、荒井欣一は研究会の目的について、こう述べている。

「ウィルキンス、アダムスキー、アリンガムなど世界のＵＦＯ（未確認飛行物体）研究家たちの著書が、わが国に伝えられて数年になるが、まだわが国に於いては本格的な研究機関もなくいたずらに空想あるいは幻想の産物としてかえり見られていないのが現状である。

しかしながら、この広大なる宇宙にそれらが存在するか否かを研究することは、最早や荒唐無稽なる非科学的なる短見であるとは云えないと思う。

なぜならば、我々地球人でさえ遠からざる将来における〝宇宙旅行〟の実現計画を現在ねっているのだから——。

ゆえに我々が世界に報道される円盤関係の、あらゆる資料をしゅう集し、現代のすぐれた宇宙科学によってその真偽を検証することは、我々がたとえアマチュアたちの研究機関であるとしても、宇宙旅行発展史の一ページとして意義あるものとなるものではあるまいか」

ここで荒井欣一が冒頭に名前を出した三人について説明しておこう。

ウィルキンスとはハロルド・Ｔ・ウィルキンス（Harold T. Wilkins、一八九一〜一九六〇）という英国のジャーナリストで、かつアマチュア歴史家。世界のＵＦＯ研究界で著作が引用される先駆者の一人である。

ジョージ・アダムスキー（George Adamski、一八九一〜一九六五）は、「金星人」と会見したと語り、宇宙人と会見した人物の元祖的存在として知られている。セドリック・アリンガム（Cedric Allingham、一九二二〜没年不明）も、いわゆるアダムスキー型円盤で来た「火星人」

との会見談発表者である。

日本空飛ぶ円盤研究会に集まった人々の中には当時の著名人も多く、東大教授・糸川英夫博士、弁士・漫談家の徳川夢声、柔道家・随筆家の石黒敬七《けいしち》、作曲家の黛《まゆずみ》敏郎、さらには作家では三島由紀夫、芥川賞を受賞したばかりの石原慎太郎元東京都知事もいた。

日本空飛ぶ円盤研究会の機関誌『宇宙機』第二四号では、前衛科学評論家を名乗る斎藤守弘《もりひろ》（一九三二〜二〇一七）が「UFOの故郷——月人はいづこに」という記事を寄稿している。月面観測の事実とアダムスキーの宇宙人会見記による月面見聞記を比較し、そこに散見されるアダムスキーの巧みな小説的手法を批判した。

同号では研究会の会員たちから届いたUFO目撃報告が、一〇件以上も掲載されている。それぞれの報告には会員番号が併記されており、学生、理容師、消防士、学校職員による詳細な観察報告となっている。肉眼による観察に基づく目撃再現図は、個々の能力に準じた状況がうかがわれて貴重である。

一九五六年九月七日、火星大接近の話題と共に全国で謎の飛行物体を目撃する人が現れた。その夜、千葉県銚子市でも円盤らしき光体が目撃され、さらに正体不明の金属片が落下した。それを見つけた人々は、金属片を近所の歯科医に持ち込んだ。歯科医によって、金属片は日本空飛ぶ円盤研究会に送られた。荒井はその調査のため、各所の専門機関に分析を依頼する。

こうした落下物の問題は、一九五七年のブラジル「ウバトゥバ事件」でも知られるもので、日本にもそれに類した事件が起こったかと注目された。しかし、「米軍機が投下したレーダー攪乱《かくらん》のためのチャフ（アルミやグラスファイバーで作られた妨害片）」の可能性もあって、地球外成因というロマンを実証するには至らなかった。

なお「ウバトゥバ事件」については、高梨純一著『空飛ぶ円盤実在の証拠』（高文社）が詳しい。概要だけ述べておくと、一九五七年九月、ブラジルのサンパウロ州にあるウバトゥバという町で、一個の空飛ぶ円盤が海面に向かって降下し、急転換して上昇した際、爆発して多数の破片をまき散らした事件である。その破片の一部が目撃者によって拾われ、ブラジル鉱産省の鉱産物実験室で光分析された。

その後、日本空飛ぶ円盤研究会の会長である荒井欣一の健康上の理由もあって、日本空飛ぶ円盤研究会は一九六〇年で休会となり、機関誌も廃刊された。彼が健康を取り戻し、活動を再開するのは一九七二年となるが、それについては後述する（参考・荒井欣一自分史『ＵＦＯこそわがロマン』／日本空飛ぶ円盤研究会『宇宙機』一九五八年一二月号）。

高梨純一が設立した「近代宇宙旅行協会」

中学時代から宇宙の問題に興味を持ち、謎やミステリーに人一倍興味を持っていた高梨純一

（一九二三〜一九九七）は、一九四七年のアーノルド事件の報道を知ると共に研究を開始した（参考・『第三種接近遭遇』ボーダーランド文庫の巻末解説「科学者はＵＦＯの何を知ったか？」）。

高梨純一は一九四七年から一九五五年まで五つの公立中学校で理科と英語の教師を務め、さらに一九五八年から一九七〇年まで貿易関係の会社を経営した（参考・『The UFO Encyclopedia』by Margaret Sachs ほか）。

彼は大阪にあって、独力で民間ＵＦＯ研究団体「近代宇宙旅行協会」（英文表記「Modern Space Flight Association」、略称「ＭＳＦＡ」）を設立した。英語に強い彼は、海外のＵＦＯ研究団体から各種の機関誌を取り寄せて翻訳した。また空飛ぶ円盤の現代史を書くなどして、一九五六年一二月から機関誌『空飛ぶ円盤情報』を発行した。その発刊の言葉を引用してみる。

「今日殆んど世界中いたる所の国に於いて、円盤の公式研究機関が設けられ、その正体究明に懸命の努力がつず《ママ》けられています。そして、関係当局者や研究者達は、たしかに円盤が存在する模様であること、又それがどうやら地球外の星から飛来したものであるらしいことを、屡々公式・非公式に言明しているのです」

「所が、たゞ我が国に於いてだけは、この研究が他国よりおくれ、未だに何の公式研究機関も設けられてはいません」

「我が国でも、荒井欣一氏を中心として東京に日本空飛ぶ円盤研究会が生まれ、我が国の円盤研究家の総力を結集して、その研究に着手したことは、誠に有意義なことと言わねばなりません。その効果はすでに現れ、本年［天宮注・１９５６年］八月十一日の夜広島県福山市上空に目撃された約十二個の謎の発光飛行体の編隊飛行、同二十九日の夜福島県松川市に目撃された六個の発光体、九月七日に千葉県銚子市上空に飛来した円盤から投下されたという謎の金属片、等々、数々の目ざましい実例が、全国から報告され始めています」

「この種の研究は、（今更言うまでもないことですが）一つの国の中だけでとじこもった、たゞ熱心さと聡明さだけの研究では、これを充分に進めることが出来ません。（中略）海外で行われた研究、海外で起った実例、そしてこれから展開して行く海外の情勢等を充分に参考にしてこそ、本当に有効に研究が進められるものであります」

「この点、我が国の研究者達は、語学という大きな障害をひかえています。併し、本誌は、そういう障害を乗り越えるための幾分の手掛かりになればと思って、発刊するものであります」

同会の機関誌『空飛ぶ円盤情報』に掲載された海外のＵＦＯ事件、各種の探求テーマ、そして高梨自身による国内ＵＦＯ事件の調査は、日本ＵＦＯ研究史の骨格を成すものといえるだろう。

機関誌名は一九六一年から『空飛ぶ円盤研究』となり、団体名は一九八三年より「日本ＵＦＯ科学協会」と改められた。

一九九五年から会誌は『世界ＵＦＯ特別情報』として四号まで発行された。

一九五七年に発足した「宇宙友好協会」（略称「ＣＢＡ」）

空飛ぶ円盤研究は手に入れた情報、あるいは出遭った事実に大きく左右されるようだ。航空界の情報収集者の立場から、すでに各国のＵＦＯ情報を多数入手し、英文情報誌を発行していたのが松村雄亮《ゆうすけ》（スイスの航空雑誌「インタラビア」の元日本通信員）だった。松村雄亮は国内の二つの研究団体にも寄稿し、世界のＵＦＯ情報を提供していた。

そして、宇宙人と会見したと主張したアダムスキーと文通をしていた久保田八郎（元高校教師）。さらに、「ワンダラー（宇宙人の魂を持って生まれた地球人という意味）」という考え方を提唱したウィリアムスンの研究に惹かれた小川定時《さだとき》（出版社勤務）。彼らにとって、もはや円盤の存否を論じる時代ではなく、円盤を操る知的存在、宇宙人との交流を模索するべき時だとの認識が生じていた。

一九五七年八月、そのような認識のもと、東京都有楽町で「宇宙友好協会」（英文表記「Cosmic Brotherhood Association」略称「ＣＢＡ」。以下主に略称の「ＣＢＡ」を用いる）が発足した。設立者メンバーは、久保田八郎、松村雄亮、小川定時、桑田力《つとむ》、橋本健、小川昌子の六名である。

そのいきさつを記した冊子『ＣＢＡの歩み』には、こう述べられている。

「空飛ぶ円盤の飛来によって新時代の到来に目覚めた六名は、当時すでにあった日本空飛ぶ円盤研究会や、近代宇宙旅行協会の研究態度――宇宙人の実在を頭から否定し、目撃例の集計や地球人の想像的理論に終始し、アダムスキその他のコンタクト・ストーリーをあり得ることとして研究する態度に欠けていた――にあきたらず、むしろでき得れば宇宙人とも友好関係に入り、地球上に新時代を築こうとして集まる」

かねてからアダムスキーなどのコンタクト・ストーリーには批判的であった松村雄亮は、一九五七年に自宅上空に飛来した小型円盤を撮影した。その後、いくつかの目撃と観測会を経て、一九五九年七月に自分自身が「宇宙人との会見」「円盤に搭乗して宇宙船に赴く」体験をしたと主張した。松村は、空飛ぶ円盤に搭乗して宇宙母船で開かれた宇宙人主催の国際会議に出席したという。それがＣＢＡの運命を決定づけたことは、誰しもが認めるところであろう。

この出来事がかつては研究同志であった人々にも伝わり、さらに地方幹部が独自に発行した文書が、仲介者を経て新聞記事となった。そこで「大変動」という「宇宙人通告」が一大騒動に発展した。

その会議において、宇宙人側から以下の通告がなされた。

「１．地球の大変動が極めて近い将来に迫っている。そのため常時地球の観測を行なっているが、その正確な期日は宇宙人にもわからない。あなたはその準備のために選ばれたのである。

2．われわれとしては、将来の地球再建のために一人でも多くの人を他の遊星に避難させたい。

3．決して混乱をまねかないよう慎重にやりなさい」

この「宇宙人通告」は、一九五九年八月二二日のＣＢＡ総会で会員に向けて発表された。その総会にはＣＢＡに入会したばかりのフランス文学者、平野威馬雄も出席していた。彼はその後ＣＢＡ幹部と会談を持ち、詳しい知識を得ると共に、この重大情報を国民に公表すべきとの認識に至った。

一九五九年一一月、福島のＣＢＡ幹部・徳永光男は独自に「宇宙人通告」を取り入れた文書「ＣＢＡ特別情報」を謄写版印刷で発行した。Ｂ４判一〇頁に及ぶこの文書は平野威馬雄にも送られた。

平野はこれを産経新聞、雑誌『日本』、週刊誌『サンデー』に渡し、それぞれ記事となって大衆の知るところとなった。平野はこのあたりの経過の詳細を『それでも円盤は飛ぶ』（高文社）六八〜六九頁でも述べている。

しかし、平野威馬雄と徳永光男による一連の大変動情報では「ＣＢＡは一九六〇年、一九六二年に大変動がくると言っている」としていた。これは松村雄亮が宇宙人から通告された「その正確な期日は宇宙人にもわからない」という事実と異なる内容であった。そのため、その年号を含めた大変動情報が独り歩きし、ＣＢＡによる社会不安的な騒動へと発展したのであった。

この一連の出来事は、科学的研究によって円盤の実在性を確証する路線の研究者から批判の対象となった。松村雄亮の体験は研究仲間から「妄想」とされ、地球の危機を訴える姿勢に対して、次のように批判された。

「古今東西の書物に目を通しておれば、こんな荒唐無稽な予言などザラにあり、一々本気にしていてはたまったものではない。殊に、この円盤関係の場合、いずれも頗る眉唾的な『宇宙交信機』や宇宙人との心霊的交信を経て得たと称する情報に基づくものであり、科学的に見て全く信頼するに足りない妄説が、どこの国にもワンサといる有象無象のカモ族の支持によって、堂々と大手を振って横行しているのである！」（『空飛ぶ円盤情報』一九六〇年一〜二月号掲載の高梨純一「宇宙友好協会（ＣＢＡ）の妄動を阻止せよ!!!」より）とあるように「円盤の科学的研究を捻じ曲げるもの」と批判されたのであった。

しかしそうした批判をよそに、松村とＣＢＡは、当時の研究団体にはなかった活版印刷を使って、機関誌『空飛ぶ円盤ニュース』の発行を続けた。同誌は一九五八年六月に創刊され、編集発行人は松村雄亮、事務所を東京・国分寺に置いていた。

不可解なのは、ＣＢＡ以外の団体では騒がれた「大変動」について、『空飛ぶ円盤ニュース』の記事には、その切迫しているはずの状況が一切見られなかったことである。

一九五九年九月号掲載の座談会「『地軸は傾く？』について」では、米国のスタンフォード兄弟による著書やアダムスキーが話題の中心ではあるが、「一九六×年」というスタンフォード説に対する感想的発言が見られたのみであった。スタンフォードの「一九六×年」とはレイ・スタンフォードの著作『Look Up』をCBAが翻訳した『地軸は傾く』第二部「地球観察」に記されている件である。同書一二七頁に「……大規模な変動はおそらく一九六×年に発生し、小規模な変動はそれ以前にも突発するかも知れません」と記されている。ここは原書では、「一九六〇年」と明記されていたのだ。

◉原書の「一九六〇年」をCBAではなぜ「一九六×年」としたか

この件に関してCBA側ではスタンフォードに問い合わせた。さらに観測会によって、その年号が正確なものかを確認しようとした。これはまだ松村雄亮が宇宙人から「大変動」を通告される以前のことである。つまり、「大変動」説はスタンフォードにより日本にまず持ち込まれ、それにCBAが対処したのであった。

原書では「一九六〇年」と明記されていたのをなぜCBAでは「一九六×年」としたのか。下記の引用からわかるので見ていただきたい。

「……宇宙シリーズ（4）『地軸は傾く』（"Look Up"）はすでに訳了、印刷に付されようとしていたが、その中には地軸傾斜による地球の大変動についてくわしく記されていた。そのことはアダムスキ、ウィリアムスン等によりすでにわずかに紹介されてはいたものの、本書には年号（一九六〇年）まで明記されていたため、CBAではこのまま出版すべきかどうかしばしば議論を重ねて検討していた。原著者レイ・スタンフォードにこの点をたしかめたところ、返書には『私の会っている宇宙人はいまだかつて嘘を言ったことはありません』とあった。しかしなおかつ慎重を期し、同書に書かれていた〔天宮注・年号についての〕テレパシー・コンタクト〔天宮注・空に呼びかけて円盤を観測することをCBAではこう呼んだ〕の方法により直接宇宙人にきいてみようというのがこの日〔天宮注・一九五九年六月二七日筑波山観測会〕の主たる目的であった。（中略）この日の主目的であった大変動の年代については、二名の者が一九六二という数字が頭に浮かんだ。しかしそれも決定的なものではなく、原著の一九六〇を一九六×として出版することにする」（一九六〇年一〇月一日発行『宇宙友好協会（CBA）の歩み』一〇〜一一頁より）

松村とCBAは、一九六二年四月号『空飛ぶ円盤ニュース』で論文「古代オリエントの円盤」を発表する。これは今の地球を訪れる円盤・宇宙人が「神」という称号を持って古代オリエント世界に接近し、王権や法典の発生に関与したという論であった。古代イスラエルでは、聖書成立に至る預言者の時代にそれがあったとした。

この論文の中に、CBAの古代研究に向けて助言したと見られる「宇宙人の言葉」が明記されている。すなわち「ブラザー〔天宮注・宇宙人のこと〕はいわれた――〝翼の謎が解ける日過去はよみがえる〟――と」（一九六二年四月号『空飛ぶ円盤ニュース』「古代オリエントの円盤」より）。

ということは、この論文の発生の背後に松村による「宇宙人コンタクト」があったのではないかという可能性を想起させる。

この「宇宙人の言葉」は、松村と宇宙人との間で「古代における宇宙人の問題」について対話が行われたことを示している。筆者が記憶しているのは、一九六二年当時、松村は一九六三年二月の講演会で資料を構成する上でも宇宙人側からの示唆を受けていたことである。それは「人類の歴史を最初からたどってはどうか」という提案であったとＣＢＡ本部員Ｎ氏から聞いた。

しかし、松村はその提案とはやや異なる展開で講演を行った。このような宇宙人との対話において、「翼」という形が「空を飛ぶ能力」を意味するものという宇宙人側の主張に松村も同意したと思われる。

また宇宙人が発した「翼の謎」という言葉は、「空を飛ぶ能力」の絵画的、記号的表現を指す。宗教的美術でも翼は天使と共に用いられる。

古代オリエントでは翼をつけた日輪が「有翼日輪」「有翼太陽円盤」というシンボルとされ、円筒印章やペルセポリス遺跡に見られる。古代宇宙人来訪説の提唱者としては、ゼカリア・シッチンが有名だが、シッチンの著書ではこのシンボルを「第12番惑星」としていた（参考・一九七七年『謎の第12番惑星』ごま書房／二二八頁も参照）。しかしＣＢＡの論文では、「有翼日輪」を古代の空飛ぶ円盤をシンボル化したものとしている。

ＣＢＡの論文「古代オリエントの円盤」は、海外向けの英文機関誌『Brothers』（一九六二年秋発行）にも掲載された。そして世界一〇〇以上のＵＦＯ研究団体に送付された。

海外のＵＦＯ研究団体機関誌に、このテーマの研究はまだなかったようだ。そのため、ＣＢＡは国際的民間ＵＦＯ研究団体で「古代宇宙人来訪説」を最初に唱えることになった。しかし、民間団体が世界のＵＦＯ研究に影響を及ぼす、という構図はなかなか受け入れられないようである。

日本のＵＦＯ研究は、基本的には「世界ＵＦＯ研究の中での後進国」の位置にある。それゆえ、海外のＵＦＯ情報を翻訳し、また海外に出かけて取材し、積極的に海外のＵＦＯ情報を取り入れて国内に広く紹介するのが日本の「ＵＦＯ後進国」としての務めとされてきた。

これらはテレビのＵＦＯ番組、ＵＦＯに関する欧米原書の翻訳本を見れば一目瞭然である。そこに日本人によるＵＦＯ研究があるだろうか。したがって「ＵＦＯ後進国」の一民間団体であるＣＢＡが、いくら立派な説を唱えても「身分不相応」とされてしまうことになった。

例えばＣＢＡが発した「土偶宇宙服」論は、のちにソ連のＳＦ作家アレクサンドル・カザンツェフの発表が逆輸入されて日本で話題となった。ロシア人でおそらく最初に「古代宇宙人の来訪」を唱えたカザンツェフは、第二次世界大戦後に来日したとき、核爆発で廃墟となった広島を見て、ツングースカ大爆発と関連づけ「火星から来た宇宙船がシベリア上空で爆発した」という仮説を立てた。そして、ツングースカ宇宙船爆発説を発展させた論文を、一九六三年に科学雑誌『アガニョーク』誌で発表した。その資料の一つに日本の縄文土偶があり、話題となった。

多くの人は「土偶宇宙服」論はカザンツェフの発表が輸入されたものと思っていると思うが、実はＣＢＡが最初に発表したものなのである。この件については、二〇〇九年『オカルトの惑星』（青弓社刊）九四～一〇八頁で簡潔に述べられている。

「ドキュメント・ＣＢＡ」という記事を載せた一九七六年『地球ロマン 復刊2号 総特集・天空人嗜好』（絃映社）での座談会「日本円盤運動の光と影」の最後に「ＣＢＡ運動の総括が必要ということかな、円盤運動の前進にとっては……（笑）」とあるが、本書で述べるＣＢＡの総括は、ＣＢＡ自身も封印してきた事実に迫ろうとする点で「日本版ＵＦＯ界ディスクロージャー」(※)となるかもしれない。

※ディスクロージャー　「ＵＦＯディスクロージャー・プロジェクト」のこと。「ＵＦＯディスクロージャー・プロジェクト」は、米国の医師スティーブン・グリアが一九九三年に設立したＵＦＯ関連機密情報の公開を推進する団体であり、二〇〇一年五月九日には、米国の首都・ワシントンＤＣにあるナショナル・プレス・クラブで二〇名を超える軍・企業・政府関係者らによる記者会見が行われた。同年五月には、スティーブン・グリアによって、証言をまとめた『Disclosure : Military and Government Witnesses Reveal the Greatest Secrets in Modern History』（邦訳は『ディスクロージャー——軍と政府の証人たちにより暴露された現代史における最大の秘密』ナチュラルスピリット）が出版された。

第２章
初期のＵＦＯ研究を支えた中心的人物たち

実験や観測会が行われ、観測機器・記録装置も開発された

日本では米国やフランスのように、大学教授や博士号を持つ科学者によるＵＦＯ研究は、残念ながら発生しなかった。したがって、日本のＵＦＯ界における研究者・研究家とは自己申告的な肩書きで、いってみればみなアマチュアである。「ＵＦＯ研究」とは、その研究成果が正式の学会に通用するというレベルではなく、個々の研究者の個人的な能力範囲、あるいは民間研究団体としての努力がすべてであった。

日本のＵＦＯ問題従事者たちは、それぞれ各論各説を闘わせつつ、それらを機関誌上で発表し、日本社会の中で活躍してきた。それは一種の市民運動であり、新聞やテレビにも影響を与えたことから社会活動の一面を担ったと言ってもいいのではないか。

彼らの活動は、ＵＦＯ目撃報告や撮影報告という形で未知なる空中現象を捉えつつ、そのデータを蓄積していくという点では、欧米の同様の活動に匹敵する。しかし、米空軍規則に基づくＵＦＯ報告様式や、均質な観測訓練による観察報告ではなく、各々の学歴や年齢、知力などによって発表のレベルが限定されるため、そこには学術資料にはなり得ないバラつきが生じるのは避けようがなかった。

なお、米空軍規則に基づくＵＦＯ報告様式とは一九五九年九月一四日付け発令「米空軍規則No.２００－２」で、通常は「ＡＦＲ－２００－２」と呼ばれているものである。均質な観測訓練による観察報告の条件としては、見かけの大きさを、腕をのばしたときの指先の「㎜」「㎝」で測定すること。それに視力、双眼鏡の倍率、撮影データを明記する、などの点が挙げられる。

日本のＵＦＯ研究に戻るが、それでも円盤を見るための様々な実験や観測会が行われ、その観測結果を確実に残そうとする観測機器、記録装置も開発された。横棒の両端に二台のカメラを設置して同時に撮影し、そのズレから距離を掴もうとする「立体カメラ」、レンズの前に扇型の回転板を持つ「角速度測定カメラ」、ビデオ望遠鏡はすでに海外でもみられた。日本の研究者はそれらの機能を含め総合的な測定データと映像を同時に記録するＵＦＯ観測装置などの観測機器、記録装置を開発した。

　翻訳能力のある学識者などは海外のＵＦＯ研究団体が発行する機関誌を取り寄せて翻訳し、それを機関誌に掲載することで、会員相互の学習を図った。代表的なものとしては『宇宙機』に連載された「ルッペルト著『ＵＦＯ報告書の研究』」、『空飛ぶ円盤情報』に掲載された「車輪状の円盤と水に潜る円盤」、『空飛ぶ円盤研究』に掲載された「米国ロング・アイランド州フリーポートの上空で、大きな円盤母艦が小さな偵察用円盤を収容？」などである。

　さらに研究発表会や講演会、資料展示会を開催したり、進んで各種セミナーにより会員の研鑽を図ったりと、一般市民への啓蒙が行われた。ＵＦＯ問題に関心を寄せる人々のすそ野の広さはどの国でも共通しているが、その中で先駆者と呼ぶにふさわしい人々の活躍が目立つのも万国共通といえるだろう。

　一般のアカデミズムとは異なり、個々の専門分野はあるものの、何ら権威的資格のない人々が、自由に参加できるテーマが空飛ぶ円盤でありＵＦＯであった。その自由さは利点であるが、同時に欠点でもあった。つまりアカデミズムのような均一のレベルを持たない自由さがあったため、初期の頃はＵＦＯ報告に付随していた航空宇宙科学の分野の研究が希薄となり、怪奇現象や心霊を含むオカルトへと取り込まれた。

　例えばまず挙げられるのが「アブダクション」である。これは宇宙船の中に連れ込まれ、ベッドに固定されて身体検査などを受けたとする体験者の世界だ。この体験者はなぜか米国に多い。「アブダクション」体験者に退行催眠を用いて失われた記憶を再現するという状況は、もはやＵＦＯ目撃の世界ではなく、心理的・心霊的要素も加わってくる。

それと連動した「宇宙人からテレパシーを受けた」という体験報告も、昔からある心霊世界の憑依《ひょうい》現象と類似した世界である。死者と通信する「イタコ」を模して「宇宙イタコ」という言葉が昔あった。これに予言や物体出現、物体浮遊など怪奇現象が加わると、まさにオカルトじみてくる。

そして心霊写真とよく似た写り込みＵＦＯ写真といわれるものでは、もはやＵＦＯも幽霊も区別がつかない。空に写ればＵＦＯ、人や建物を背景にすれば心霊、という簡単なものではないようだが。

今やＵＦＯ目撃が事件として単一のテーマでテレビ番組に取り上げられることはなくなった。「ＵＦＯ」は幽霊や怪奇現象を含めたオカルトの世界の一部となってしまったのは誰しもが認めるところだろう。

しかし一九五〇年代から六〇年代にかけての、旅客機との空中遭遇事件など典型的なＵＦＯ事件があまり報じられなくなったのはなぜだろうか。その原因が我々人間側の心理的状況にあるとすると、まさしくＵＦＯは現代人の神話であり、やはり現代の屈折した心理が空中に生み出した虚像現象だったのかもしれない、と思ってしまう。しかし、もし本当に人間の大衆心理面や人間性に、ＵＦＯ現象衰退の原因があるとすれば、人間社会それ自体の荒廃が原因なのかもしれない。

その原因が我々人間側の心理的状況にあるとすると、まさしくＵＦＯは現代人の神話であり、やはり現代の屈折した心理が空中に生み出した虚像現象だったのかもしれない。しかし、もし本当に人間の大衆心理面や人間性に、ＵＦＯ現象衰退の原因があるとするならば、我々人間の社会が機械に依存する割合が増加し、身体の体験から学ぶという人間の基本から離れつつある状況に関係があるのかもしれない。

人間が肉体を通して自然界や宇宙を学ぶという面で、ＵＦＯ現象はその最先端に位置するのではないか。すなわちＵＦＯとは、「人間の優れた視力」「正確な記憶と再現」「緻密な記録の蓄積」という古来、人間が歩んできた文化の延長にある。その営みが機械依存により希薄になっているのなら、当然のことながらＵＦＯ現象から離れていくことになりはしないか。

そこではもはや物理現象としてのＵＦＯではなく、仮説的なＵＦＯ搭乗者「宇宙人」が、人類への啓蒙者として登場するのが当たり前となった。

そこで、こうした多様なるＵＦＯ問題に、発展的役割を果たしてきた先駆者たちの業績を次に紹介したい。

空飛ぶ円盤研究の基盤を形成した荒井欣一

荒井欣一（一九二三〜二〇〇二）は、一九五八年に朝日新聞社が発行した『バンビ・ブック』「空飛ぶ円盤なんでも号」で「日本に現れたＵＦＯ」を担当した。そこでは一九四七年に新聞報道された鹿児島の警察官による目撃、翌年に新潟県気象台から観察された月の半分ほどの発光飛行体、一九五二年に始まる在日米空軍機によるＵＦＯ遭遇、一九五六年に東京近郊の高尾山で目撃された円盤編隊の詳細な図解が見られる。

さらに一九四七年七月に福島県の会津農林高校天文班が太陽黒点観測中に、太陽面を通過した物体についても、図解とデータが公開された。そして一九五六年八月に広島県福山市で目撃されたＵＦＯの特殊な航跡や、編隊の隊形変化をも図解した。荒井欣一によるこうしたＵＦＯ解説は、円盤目撃資料の発表では単に文章だけではなく、当事者の能力を駆使した図解的表現が必要であることを示すものであった。

荒井欣一による一九六〇年までの日本空飛ぶ円盤研究会活動は、多数の有能なる執筆陣が個々に空飛ぶ円盤問題の発展に向かう基盤を形成した。しかし一九六〇年に機関誌が中断したことで、組織としては終了した。

それでも、アーノルド事件二五周年目の一九七二年、研究会は休会のままであったが、荒井

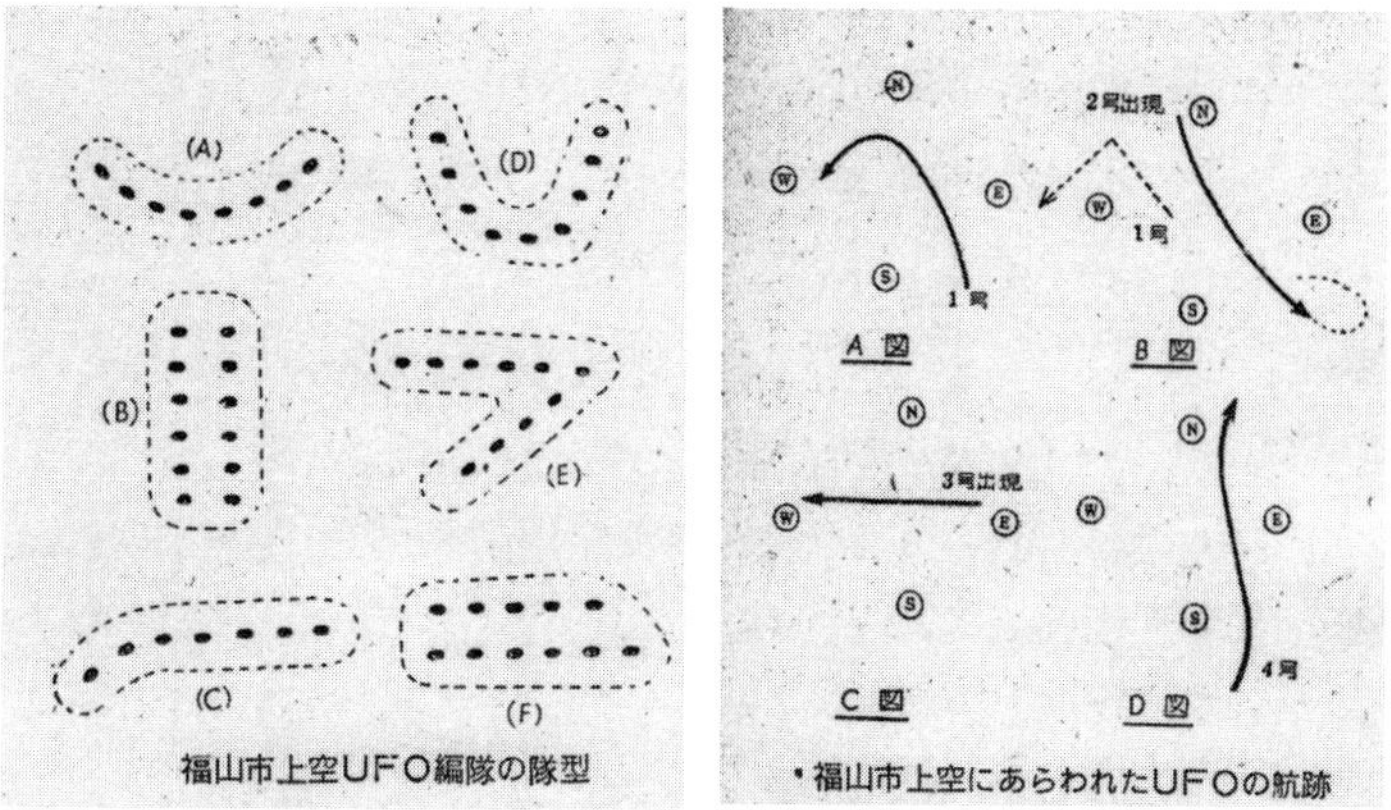

1956 年 8 月に広島県福山市で目撃された UFO の特殊な航跡と、編隊の隊形変化の図解（『バンビ・ブック』「空飛ぶ円盤なんでも号」朝日新聞社、1958 年より）

欣一個人としての活動を再開した。荒井欣一が独力で開催したイベントが、品川産業文化センターで行われた「空飛ぶ円盤25周年記念講演会」であった。この催しでは、高梨純一、平野威馬雄、斎藤守弘等が講演した。

一九七四年には「宇宙人（ヒューマノイド）特別講演会」を開催。そして「ＵＦＯ30周年記念」として、日本で初の試みである『１９７７年ＵＦＯ年鑑』を発行した。Ｂ５判で二〇〇頁もあるこの年鑑は、三〇名ほどのＵＦＯ関係者の寄稿により構成された貴重な資料集となっている。

「空飛ぶ円盤25周年記念講演会」後に書かれた各ＵＦＯ研究会の論文が掲載され、そして「特集ＵＦＯ写真の研究」では、荒井欣一が顧問を務める第二世代のＵＦＯ研究団体「日本宇宙現象研究会」会員による「トリック写真と日本のＵＦＯ研究」という専門的な論考も載っている（参考・『Ｕ

ＦＯこそわがロマン――荒井欣一自分史』／『1977年ＵＦＯ年鑑』）。

「地球の最後が来るぞ」と警告的解釈を行った高梨純一

高梨純一（一九二三～一九九七）は、一九五八年に朝日新聞社が発行した前掲『バンビ・ブック』「空飛ぶ円盤なんでも号」で「空飛ぶ円盤の飛来」を担当した。米国における初期の事件を紹介し、さらに「イギリス上空の見えない円盤、Ｕ＝Ｚのナゾ」にまで踏み込んだ。この特殊事例を、日本で初めて公に紹介したのは高梨純一である。

米国における円盤事件は、米空軍ＵＦＯ調査機関プロジェクト・ブルーブック初代機関長エドワード・ルッペルトが、その発生地点を地図上に記した際、原子力施設と重なる事実から、円盤の飛来目標が原子力施設にあるらしいことが認識されていた。

英国の「見えない円盤」とは、一九五四年九月末、ロンドン近郊の七つのレーダーサイトで謎の編隊がキャッチされた事件である。四〇個から五〇個の輝点が、最初は「ヘアピン」ないしアルファベットの「Ｕ」を横にした隊形で現れ、次にその隊形を二本の平行線、「＝」へと変化させた。最後に「Ｚ」の隊形をとった。このレーダー面現象は、ある一定の期間、連日正午に発生した。しかし、上空に飛び上がって探索した戦闘機からは何も発見できない、という報告があり、「人間の目には不可視」とされた。

これを報じたのはロンドンの『サンデー・ディスパッチ』紙である。同紙は一九五四年一一月一七日にこれを発表し「空の奇現象に陸軍省困惑」と見出しをつけた。

その報道の中で「科学の心得のある者によると、Ｕは常にウラニウムの原子シンボルと関連し、イコールサインは世界中で知られている。Ｚは何か？　誰もがＺは英語のアルファベットで最後の、もしくは終わりを表す文字であることを知っている」と記した。

高梨純一はこの報道を踏まえ「Ｕ＝ウラニウム＝原子爆弾、Ｚ＝アルファベット最後の文字＝（地球の）最後」であるとした。その上で、「原子爆弾を使って盛んに戦争し合っていると、いまに地球の最後が来るぞ」という、当時太平洋核実験が行われていた状況で危惧されていた警告的解釈を行った。

なお、英国政府は一九五四年七月に水爆開発を決定していたが、この決定を国民に発表したのは七か月後の一九五五年二月であった（一九八五年一月三日、朝日新聞）。

筆者は一九九〇年代に大阪ＵＦＯサークルの行事で、何度か高梨会長と対話し、また電話でも情報交換した。その主要課題は筆者の発した「高梨さん自身による確認飛行体の事例とはどんなものか」との問いに対する回答であった。

筆者が展示物で示した「ＵＦＯと他の現象との識別写真資料」を見た高梨会長の感想。「ＣＢＡによるフーファイター写真」への言及。Jan L. Aldrich による自費出版書『Project 1947』

に対する評価。青森県に伝わる『東日流《つがる》外三郡誌』偽書論争に対する感想。ビリー・マイヤーによる「ＵＦＯ動画」に対するトリックの解明方法などであった。

　これらのテーマに、もし彼自身によるＵＦＯ観察と撮影が加われば、相当濃密なＵＦＯ問題をめぐる対話となったであろう。現実には翻訳や発行に多忙な研究者に、のんびりと空を見る余裕などなかったようである（高梨純一のＵＦＯ目撃に関しては二八三頁「ＵＦＯと既知の現象の識別――高梨純一の『円盤と流星の識別』を参照）。

「空飛ぶ円盤研究グループ」「ＣＢＡ」代表だった松村雄亮

　松村雄亮《ゆうすけ》は一九二九年一一月、世界的なスイスの航空雑誌『インタラビア』の日本代表であった松村信雄の三男として横浜で生まれた。松村信雄はドイツのユンカースやメッサーシュミットの新機種を日本航空界に輸入して紹介した人物である。

　松村雄亮の学歴や少年時代の経歴については明らかになっていないが、一六歳にして満州航空のパイロットを志した。一九四五年の太平洋戦争終戦時には特命により満州皇帝の日本亡命機を用意、瀋陽飛行場にて待機中、来攻してきたソ連空挺隊に捕らわれた。シベリアと北満間の航空輸送に従事させられたが、危険を冒して脱出し、徒歩にて北満の荒野を縦断。日本の土を踏んだのが一九四六年の夏であったという（参考・『宇宙考古学入門』大陸書房）。

満州皇帝の日本亡命用小型機が奉天（現在の瀋陽）飛行場で離陸準備中、突然飛来した何機もの飛行機からソ連兵が降り立ち、満州航空の重役室にいた溥儀《ふぎ》と溥傑《ふけつ》がソ連の捕虜となる状況が『ムー』誌二〇一七年八月号「失われた中国清朝＝満州帝国の財宝ミステリー」に書かれている。

松村雄亮は一九四七年より父を助け、『インタラビア』の日本通信員となり、一九五六年に「空飛ぶ円盤研究グループ（Flying Saucer Research Group in Japan)」を結成、英文機関誌『UFO News Digest』を発行した。

そのNo.Ａ－１では、一九五六年四月七日に南アフリカで起こった円盤着陸事件、ウィルバート・スミスによるカナダの「Project Magnet」を紹介し、ブックレビューとしてＭ・Ｋ・ジェサップ著『UFO and the Bible（ＵＦＯと聖書）』を取り上げた。「Project Magnet」とは一九五〇年一二月にカナダ運輸省のウィルバート・Ｂ・スミスがＵＦＯの物理的法則の調査を行ったプロジェクトである。

No.Ａ－２では一九五四年一一月一七日の英紙『サンデー・ディスパッチ』で報道された「Ｕ＝Ｚ」事件を掲載した。「Ｕ＝Ｚ」事件とは高梨純一の項でも紹介したが、一九五四年九月の英国ロンドン近郊にある七か所のレーダーサイトに謎の編隊がキャッチされた事件である。レーダー面に「Ｕ」「＝」「Ｚ」の隊形が繰り返し表示されたため、軍部は騒然となった。

No.Ａ－３では、一九五四年にブラジル空軍がＵＦＯは実在すると声明を発表した件。さらにブックレビューでは、マックス・Ｂ・ミラーの『Flyig Saucers: Fact or Fiction?（空飛ぶ円盤は事実かフィクションか）』が紹介された。この本は、高文社から邦題『これが空飛ぶ円盤だ！』として出版されている。

松村雄亮は一九五七年に同志五人と共に「宇宙友好協会（ＣＢＡ）」を設立するが、それ以前は、日本空飛ぶ円盤研究会の『宇宙機』や近代宇宙旅行協会の『空飛ぶ円盤情報』に寄稿していた。特に彼の幅広い情報源から得た情報をまとめた「世界ＵＦＯニュース」は高梨純一の会誌「空飛ぶ円盤ワールド・ホット・ニュース」上で四回にわたり連載されている。

ＣＢＡ結成後の活動については、第４部で詳細に述べてみたい。

なお筆者の妻が独身だった一九六七年、松村の事務所に手伝いに行った際、個人的な話として聞いたことを加えておく。松村の若い頃、詩人として雑誌『日本』に寄稿していたという。作詩をする感性や構文力は、後のＣＢＡ活動における式典で朗読された「メッセージ」に反映されているようにも思われる。

松村雄亮の没年は明らかではないが、二〇〇七年に発行された『Aerospace UFO News（航空宇宙ＵＦＯニュース）』関係者の一人・飯塚晃市《こういち》（一九四〇～二〇一七）からのメールによると「二〇〇八年に松村死去の事実を知った」とのこと。彼の死去はそれ以前と考えられる。

アダムスキーの支持団体「日本ＧＡＰ」を創立した久保田八郎

大学を卒業後、出身地の島根県で高校教師となった久保田八郎（一九二四〜一九九九）は、一九五四年に出版されたアダムスキー著『空飛ぶ円盤実見記』を読んで感動し、アダムスキーとの文通を始めた。その一方で、一九五七年八月には、ＣＢＡの結成の趣旨に賛同して幹部の一員となった。

そして一九六〇年前後、ＣＢＡの別動隊が「Ｈ対策」に奔走している期間、一九五九年一二月号から一九六〇年九月号までの『空飛ぶ円盤ニュース』編集を担当した。「Ｈ（水爆）対策」とはあとで詳しく述べるが、太陽系全体に壊滅的影響を与える核爆発を防ぐため、原水爆を処分してしまおうとしたＣＢＡの行動を指す。

久保田八郎はＣＢＡ機関誌上でも、アダムスキーからの通信を紹介し、「テレパシー」や「テレパシック・コンタクト」による円盤問題への新しい試み（具体的にはマインドと意識の一体化を目指す「宇宙的フィーリング」の開発など）について述べ、いわゆる「コンタクト派」の先駆けとなった。久保田八郎は「コンタクト派」として、アダムスキー思想を基盤とする、ＵＦＯとの友好的な交流を目指した機関誌『UFO Contactee』を一九六一年から発行した。同誌は一四六号まで発行された。

一九六一年、アダムスキーの支持団体として「日本ＧＡＰ」を創立。自らガリ版刷り機関誌『ＧＡＰニューズレター』を発行した。やがて印刷物の向上と共に組織は大きくなり、多数の後継者も生まれた。

一九七三年にはコズモ出版社を設立、ＵＦＯ雑誌『ＵＦＯと宇宙　コズモ』を創刊した。『ＵＦＯと宇宙』誌は全国の書店で販売され、購読者の間に大小の愛好家グループも生まれた。若い研究者を生み出す社会的基盤となった。

「日本ＵＦＯ研究会」を設立した平田留三

関西地区において、ＵＦＯ問題の市民に向けた啓蒙を展開した平田留三《とめぞう》（一九二四？～一九九八）は、「近代宇宙旅行協会」の幹部として初期日本の円盤研究活動に従事した。研究者の多くが目撃体験を持たない中、彼は一九五四年、一九五九年と顕著な円盤現象を目撃し、『空飛ぶ円盤情報』にその体験を発表した。

一九六六年より独立して「日本ＵＦＯ研究会」を設立。機関誌『ＪＵＦＯＲＡ』を発行。その第二号では彼のテレビ出演、そして一九六五年に話題となった東亜航空機機長のテレビ画面の写真が掲載された。

『ＪＵＦＯＲＡ』二三号～二六号では、神戸で主婦三人が一九七九年一月に遭遇したＵＦＯ目撃事件、一九八〇年九月二日に大阪府高槻市でパトカーにより目撃された葉巻型物体の件を自ら取材して、その経緯を発表した。また同号では、荒井欣一が設立した「ＵＦＯライブラリー」の開館の模様など、現代日本ＵＦＯ史を語る上で貴重な写真一〇数点が掲載されている。

平田留三は戦時中に小さな謎の飛行物体「フーファイター」の情報に接した体験を大阪ＵＦＯサークルの会合で証言している。そのときの発言を、筆者が録音テープから文字起こしした内容を以下に紹介する。これは筆者の個人的発行物『地球外知性痕跡探索』（1993年6月発行）に収録してある。この証言を本に載せていいか、故人である平田留三に聞くことはできないが、貴重な証言なので公開しても許されると思う。

「私は第二次世界大戦中、大阪の情報部隊にいた。そこでは軍民による対空監視、航空機のことから、今問題になっている慰安婦のことなどいろいろな情報が入ってきた。

私が記憶しているのは『南方戦線において、最近、円型のいずこの国とも所属のわからない飛行物体がパイロットに見られておる。日本軍でも見ておる。それらは幸い攻撃はしてこないけれども正体がわからないから、そういうものを対空監視していて見た場合は、直ちに本部へ通報するように』と。明らかにタイプで打った文章は全部各方面へ流していた。

昭和一九年（一九四四年）ヨーロッパ戦線でフーファイターあるいは『火の玉戦闘機』というニックネームのついた物体の目撃があった。

UFO目撃談を語る佐藤明達氏（大学教授）
目撃現場の自宅ベランダにて

ＵＦＯライブラリーの実現！
夢を果した喜びの荒井欣一氏(右)
（本文参照）

角型UFOを娘さんと目撃した
前田智子さん（自宅にて）

前田智子さん親子と同時目撃した
橋本喜代香さん（自宅にて）

おお！ＵＦＯ　神戸海洋博物館に登場

2500分の1の神戸市精密模型上空を移動する
日本ＵＦＯ研究会設計製作の照明装置付ＵＦＯ

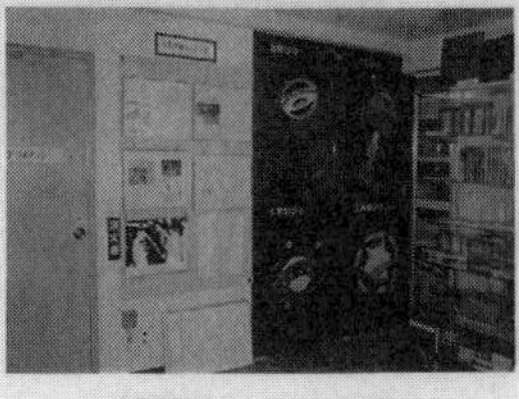

荒井氏のＵＦＯライブラリーの1部

夜明けのＵＦＯに接近された
3人の主婦
（本文参照）

スターロック教授夫妻と歓談する平田会長
1979年6月7日(名古屋大学ゲストハウスにて)
（本文参照）

国際児童年協賛チャリティーＵＦＯ展
（岐阜グランドホテル）
（本文参照）

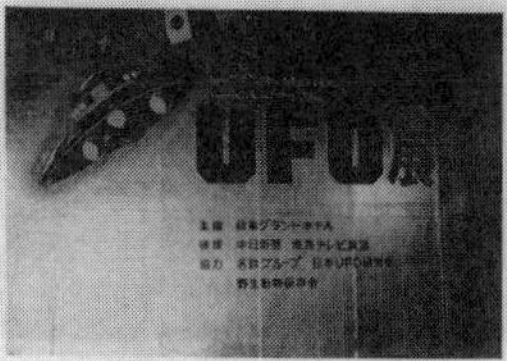

会場正面のパネル

関係者のテープカット（左端　平田会長）

『JUFORA』23号～26号に掲載された、日本UFO史を語る上で貴重な写真

『そうすっと、これはアメリカの新兵器じゃないのか』と情報部内部では言っていた。『しかしなー、プロペラもついていてへんし、円型というのがおかしいなー』ということで騒然としていた。幸い攻撃してこないということが一つの安心ではあったが『おかしいな、おかしいな』と一時、お偉方や我々が一緒に議論したことも覚えている。その時分からUFOとの付き合いがあった」

「うつろ舟」を最初に取り上げた斎藤守弘

一九五一年に大学に入学した斎藤守弘（一九三二〜二〇一七）は、科学論の講義を受けながら小論を書いた。彼自身の書いた『サイエンス・ノンフィクション』（早川書房）は、脳髄と行動の関係についての論考であった。その要旨を書いた文から抜粋してみる。

「進化論的に見て、脳髄の新しい発達には、つねに新しい行動が先行している。いいかえれば、新しい行動の集積が脳髄の新しい発達をうながし、それがまた新しい行動パターンを生みだし、という風にして進化が続いてきた。

ところで現代［天宮注・一九五〇年代］、人間行動はきわめて多様化し、複雑化している。（中略）ここで新しい脳髄の発達が生じなければならぬところなのだが、生物学的な進化の速度ではとても目まぐるしい社会変化に追いつかない。

これを追いつかせるには二つの方法が考えられる。電子頭脳の開発と、個人の頭脳を単細胞化した集団頭脳〝超頭脳〟を組織することだ。この二つを組合せることにより、人類はふたたび自己の行動を統御でき、新らしい生活パターンを生みだせるだろう」（『ＳＦマガジン』一九六三年八月号掲載の「サイエンス・ノンフィクション（最終回）――未来につながる」より）

今や、それまでの電子頭脳（Electrical Brain）に代わり、AI（Artificial Intelligence・人工知能）という言葉が主流だが、空飛ぶ円盤問題に関して「円盤は、それを操縦する人体と一体化している」という俗説がある（参考・ＣＢＡ『地軸は傾く』）。それが本当なら、まさにこの斎藤守弘の小論で述べられている「宇宙空間生物学」という主張は、空飛ぶ円盤によって実現されていることになる。

斎藤守弘という奇才が、日本のＵＦＯ研究に果たした功績の一つに、日本のＵＦＯ古記録の調査がある。彼はまず、学生時代に入会した「日本空飛ぶ円盤研究会」の機関誌『宇宙機』上で「日本の空飛ぶ円盤の歴史」と題してその研究成果を発表した。その後、一九七三年に久保田八郎が設立したコズモ出版発行の前掲『ＵＦＯと宇宙　コズモ』でもそのテーマで連載していた。

「日本古来の天空人出現説考」と題したその論考では、光り物や天狗を含めた怪奇現象の記述を、現代の海外ＵＦＯ事件におけるモスマンやＵＦＯ事例と比較している。

斎藤守弘は『ＵＦＯと宇宙　コズモ』連載の第二回目で、常陸国原舎浜《ひたちこくはらとのはま》に漂着した「うつろ舟」を取り上げた。この題材をＵＦＯ研究として取り上げたのは斎藤が最初といわれている。

この「うつろ舟」を報じた一八〇三年の瓦《かわら》版は、千葉県の船橋市西図書館が所蔵しているが、最近では岐阜大学名誉教授・田中嘉津夫氏がこれを研究している（参考・二〇一四年一〇月六日、東京新聞）。

斎藤守弘は日本空飛ぶ円盤研究会でも、ＵＦＯ問題の開拓者として執筆に参加した。河津薫のペンネームで「空飛ぶ円盤は宇宙機である」という論考を寄稿し、これが一冊の冊子（日本空飛ぶ円盤研究会発行）となっている。

「トクナガ文書」の原作者トクナガ・ミツオ

トクナガ・ミツオは「ＣＢＡ大変動騒動」を語る上で、常に引用される通称「トクナガ文書」の原作者である。トクナガ・ミツオはＣＢＡ『空飛ぶ円盤ニュース』一九五九年一一月号に「地軸が傾く？」を発表している。その中で「アメリカの天体地球物理学者アダム・Ｄ・バーバー博士による『来たるべき大災害』」について述べている。

また一九六一年一月号『空飛ぶ円盤ニュース』の記事「宇宙人に会った三人の高校生」では、

執筆者が「キサラギ　マコト」となっていたが、渡辺大起《たいき》によるシリーズ「オイカイワタチ」一九七五年版に同一の記事があり、その執筆者は福島県白河第二高校の教師・徳永光男となっている。このような記事の場合、通常なら異常体験をした生徒たちへの聴取状況が、その前提として記されて然るべきだが、いきなり「宇宙人の話を聞く三人の高校生の物語」という証言から始まっている。

そこに描かれた「宇宙人」は徳永光男が各種の情報を組み合わせて想像したもので、「宇宙人の話を聞く三人の高校生」というのはフィクションと推定される。例えば宇宙人の言葉にある「ボタン一つで地球の活動をすべて止めることができる」とは、子供じみたセリフだが、映画『地球の静止する日』をヒントにしたのかもしれない。

一九五九年のＣＢＡ維持会員（財政を支える会員を維持会員といった）に、徳永光男、平野威馬雄、渡辺大起（生年不明・二〇〇二年没）の名がある。

二四五頁で述べた「大変動」に関する松村情報から、すぐさま長文の原稿を起草し、ガリ版刷りで「ＣＢＡ特別情報」を発行・配布したのが徳永光男であった。この文書が平野威馬雄に送付されて新聞ネタとなり、その新聞記事が「大変動騒動」として一種の社会問題に発展したわけである。この騒動の経緯については第4部で述べる。

平野威馬雄著『それでも円盤は飛ぶ』に、「平野の質問に対して回答したＣＢＡ」という箇所がある。徳永光男と平野の関係を考えると、この「回答したＣＢＡ」とは徳永光男のことではないのか、と疑いを抱かせる。『それでも円盤は飛ぶ』から、もう少し詳しく見てみよう。

一九五九年八月、平野は『内外タイムス』と『週刊漫画サンデー』に掲載されたＣＢＡの記事を読み、『内外タイムス』を通してＣＢＡに手紙を書いた。その二週間後、ＣＢＡからの返事として、八月二二日に東京駅地下レストランでＣＢＡ総会があるとの案内が届く。

ＣＢＡ総会ではスタンフォード兄弟の著書を翻訳した『地軸は傾く』を引き合いに、ＣＢＡの者も同様にして宇宙人からの大変動通告を受けた、という点が論じられた。平野威馬雄はこの情報に接して衝撃を受けると共に、真偽の確認をすべきとの心情を持った。後日、あるＣＢＡ幹部と逢い、質問を発して回答を得た。そのＣＢＡ幹部との「対話」を読むと、後に徳永光男が発行した「ＣＢＡ特別情報」と同じ文面が見られるのだ。

例えば平野威馬雄著『それでも円盤は飛ぶ』八四頁に、ＣＢＡのテレパシーによる観測会で「高尾山でＵＦＯを約七回目撃」とあるが、「ＣＢＡ特別情報」の一頁にも「高尾山上でＵＦＯを約７回目撃」とある。

また『それでも円盤は飛ぶ』八四頁に「六月二七日（土）筑波山でメンタルヴォルテックス（精神的渦動）によるテレパシー・コンタクトを試みましたところ、ＵＦＯが十三回以上あらわれ、意識的な飛行を見せた」とあるが、「ＣＢＡ特別情報」の一頁では「六月二七日（土）筑波山でメンタル・ヴォルテックスによるテレパシー・コンタクトを試みたところ、ＵＦＯが一三回以上あらわれ、意識的な飛行を見せた」としている。

さらに『それでも円盤は飛ぶ』八四頁では「八月一日（土）第二回筑波山テレパシー観測会……この夜は円盤が五、六回あらわれ、コンタクトの事実を観測者たちに示した（と考えられた）」となっているが、「ＣＢＡ特別情報」の一頁では「8月1日（土）第2回筑波山テレパシー観測会。この夜は円盤が57回あらわれ、コンタクトの事実を観測者たちに示した（と考えられた）」となっている。「五、六回」と「57回」ではかなり異なるが、平野威馬雄が間違えて書き写したのか、故意に数値を変えたのかは不明である。

この筑波山（茨城県中西部）観測会は、一九五九年七月二六日に発生した松村雄亮による宇宙とのコンタクトが真実か否かを円盤に問うものであったらしい。それゆえ「コンタクトの事実を観測者たちに示した」という文面になっているようだ。

このように見てくると、平野が質疑応答したとする「ＣＢＡ幹部」とは、徳永光男である可能性が高い。

ここで前述の「オイカイワタチ」について説明しておこう。松村とＣＢＡによる「宇宙コンタクト」の頃、名古屋を中心に「ボード事件」（→三五七頁）というものが発生した。俗に「コックリさん」と呼ばれる文字盤通信に表示された「天の神様」のメッセージを重視した幾人かのＣＢＡ幹部は、「ボードの神への道」とされる道を歩むこととなった。その幹部のうち、小川定時《さだとき》、渡辺大起、徳永光男の三名が知られている。

彼らは自らを「ワンダラー」（宇宙人の魂を持って生まれた地球人という意味）とし、その任務を「オイカイワタチ」と称した（「オイカイワタチ」とは宇宙語で、ワンダラーの中のある役目を担った人たちの集まりの意味）。渡辺大起による「オイカイワタチ」シリーズを読むと、「サナンダ様からのメッセージ」「霊夢による様々な出来事」と共に、任務としての「儀式」の経過が述べられている。この件については第4部で述べる。

「ＵＦＯ党」を結成し、「開星論」を唱えた森脇十九男

一九四四年生まれで山口県下関市出身の森脇十九男《とくお》（一九四四〜二〇一六）は、大学卒業後の一〇年間に及ぶサラリーマン生活を辞し、ＵＦＯ情報収集のため数年間、国立国会図書館に通った。そして一九八二年に「ＵＦＯ党」を結成した。

彼の論は、現代の国際化社会を、日本の幕末における黒船来航と比較し、ＵＦＯを黒船に例える。その上で、地球社会は宇宙に港を開く「開星」をすべき時だとする。

また世界は平和に向けて「核抑止論」から「ＵＦＯによる抑止論」へと進むべきだとした。「ＵＦＯの宇宙人から見れば、みな同じ地球人」という簡明な表現をもって、日本政府や国会議員に持論を通達した。

主な著書に『ＣＩＡ　ＵＦＯ公式資料集成』（スピリッツアベニュー）、『国際ＵＦＯ公文書類集

大成』（たま出版）がある（参考・『ＵＦＯ公式資料集――みんなダマされた～驚愕の歴史的記録』環健出版社）。

森脇十九男のＵＦＯ党は一九八九年七月の参議院選挙に「開星論」で立候補したことが知られている。このときの選挙公報では「米ソがＵＦＯ協定!!」と題し、一九七一年九月三〇日にグロムイコ・ソ連外相とロジャーズ米国務長官により調印された「核戦争発生の危険削減措置に関する米ソ協定」を取り上げた。因みに、その協定の第三条に次の文句が記されている。「双方は早期ミサイル警報網が正体不明の飛行物体を探知し、あるいは同警報網および関連通信施設に対する妨害の兆候が生じて核戦争発生の危険が生じたならば、直ちに通告する」（一九七一年一〇月一日朝日新聞「核戦争の危険生じれば――直通回線で通告――偶発防止協定米ソが調印」より）

筆者は一九九五年一一月に「ＵＦＯ写真コンテスト」表彰式へ出席するため上京した折、早稲田に立ち寄って森脇と会った。そのときの彼は「新しい時代の言葉づくり」を強調していた。

『天文とＵＦＯ』を発行した池田隆雄

広島県に生まれた池田隆雄（一九五二～二〇〇二）は、一九七〇年にアダムスキーの『空飛ぶ円盤実見記』を書店で見つけて以来、ＵＦＯという奇妙な物体に惹かれた。彼は反射望遠鏡を自作して天体観測に取り組みつつ、円盤搭乗物語に衝撃を受けながらも関心を深めていった。池田隆雄は全国の天文同好会に呼びかけ、ＵＦＯの研究会を立ち上げ、会誌を発行した。それと共に内外のＵＦＯ書籍、すでにあった国内の研究団体の会誌を収集した。

米国の民間ＵＦＯ研究団体ＮＩＣＡＰ（国家空中現象調査委員会）が発行した『UFO Evidence』を読破した池田は、一九七二年一〇月より目撃データの整理・分類を開始。一九七四年一一月、大陸書房から『日本のＵＦＯ』を出版した。

会誌『天文とＵＦＯ』を第九号（一九七三年）まで独力で発行してきた池田は、仕事の関係で会の運営に限界を感じてきた。そして交流していた日本宇宙現象研究会・並木伸一郎氏、加藤茂氏（ＪＳＰＳ副会長）と会合を持ち、並木氏のグループと合併したことで、新生「日本宇宙現象研究会（ＪＳＰＳ）」が誕生した。

さらに天体観測と電子工学に関する知識を活かし、一九八〇年からＵＦＯ観測儀の開発に着手した。彼は並木氏など日本宇宙現象研究会のメンバーと共に、観測儀を用いたＵＦＯ観測に取り組んだ。この観測儀は、改良を重ねて一九九七年一一月「ＵＦＯ観測装置」として完成した。

池田隆雄は「ＵＦＯの奇妙な運動」「ＵＦＯによって生じた物理的な痕跡」「ＵＦＯの搭乗者（ヒューマノイド）の形態と地上における活動の様子」を研究テーマとした。

その一方、収集した国内の膨大な目撃例を統計的に処理し、その成果の一部を『ＵＦＯと宇宙』誌上で連載した。その精緻で学術的な国内ＵＦＯ目撃の分析結果は、日本宇宙現象研究会機関誌『UFO Information』に多数発表されている（参考・『日本のＵＦＯ』大陸書房／『UFO Information』No.67　２００２　日本宇宙現象研究会）。

第３章 日本のＵＦＯ研究はどのように発展したか

『宇宙機』と『世界ＵＦＯ特別情報』

日本の研究者たちは、円盤現象を理解する上で、海外、ことに米国の民間団体ＮＩＣＡＰ（全米空中現象調査委員会）やルッペルト、キーホーなどの著作を取り寄せて翻訳した。そこから円盤なるものを理解しようとしたのだ。

高梨純一は一九五〇年代、神戸の古本店で洋書をあさっていたとき、米軍進駐軍が放出したと見られるドナルド・キーホー退役少佐著『Flying Saucers Are Real』を見つけた。彼は、そこから米国の空飛ぶ円盤史研究の糸口を得たとして、その天命的偶然を「科学者はＵＦＯの何を知ったか？」（『第三種接近遭遇』ボーダーランド文庫に掲載）で記している（参考・『第三種接近遭遇』）。

片や日本空飛ぶ円盤研究会では、会員の仙波順一による「ＮＩＣＡＰ便り」が『宇宙機』に連載され、ＮＩＣＡＰがアダムスキーなどのコンタクト・ストーリーを排除する姿勢や、誤ってコンタクティーのジョージ・アダムスキー、トルーマン・ベサラム、ハワード・メンジャー、バック・ネルソンといった人物に会員証が誤送された事務的ミスなど内情秘話までもが掲載された。

日本空飛ぶ円盤研究会は志を高く掲げ、一九五八年から小冊子『空飛ぶ円盤研究』シリーズ全一〇〇冊の発行を目指した。第一回刊行は河津薫による『空飛ぶ円盤は宇宙機である』である。続いて、志村甫による『ルッペルト著「ＵＦＯ報告書」の研究』では、初期の米空軍によるＵＦＯ調査、マンテル事件に至る経緯を詳細に記している。

日本空飛ぶ円盤研究会の『宇宙機』が、荒井欣一会長の健康問題により一九六〇年で終わったのに対し、高梨純一会長がほとんど単身で、翻訳と編集と取材を行いつつ発行を続けた『空飛ぶ円盤情報』は、国内・海外のＵＦＯ事例を紹介しながら高梨会長が死去する一九九七年まで発行された。

『空飛ぶ円盤情報』は一九六〇年代より『空飛ぶ円盤研究』と誌名を変え、情報から研究へと切り口を変えながらＵＦＯ問題の解明に取り組む姿勢を示した。最終的には、団体名を「近代宇宙旅行協会」から「日本ＵＦＯ科学協会」とし、機関誌名を『世界ＵＦＯ特別情報』とした。

高梨純一は各種のテレビＵＦＯ番組にも多数出演し、また地方紙の『新大阪新聞』で「ＵＦＯミステリーの核心」を二〇〇回近く連載した。彼のこうした広範囲に及ぶ活動によって制作配布された資料は、日本ＵＦＯ研究史にとって、大いなる知的遺産といえるものである。

1958年1月にブラジル海軍観測船によって撮影された土星型UFO（宇宙友好協会『空飛ぶ円盤ニュース』1964年6月号より）

ＵＦＯの形態
――高梨純一の「土星型円盤」

ＵＦＯのタイプには各種あるが、その中でも土星型と呼ばれるタイプの目撃は世界的に分布している。それが写真に撮られたものとしては一九五八年一月のブラジル海軍観測船によるものが有名である。

一般的に土星型とされるものは、中央に球もしくは楕円体の本体があり、その周囲を土星の輪のような鍔《つば》が取り巻いている。近代宇宙旅行協会の『空飛ぶ円盤情報』の中で、高梨純一はこのタイプの目撃

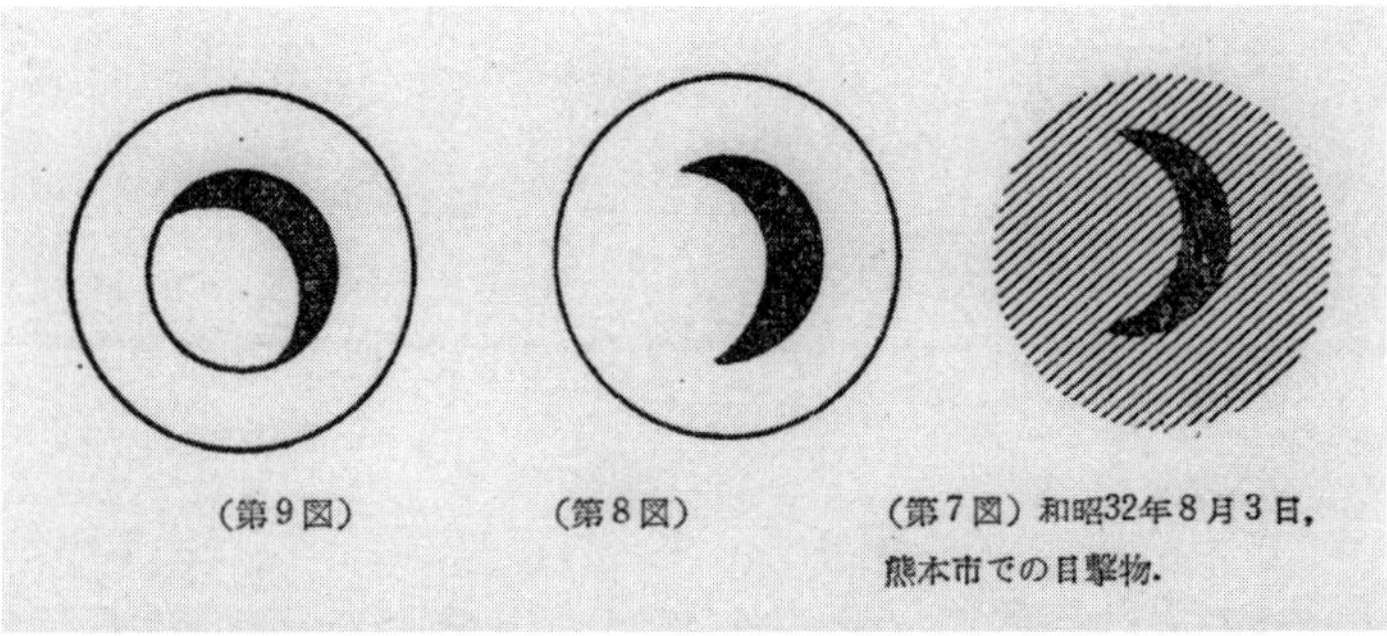

高梨純一が唱えた土星型円盤（『それでも円盤は飛ぶ』高文社より）

例が日本にも見られることに着目した。

中でも彼の大学時代の親友である大阪府池田市の高校教師が目撃して描いた図は、まさに土星を真横から見た形をしている。それがオレンジに光り、戦時中の戦闘機ほどの速度で飛び去ったという。

高梨はこの形状的に土星の形をしたタイプと、楕円や円の本体の周囲にコロナもしくは周囲を円形に縁《ふち》取った形状も、土星型を平面的に見た姿ではないかと推測した。

さらに、円形の平面の中央に突起を持つもの、またはその突起に太陽光線が当たり、周囲を取り巻く鍔に三日月型の影を落としている事例も、土星型の範疇にあると見た。

一九五七年一月に横浜市で日本空飛ぶ円盤研究グループの松村雄亮が自宅から撮影したのが、このタイプと見られている。高梨はこの土星型タイプに窓や出入り口のような表面構造が見られないのを訝《いぶか》しく思ったが、「宇宙空間の中や未知の天体上をとびまわる飛行体としては、こういう密閉した構造になっていなければならないわけである」と述べている

（参考・『それでも円盤は飛ぶ』高文社の一三二頁）。

ＵＦＯと既知の現象の識別——高梨純一の「円盤と流星の識別」

複数のＵＦＯ愛好家が夜集まって空を仰ぎ、円盤観測会を行うという野外実験は一九五七年より始まっている。その際、何かが見えても、それが既知の物体・現象か、そうではなくＵＦＯなのかを判断するのには、相当な訓練を必要とする。

また流星に関しては基礎的な天文知識が必要である。高梨純一は流星の見かけ上の速度の種類、不規則なその経路、色彩の多様性について説明し、流星との違いについて次のように述べている。

（一）円盤は超スピードで飛行中に、直角や一八〇度の方向転換を瞬時に行うが、流星はこのような運動をしない。ただし流星でも濃い空気層に突き当たってはね返ることはある。

（二）円盤はＶ字型や菱型の編隊を組んで飛来することが多いが、流星は編隊を組まない。

（三）円盤は猛烈な加速をかけることができるが、流星は通常空気の抵抗を受けて速度を減ずる。

（四）　以上のほかに流星群に属する流星かどうか判定して識別する方法がある。
筆者の経験だが、夏のペルセウス座流星群は、極大日が八月中旬の盆休みと重なるので、会社員でも休みを取れれば徹夜の観測が可能である。この流星群の観測により、流星を見慣れておくことで、それとは異なる発光体の飛行を識別する眼を養うことができる。

日本宇宙現象研究会（ＪＳＰＳ）によるＵＦＯ目撃の統計的研究

ＵＦＯ研究にコンピュータが導入されて、それまでの手書きの報告書に代わり、ＵＦＯデータが入力され始めた。一九七〇年代から一九八〇年代がその黎明《れいめい》期である。この分野では、第二世代の研究団体、日本宇宙現象研究会（ＪＳＰＳ）がその先駆者といえるだろう（以下、略称の「ＪＳＰＳ」を用いる）。

ＪＳＰＳ研究局の雲英《きら》恒夫氏は、コンピュータへの入力のため、ＵＦＯ目撃報告のデータ形式のまとめ方を考案した。ＵＦＯ報告にはいくつかの項目がある。雲英氏が『ＵＦＯと宇宙』誌に発表した「マイコンでＵＦＯを追いつめる」では、その最小限の八項目を以下のように提示した。

（Ａ）年月日、時間

（B）場所（国、県、市、町、村、海上、山中、砂漠、空中、宇宙）
（C）重要度（精度）
（D）目撃したもののようす（第X種遭遇）
（E）資料番号
（F）目撃者数
（G）目撃継続時間
（H）経路

ＪＳＰＳ研究局に集まった各人各様の手書き報告、あるいは報告様式に記入された報告書から、各項目を抽出しつつ入力するのは労力と時間を必要とする。ＪＳＰＳ研究局の雲英恒夫、北島弘の両氏は、マイクロ・コンピュータによる目撃報告の符号化処理を、同研究局代表の池田隆雄に提案した。一九七六年一〇月のことであった。

米国ではすでに何千件もの目撃資料がデータベース化されていたが、日本ではまだであった。池田隆雄は一九四四年から一九七七年一二月三一日までの国内ＵＦＯ目撃三一七件の吟味と評価を行った。

その結果、ＵＦＯ研究に使用できる二九三件について、統計をとった。池田が『ＵＦＯと宇宙』誌に発表した「日本におけるＵＦＯ事件の全貌」では、三一七件のすべてが一覧表で提示されている。

その一覧表の項目は、「番号」「年」「月日」「時間」「目撃地点」「目撃者氏名」「形状」「色」「飛び方」「その他」「現象分類記号」となっている。この中で「形状」「飛び方」「その他」「現象分類記号」が、独自の分類法によって符号化されて入力された項目となる。

池田の行った年別目撃件数表によって、以下の二点が明らかとなった。

一．一九五六年に日本で本格的ＵＦＯ研究団体ができたことにより、目撃報告が毎年継続的に集まるようになった。

二．一九七二年から一九七四年にかけて、目撃数が急激に上昇した。すなわち、一九七二年（一三件）→一九七三年（二四件）→一九七四年（五二件）と、それぞれが前年の倍ほどとなったという。

池田隆雄と村田勇によるＵＦＯ古記録の研究

ＵＦＯ現象の過去を探る上で、過去の日記や仏教・神道の関係者が書き残した無数の古文書から、ＵＦＯに類似する光り物や空中物体の記述を見つけ出すという地道な作業がある。その作業のため、ＵＦＯ探索者は必然的に、各種古文書から宗教の発生、宗教上で活躍した聖人たちの事績までも扱うようになる。

まずは「ＵＦＯ古記録」を紐解いてみよう。この分野で著書を書いたのはＪＳＰＳ研究局代表やＭＵＦＯＮ日本代表を務めたこともある池田隆雄（一九五二〜二〇〇二）であった。

大陸書房から一九七四年に刊行された『日本のＵＦＯ』で、池田は「日本ＵＦＯ史の曙」と題し『扶桑略紀《ふそうりやくき》』第三巻に記載されている推古天皇四年（五九六年）一一月のくだりに、法興寺《ほうこうじ》（奈良県高市郡明日香村にある飛鳥寺の前身）で供養会《くようえ》が行われたとき、不思議な現象が起こったことを述べている。

「蓮の華のような形をしている天蓋のような物体が、天空から降りて来て滞空し、色を変えたり、形を次々と変化させることが記されている」

この原文を原典から紹介してみよう。

「推古天皇四年、冬十一月、法興寺造了、天皇設天庶会供養之、今元興寺是也

其時有一紫雲、如花蓋形、降自上天、円覆塔上又覆仏堂、変為五色、或為龍鳳、或如人畜、良久向西方去、合掌目送、語左右日、此寺感天、故有此詳」（扶桑略紀第三）

ＣＢＡ『空飛ぶ円盤ニュース』一九六七年一月号に掲載の三上晧造「続古代日本円盤史」による現代語訳は以下の通りだ。

「◎推古天皇4年（596）冬11月、法興寺（今の元興寺これなり）が出来、供養会が催された。その時一紫雲有り、花盖（蓋）（中略）のような形をし天上より降り、塔の上を円く覆い、また仏堂を覆った。そして五色に変じたり、竜や鳳凰、あるいは人畜の如く形を変えたり

して、しばらくして西方に去った。人々は合掌して見送り、互に語り合った。その寺を天は感じたが故にこのめでたいことが有ったのだ、と」（扶桑略記）

『日本書紀』の推古天皇に関する部分によると「四年冬十一月、法興寺が落成した。馬子大臣の長子善徳臣を寺司に任じた。この日から慧慈、慧聡二人の僧が法興寺に住した」とある。

「花盖（蓋）」という表現があることから、花のように丸い、傘状のものを指すのであろう。仏像の上に見られる円形のものを「天蓋《てんがい》」「蓋」と呼ぶ。それはまさに「円盤」の形に酷似している。

この物体が仏教の信徒たちの頭上に飛来したようである。その円形物体が色を変えたり、形状を変えた様子は、現代のＵＦＯ現象と同じである。しかし、そのＵＦＯを「竜」とか「鳳凰」という言葉で形容する感覚が、現代人とは異なっている。

このような宗教的な場所における記述として、ほかには日本最古の祀り場とされる三輪山の神社文書『神名帳』にこうある。

「天皇元年四月何日（上卯）前夜半、峯の古大杉上に日輪の如き火気有り、光を放ち山を照らす」（『大神神社』学生社の一六三～一六四頁）

「三輪山古絵図」を見ると、そのような光り物を描いたと思われるものがあり、これに対する関係者による見解もある。この見解を掲載した書籍から引用する。

「前掲の古絵図をよくみると、禁則地内の『三光滝』のあたりと、神宮寺平等寺の境内鎮守社春日社のあたりに、大小三個の円相（光物）が描かれている。また春日社の背後には『星降』と註記した大きな霊石がみえており、三光滝の付近には中磐座の旧跡もあり、山中ではいまも霊所となっている場所である。ここらにも二三の輪光が飛んでいるのは何か特殊の信仰か、口伝を現しているものであろうが、画面にこうした宗教的な表現や点景物を描いているところをみると、この絵図は単なる古絵図ではなく、やはり、古代的な神体山信仰と、中世的な神仏習合信仰を表わそうとする一種の『三輪山曼荼羅』だといいうる」（景山春樹『神体山』学生社の一六八頁「かんなびのみもろの山」より）

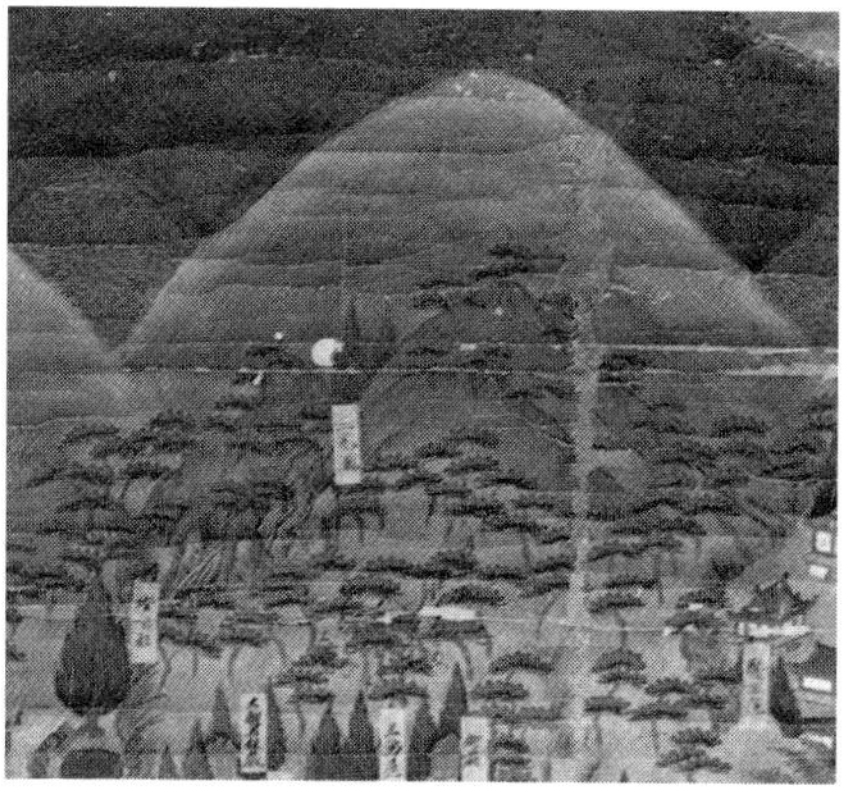

「三輪山絵図――室町時代の古図」（1982年、大神神社社務所発行『三輪明神』より）

ＵＦＯが昔は「光り物」と表現されることが多いことから、「輪光」は古典的なＵＦＯの表現だと筆者は理解している。複数の「輪光」は、それが複数回見られたか、複数現れたことを意味しているのではないか。

それ以外にも日本書紀に「竜に乗った者」にふれる記述があったり、隠岐島の伝説に登場する「焼火神社のご神火」がＵＦＯ事例と考えられるなどほかにも例はあるが、紙幅の都合でこの辺にしておく。

池田隆雄による「地震と謎の光体」の研究

池田隆雄は一九七一年に現在のＪＳＰＳの前身である研究グループ（そちらの名前もＪＳＰＳだった）を立ち上げ、機関誌『アルゴ』を発行。その第三号で「地震に伴う発光現象とＵＦＯ現象」を特集した。この分野では、東大地震研究所の武者金吉《むしゃきんきち》著『地震に伴ふ発光現象の研究及び資料』（岩波書店）が、地震学における先駆的資料となった。

ＵＦＯ研究の立場からは、それらの現象からＵＦＯの特性に類似した飛行物体を抽出することで、その現象が地震発生時にどう関与していたのかが突き止められるとする。

池田は一九九四年『日本のＵＦＯ』（大陸書房）でも「地震と謎の光体」の項を設け、武者金吉が地震の古記録を収集した文献『大日本地震資料』と『日本地震資料』から、その事例を紹介している。その一つを紹介する。

宝永四年十月四日（一七〇七年一〇月二八日）正午、紀伊半島沖を震源とするＭ八・四の地震が起き、各地に津波被害をもたらした。津波が来襲した海岸の一つ、和歌山県南部では、沖合から押し寄せた大きな波（浪）が孤島に激突して二つに割れた。そのとき、その大きな波の中に光り物が入り、波を沖へと引っ張っていったという。まず池田隆雄の『日本のＵＦＯ』から引用しよう。

「寛永四年十月四日津浪のとき、猪野山（現在は和歌山県日高郡南部町東端にある）より見しに、鹿島の山を五つ六つ重ねあげたるばかりの浪、大洋より寄せ来るに、其《その》浪の中に白く円くして妙なる光りある物有りけるを、あやしとまもり見るけるに、かの大浪、二つに破れ、小さき方は此《この》浦へ寄せ、大なるは東の方へゆくに、彼《か》の光り物、其浪の中にうちかこみてつれゆきしが、芳養沖と思うあたりより、浪を離れて鹿島の宮の御山に飛びかえりぬ（以下略）」

次に、それを伝える鹿島神社所蔵『鹿島の稜威　武甕槌神之霊験　宝永嘉永 大地震　津浪の古記』には、下記のように記されている。要旨を紹介すれば「人々が海を見ると、鹿島の山を五つほど重ねたほどの大浪が迫ってきた。その浪の中に白く丸い光が見えた。すると、浪は二つに分かれた。小さな浪は岸に寄せたが、大きな浪は丸い光が沖合に引っ張っていき、丸い光は芳養の沖合で浪から離れ、鹿島の山へ帰っていった」と書いてある。

「彼山にありつる程に或人のかたりしは　是より遥に海つらを見待りしに　鹿島の沖より彼山を五つ六つ重ねあけたらむほどの浪立来たる中に白く円にして妙なる光ありけるものの見江ければ　あやしく目もはなたず　と見から見しはしがほど見けるに其浪沖にして大と小と二つにわれ　大なるは東のかたへ行　小きは此浦へよせ来る　彼円に光りしもの大なる浪のうちに打かこみてつれゆきしが芳養の沖わたりとおぼしき所より其浪をはなれ　鹿島の御山へ飛帰りてかくれぬ　こはふしぎなりけれ　かゝりしこともありける事にやと　いとこまかに語り待りし是則鹿島の御神体いささかうたかふところなかるべし　さてこそ一邑のみにして　この里に

は浪も来たらさりけれ　誠にかたしけなしといふもおろかなりける……」（傍点は筆者）

この「白く円にして妙なる光」は、「ＵＦＯの救援的な出現」の一例だったと筆者は考える。しかしＵＦＯのすべてが災害を救助するために地球に飛来しているわけではない。

どんなに大規模な地震津波であっても、すべてにＵＦＯが関与したり、ＵＦＯが難破船を導くわけではない。筆者の見解では、ＵＦＯは地震を予知したり救援の手を差し伸べる能力はあるが、差し伸べられるのは限られた特定の相手だけではないか。

その一例として、鹿島の場合は、地元の信仰篤き人々がその相手として選ばれた。彼らへの啓示として、白く丸い神火となって津浪を分割してみせたということだと思う。

次に安政の大地震で知られる二つの地震の場合を見てみよう。

安政元年十一月五日（一八五四年一二月二四日）夕刻。「……致候者《いたしそうろうもの》を呼声山々に響き、小児の鳴声喧《やかま》し、天より追々山崎或は愛宕《あたご》山権現代へ思い思いに逃げ登る。又坤《ひつじさる》（南西）に当《あたり》て黒雲の中より火の玉飛出、海中に入事《いりこと》七八ツ、夫《そ》れより海鉄砲の音トーントーンと……」（干鰯《ほしいわし》屋善助翁手記）（池田隆雄著『日本のＵＦＯ』大陸書房の一五頁より）

要約すると「人々が山に避難していたとき、黒雲の中から次々と火の玉が飛び出してきた。その火の玉、七個か八個は海中に入った。その火の玉からは、海水が鉄砲のようにはじけるようなトーントーンという音が聞こえてきた」と述べている。火の玉のようなＵＦＯが海中に飛び込む事例は海外にもあるから、地震発生に伴い、火球状の探査機が空中から海中へと調査を行ったものと推定される。

「……折から西南の沖にて大筒の様なる音、かさねがさねばんばんと打《うち》なり、又は北より南へ火の柱雲に添うて参り候。是《これ》はいかなる事やと又驚き……」（吉野屋守兵衛著末世之語録）（前掲『日本のＵＦＯ』一五頁より）

こちらは「沖合に大砲のような音がバンバンと鳴り、火の柱が雲に寄り添ってやってきた」という情景になる。ＵＦＯは一見して雲に見えたり、火の柱のようにも見える。そのように形容される異常な現象が移動するのを見て人々は驚いたわけである。

安政二年十月二日（一八五五年一一月一一日）午後二時頃、江戸の北東付近で地震が勃発した。被災地は江戸、下総《しもうさ》西部。地震の強度は普通。江戸市中において死者七千から一万人。倒壊家屋一万四三四六。出火のために深川、本所、下谷、浅草等は被害が多かった。

「新吉原日本堤震い動くこと取分《とりわけ》強く、大地震忽《たちまち》型破れ、一筋の白気ななめに飛去、金竜山浅草寺なる五重塔なる九輪《くりん》を打ち曲げ、散じて八方に散る。その光眼を射てすさまじという」（前掲『日本のＵＦＯ』一六頁より）

大意は「大地震のとき、一筋の白い物体が斜めに空から降下し、浅草寺の五重塔の上にある九輪という金属性の飾りに当たって曲げてしまった。その白い物体は八方に分解した」ということである。

「白気」という言葉は気体を連想させるが、白い物体を「白気」と表現したのであろう。なぜなら、それは五重塔の九輪を曲げることができたから、気体ではない。それが「八方に散った」というのは、ガラス質の物体が鉄に当たって砕けたようにも感じられる。

しかし、小型のＵＦＯは分解するという現象が見られるので、当たって砕けたのではなく、目的（金属を曲げる）を果たしたので分解したとも解釈できる。

「或人云《あるひというう》大ゆりのさいちゅう、西北の空より馬のごときもの南方へ飛行したりと。又或人は白気の南へわたりともいう。浅草寺の塔の九輪、西のかたへいたく曲りたるを見れば、実《げに》地震のみの所為《せい》にはあらじ」（前掲『日本のＵＦＯ』一六頁より）

大意は「ある人の言うには、地震の揺れの最中、馬のような物が飛行した。ある人は白気が浅草寺の塔の九輪を曲げたのを見た」である。「馬のごときもの」とは、どのようなものか。実は「馬に乗った空中の人」として表現される記述は、他の文献にも見られる。

見たこともない空中物体を表現するときはどうしても主観的になる。それゆえ、動きの激しい物体を見た場合、馬などの動物に見立てて表現するものと考えられる。

武者金吉著『地震に伴ふ発光現象の研究及び資料』によると、地震発生時に現れる顕著な発光現象は昭和の終わり頃を最後として、それ以後は見られていないとしている。

一九六五年の松代群発地震（現・長野県長野市付近で一九六五年八月三日から約五年半もの間続いた、世界的にもまれな長期間にわたる群発地震）で見られた発光現象は、漠然とした光であり、飛行物体ではなかった。しかし、二〇〇〇年以後、メキシコの火山ポポカテペトル山に発光体が突入するような映像が話題となったこともある。このテーマは継続して研究する必要があるだろう。

世界各地に残る天空人神話・伝説

「天空人《てんくうじん》」という捉え方を最初に提唱したのは英国のＵＦＯ研究家トレンチ伯爵（Brinsley Le Poer Trench、一九一一～一九九五）であった。一九六〇年の著書『The Sky People』から黒沼健が翻訳し、そのタイトルを用いた『天空人物語』（一九六八年、新潮社）で知られるようになった。

この名称は「宇宙人」「異星人」に代わる、歴史的深みを持ったネーミングといえるだろう。つまり、天空人は、神話伝説で語られる空に住む人々、あるいは空から来た人間を表している。そこで、この天空人に、乗り物としての天空船なり天の雲が加わって、古代宇宙人来訪という解釈が形成される。神話伝説の中には例えば北米のアメリカインディアンの神話で、「星から来た人」「月から来た男」「星の国への旅」が登場する例もあるが、それ以外にも蒙古の「神々が天空を巡遊して地上を視察した」話、ペルーの「太陽神に命じられた男女が人々を教え導いた」話、ペルシャの「恐ろしい冬の到来を前に、アフラ・マズダー神が天上会議を催した」という話などがある。同様に、シベリアの「星に連れられて天国に行った」話、台湾の「太陽神が地上に住む兄妹に天から守護神を遣わした。太陽神の遣いは二人に耕作の方法などを教えてから天に昇った」などの話もある。

天空というのは、各民族における至高存在の活動領域であったということだろう。このような物語が古代人の空想によるものか、歴史的事実が伝達されたものかというのが、このテーマの論点である。

日本の古典である「竹取物語」や「浦島太郎」も、かぐや姫や浦島太郎が実は宇宙人に関係ある伝説ではないかという解釈により、ＵＦＯ伝説としてしばしば取り上げられてきた。エジプトやシュメールのように紀元前の碑文が翻訳されるのと異なり、民族の口承による物語は、本筋より枝葉がふくらむ恐れもある。しかし、それでも場所が違うのにいくつもの神話・伝説には共通したいくつかのテーマが見られるのは、偶然とはいえない何かがあるようだ。

例えば、世界を襲った大洪水から免れる話がある。優れた知恵者から教えられて、舟を作ったり、雲の上に逃れたりする。

以下に北米の太平洋西北岸のアメリカインディアンの神話伝説を紹介しよう。

「昔々、チヒー・サハレ（天上界に住んでいる神の名）が、人々に対して腹を立てました。チヒー・サハレは洪水を起こして、世界中の人たちをみんな溺らせてしまおうと思いました。そこで、一人のメディシンマン（医術や呪術にたけたもの）を呼び出して、

『いまからすぐにタコマ山に登って、山の頂にかかっている雲の腹に弓の矢を射込むがよい。そして、大水が出たら、矢の鎖を伝って天上界へ逃げるがよい』と教えました。

メディシンマンは、すぐに弓矢を携えてタコマの山の頂に登りました。そして、雲を目掛けて、一本の矢を放ちますと、矢は、雲の腹にしかと突き刺さりました。メディシンマンは、また一本の矢を放ちました。すると、その矢は、最初の矢の端にしかと突き刺さりました。第三第四と順々に矢を射放ちますと、それがみんな先に飛んで行った矢の端に突き刺さりますので、暫くのうちに、雲の腹から山の頂にかけて、一筋の長い鎖が出来ました。

メディシンマンは山を降って、家に帰って、お嫁さんや、子供たちや、気立ての優しい動物どもを呼び集めて、

『いまに洪水が起こるから、みんなわしのあとについて来るがよい』

といいました。そして、それらのものを引き連れて、タコマ山の頂に登りました。

暫くすると、大雨が降りだしました。雨はいつまでも、いつまでも降り続きましたので、大地の上が一面に水となって、その水がだんだんと高まって、タコマ山の頂に迫って来ました。

メディシンマンは、それを見ると、

『さあ、みんなここにある矢の鎖を伝って天上界に登るんだぞ』といいました。

メディシンマンは中空《なかぞら》まで登ってから、何気なく下を振り向きました。すると、悪い動物どもが自分のあとから、ずらりと並んで登って来ていましたので、

2002年6月23日、レーニア山の山頂近くで筆者が旅客機から撮影した「母船型の雲」の連続写真（写真は著者所蔵）

『あんな悪い奴を生かして置いては為にならぬ』

といいながら、自分の足元から矢の鎖を切ってしまいました。そこで、悪い動物どもはみんな水の中に落ち込んで、死んでしまいました。

大水が、引いてしまいますと、メディシンマンは、お嫁さんや、子供や、気立ての優しい動物などを引き連れて、矢の鎖を伝って、大地に降って来ました」（世界神話伝説大系『北アメリカの神話伝説Ⅱ』一九二七年初版発行・名著普及会より）

以上の物語は旧約聖書の「ノアの箱舟」に類似している。しかし、山から雲へ逃れるという話はこの伝説独自のものである。

タコマの山とはレーニア山のこと。筆者は二〇〇二年六月二三日にこの山の近くを旅客機で通過中、レーニア山の頂近くに、「母船型の雲」を目撃し、ビデオと写真で撮影した。ビデオ映像では、それまでは何もなかった山の頂に、急速に葉巻の形になった様子が映っている。付近の雲が次第に変化していく中で、「母船形の雲」は位置も形状も変えずに静止していた。

この映像と連続写真は、遥か昔のタコマ洪水伝説で語られる「雲」が、もしかしたらこのようなＵＦＯ雲、つまり水蒸気に包まれて、外観が葉巻型の雲に見える物体であったかもしれないと思わせる。

宇宙人の形態――「人間とそっくりか、まったく異なるか」

日本空飛ぶ円盤研究会『宇宙機』第六号に掲載された三上晧造《こうぞう》氏による「円盤の書物の信憑性について」で、宇宙人の形態に対する考えが述べられている。世に広まった宇宙人会見談の多くが、人間そっくりの宇宙人を登場させているが、「異星の生物なのに、人間そっくりなのはおかしい」という論が常にあった。そうした傾向に対して、三上氏はこう述べている。

「地球以外の惑星に、我々の姿に似た高等生物はいないだろうとする常識、更に小説、映画等の空想の産物でしかない奇妙な形をした生物の姿が禍していている結果ではなかろうか」

「私の考えでは、宇宙人が地球上に現われ、各所に着陸しているのは全く周到な用意を整えた上で、計画的に出現しているものと思う。そして宇宙を自由に飛行し得る優れた宇宙船を有することは、科学的水準の高さを示していて、宇宙船は宇宙線、流星、呼吸や加速度、重力に対する全ての考慮が払われ、その内部には地球上の全てを探知し得る強力な望遠鏡その他の装置を存し、世界語となっている英語位は完全に修得してしまっているのだろうと想像した」

地球外の他の天体で進化した知的生命は、それぞれの環境に従って、異なる形態となるのが自然であるという見方がある。高梨純一もその考えであったが、相次いで報告される円盤の着陸ケースに、人間型の生物が多いことに影響を受けて『空飛ぶ円盤情報』二〇号の中では少し意見を変えている。

「こういう目撃事例が多くなって来ると、我々も大いに疑惑を抱かざるを得ない。つまり、星の進化にしてもその他の現象にしても、宇宙の中には一つ又はいくつかのきまった変化のすじみちがあるのだから、その本質のいくつかの条件に支配されて、生物の進化にも必然的に一つまたはいくつかの決ったすじみちがあるのではあるまいか？　というわけである。

もし、そうだとしたら、何百万とある地球とよく似た天体の中には、地球と殆んど変らぬ環境を持った天体もかなりあることが考えられ、それらの上に始った生命の進化は、この必然的な経路をたどって殆んど地球人類とかわらぬ容貌・体格を持った智的生物にたどりつく……ということも充分に考えられて来る」（『空飛ぶ円盤情報』二〇号＝一九六〇年三月号より）

この三上氏と高梨純一による考え方に筆者も同意する。筆者の考えでは、地球という我々の住む世界は、それを取り巻く宇宙という広大無辺な世界の一部であり、宇宙を構成する元素と地球を構成する元素に大差はないと思う。それに力学的な法則も宇宙の成り立ちに準じているだろう。

さらに地球における「知性」の発生は、宇宙でも同様であり、そこに時間差はあっても本質的には同一であろうと考える。我々があらゆる生命に対して愛情を抱く感情でさえ、宇宙にまんべんなく行き渡る普遍的な意識的要素であろうと思う。

したがって、地球世界に見られる様々な形態と生命の営みは宇宙の縮図であり、我々が持つ思考・思想においても、地球独自に生まれたと考えるより、宇宙との相互作用によって生まれたと考える方が自然ではないか。

宇宙と地球は異質な関係にあるのではなく、宇宙に生を受けた者として、宇宙家族のような関係にあると思う。そこにＵＦＯ問題の本質があるものと考える次第である。

第4部

CBA会員が語る「CBA内部で何が起きていたか」

第1章
ＣＢＡはどのようにつくられ、どんな活動をしていたか

ＣＢＡ在籍者として、ＣＢＡを語る

ここまで読み進んでこられた読者には、ＵＦＯ問題の複雑さと奥深さがおわかりいただけたかと思う。本書で取り上げたＵＦＯ事例は、いわゆる「ＵＦＯ学」の中のあくまで一部である。筆者の資料の選択に、異論はあるかもしれない。

ここに挙げた事例を骨格とする「真性ＵＦＯ」と筆者が呼ぶものについて、誰もが納得するとは限らない。それでも筆者は、ＵＦＯ現象の一貫性を示したつもりである。そして、その一

貫した姿勢を締めくくるため、宇宙友好協会（ＣＢＡ）の活動紹介を最後に持ってきた。

既成の学問からは、空飛ぶ円盤問題が「ＵＦＯを見る――天空に幻視される」（紘映社、一九七六年『地球ロマン　復刊２号　総特集・天空人嗜好』八頁）とか、「熱狂」（二〇〇六年『オカルトの帝国』青弓社の二五六頁）としか解釈されないのは、未確認のものを扱うわけにはいかない学問的立場からすれば当然のことである。空飛ぶ円盤という現物を試料として持たない我々の立場は、雲を掴もうとする努力にすぎないのか。それとも、そこに前代未聞の何かがあるのか。

筆者は一九六〇年から一九七五年までＣＢＡに在籍し、様々な活動および制作に関わった。その実体験から、ＣＢＡを語る上で必要不可欠な要素を抽出し、それを正確に述べることで、総括的な文章としてみたい。

一九五七年、松村雄亮はこうしてＣＢＡをつくった

横浜で「空飛ぶ円盤研究グループ」を結成し、荒井欣一、高梨純一の機関誌にもＵＦＯ情報や執筆記事を投稿していた松村雄亮《ゆうすけ》は、一方で荒井が提案した「宇宙平和宣言」にも共鳴していた。ところが、思いもかけない事態によって、彼らとの間に大きな溝をつくることとなった。

以下にその経緯を追ってみよう。

近代宇宙旅行協会『空飛ぶ円盤情報』一九五七年六〜八月号が報じるところによると、一九五七年一月一七日午前一〇時四七分頃、松村雄亮（当時二八）は、横浜市磯子《いそご》の自宅において、防衛庁技術研究所へ写真取材に行くためカメラを持って中庭で靴を履いていた。そのとき、突如飛来した小型円盤を三枚連続撮影した。

あわてていたため、円盤が写ったのは一枚のみ。この件は高梨純一を通じて同年五月三日大阪日々新聞に「正体見たり？空飛ぶ円盤」として報じられた。

この写真のネガは、米国のＵＦＯ研究団体を通じてＡＴＩＣ（米空軍技術情報本部）へ送られた。そして、アメリカ、イギリス、フランス、ドイツ、オーストラリア、スウェーデンの円盤研究団体機関誌に掲載された。スイスの航空雑誌、その他の国の航空雑誌でも発表された。

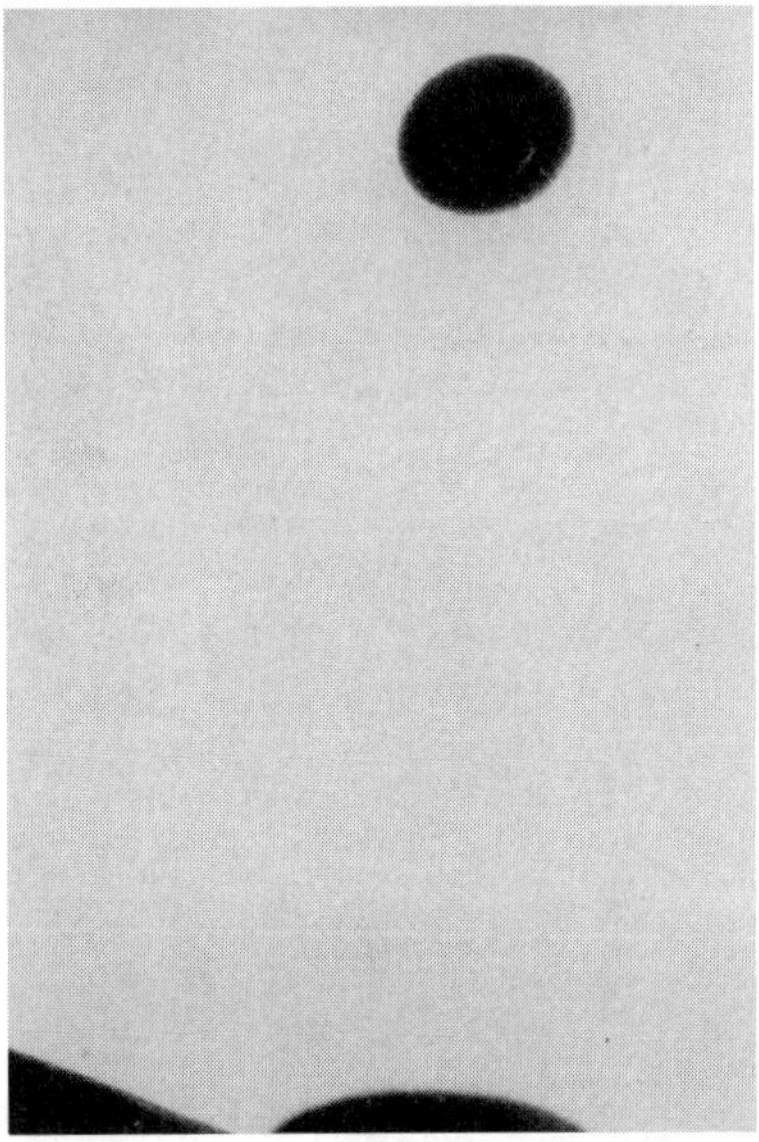
1957年1月17日に松村雄亮が撮影した小型円盤（著者所蔵）

同年（一九五七年）六月には米国の研究家が松村宅を訪れた。そして松村が丹念に描き上げた日本の主要都市別の円盤地図や、日本、中国、インドなどのＵＦＯ古記録資料を参照した。

さらに一九五七年における松村のＵＦＯ目撃は続いた。

二月四日午後、自宅においてキラキラ光る円盤が二個ゆるやかに動いているのを目撃、カメラで撮影したが、小さな点が二個しか写らなかった。

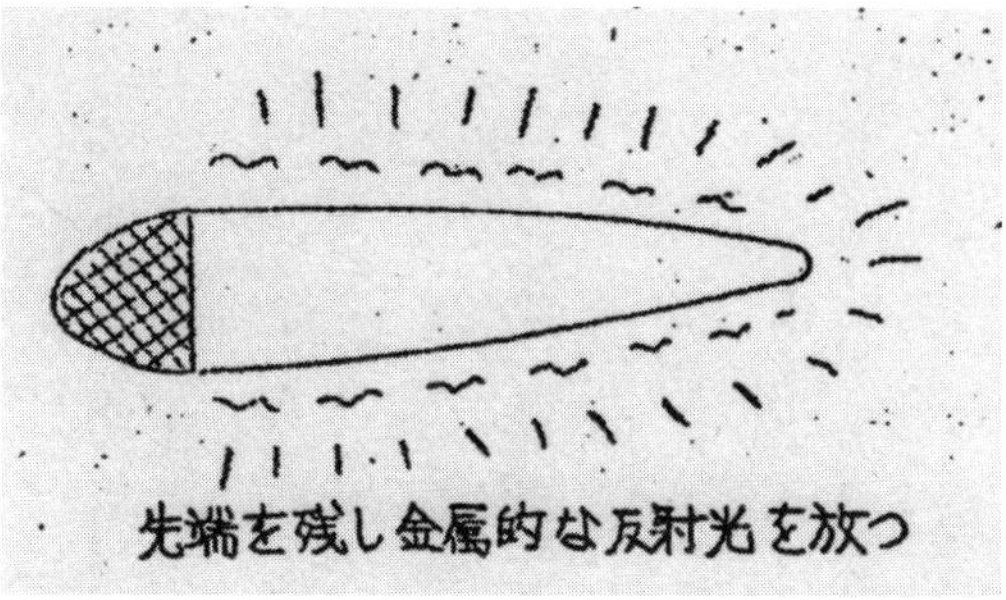

松村雄亮が描いた「キラキラ輝くチマキ状物体」の目撃図（近代宇宙旅行協会『空飛ぶ円盤情報』1957年6〜8月号より）

二月二一日午後九時過ぎには、円盤のＶ字型五機編隊が横浜市の大勢の人々にも目撃された。松村雄亮はそれが横浜上空を旋回するのを観察した。

六月一〇日午後五時、横浜駅七番プラットフォームで電車を待っていた松村を含む数一〇人の人々は、「キラキラ輝くチマキ状物体」が南西より南東へ水平飛行するのを約三〇秒間目撃した。『空飛ぶ円盤情報』には松村の描いた物体の目撃図が見られる。

さらにその日の午後六時四〇分頃、松村が東京千代田区有楽町の日劇付近にいたとき、南西に向かって飛行するキラキラした円盤状物体を約二〇秒間目撃。数名の通行人もこれを目にした。

松村は一九五七年のＵＦＯ目撃を経て、同年八月に東京都有楽町で新たなグループを有志と共に発足させる。繰り返すが、その名は宇宙人との友好関係を目指す「宇宙友好協会」、英文名「Cosmic Brotherhood Association」、略称「ＣＢＡ」と決定された。同時に「空飛ぶ円盤研究グループ」は解散し、ＣＢＡに合流した。松村の収集したＵＦＯ資料はＣＢＡの機関誌に活用されることになった。

一九五八年六月に機関誌『空飛ぶ円盤ニュース』を創刊

一九五八年六月にＣＢＡ機関誌『空飛ぶ円盤ニュース』が創刊された。編集発行人は松村雄亮である。活版印刷で写真入りの本格的印刷物であった。表紙には「特約誌」として一六の海外ＵＦＯ機関誌の名が掲げられている。

第二頁の「宣言」には、円盤問題に取り組む当時の認識がこう述べられていた。

「もう黙っているわけにはゆかない。ありあまるほどの資料をかかえて物言わぬは腹ふくるるわざである。

地球には今驚天動地の大事件がおきつつある。おそらく現地球文明はじまつて以来の、最初にして最大の事件である。すなわち、他の天体に住む宇宙人たちが彼らの宇宙機に乗つて私たちの地球をしばしばおとずれている。これは日本史における黒船の出現などとはとうてい比較にならぬ出来事である。

あまりに大きな未知の出来事に出会うと、人はそれを理解することができない。むしろ持ち合わせの知識によってこれらを否定しようとする。特に日本に於いてこの傾向が強いようだ。しかしいくら否定しても事実は次ぎ次ぎとつみ重ねられて行く。その資料は現在すでにぼう大な数にのぼっているのである。

日本では残念ながら『空飛ぶ円盤』や『宇宙人』に関する資料はほんの一部しか紹介されていない。アメリカではすでに十年前から空軍が本格的研究を開始し、英、仏、ソ、ブラジル等でも、政府および民間で現に研究されつつある。然しそのことすら、まだほとんどの日本人が知らない現状である。CBAが全世界にわたる特殊な連絡網から入手するおびただしい資料の中にいて、これ以上、日本の現状を黙視することはとうてい不可能となった。

私たちは世界各地におこりつつある『空飛ぶ円盤』に関する最新のニュースを、続々本誌に発表し、日本国民に資料を提供すると共に、特に識者、指導者諸氏にうつたえんとするものである。宇宙友好協会（CBA）」

ここでいう「ありあまる資料」とは、松村が英文誌発行時代に収集したUFOデータを指す。『空飛ぶ円盤ニュース』創刊号より連載された「UFOの分類法」執筆のためにその資料が活用されたようだ。

「タイプI：大葉巻型」から「タイプV：小球状型――遠隔操縦」まで分類された実例件数に

「約二〇〇回」とか「三〇〇回以上」という数値が見られる（小球状型とは、人の乗れない小型の無人機を指し、それらは遠隔操縦されているという）。それにしても、「約二〇〇回」とか「三〇〇回以上」という大きな数字は、どのような資料に基づくのだろうか。

第九号記載の「米空軍公式調査レポートから」は他の研究団体には見られない米空軍からの直接資料である。この記事には「空軍当局と特殊関係にある松村理事に寄せられた」とある。米空軍は、一九四七年から五二年の五か年に報告された四九六五件を詳細に分類した。そこから「四三四件をUnknown（未知）とした」という。このようなデータを把握していたとすれば、大きな数字が大げさではなく、米空軍など広い範囲の資料に基づいていた可能性を示唆する。

ＣＢＡに所属する翻訳者は多数であった。東京周辺をはじめ岩手県、福井県、兵庫県などに海外文献や機関誌を翻訳する会員や役員がいた。

こうした大量のＵＦＯ情報翻訳作業と共に、ＣＢＡは空飛ぶ円盤そのものに接近するための「空飛ぶ円盤観測会」を、筑波山（茨城県中西部）や東京近郊の高尾山で実施した。

岡山市の地学教師が見たのは観測者の意思に反応するＵＦＯか

世界各地の膨大なUFO資料を収集し、UFOを分類し、その特性、周期性について研究する一方、CBAはその実体へ接近しようとする試みを開始した。それにはまず空を観測することである。しかし、その行為が天体観測や流星観測と異なるのは、人間の意思というものが観測結果を左右するところにあるようだ。

UFO目撃とは、それまで偶然によるものと考えられていた。たまたまそれを目撃してしまった、思いがけずそれに遭遇した、という解釈である。

それにしては、たまたま見ただけなのに、目撃者がUFOの研究会の会員であったとか、見たものを詳細に報告する能力に恵まれていた、というのは偶然とは言いがたい。そこに、ひょっとしたら円盤自身が目撃者を選ぶのかもしれない、という発想が持ち上がる。その兆候を思わせる事例が岡山県に発生していた。

一九五八年夏、岡山市の就実《しゅうじつ》高校の地学教師・H野氏は、天体観測と共に空飛ぶ円盤についても生徒たちに教えていた。すると天体観測に慣れた天文部の生徒たちからUFO目撃の報告がH野教諭のもとに集まってきた。

その報告は教諭によって整理され、近代宇宙旅行協会『空飛ぶ円盤情報』一〇号（一九五八年七〜八月号）に掲載された。その記事「岡山上空に六晩連続の謎の発光飛行体!!」には、観測者の目の前の視野を横切る光体の報告がある。

H野教諭は生徒たちに、現象の継続時間を計る目安を教えていた。それは「アイウエオ」と口にする時間を一秒とすること。それを何度繰り返したかで、何秒間の継続であったかを計るというものであった。

この計測方法によって、七月八日は「四〜五秒」、七月九日は「二〜三秒」、七月一〇日は「三〜四秒」であった。九日の場合は、これが数分ごとに三回繰り返された。

光体は満月の四分の一ぐらいの大きさで円形。色は「青い蛍光色」「青色」「全体が青く」と表現された。目撃した生徒たちはこれを「流星でも人工衛星でもない」と判断した。

H野教諭は、これら生徒たちの目撃と、自分自身が二度見ていた光体が、同じ現象であろうと判断した。

一九五八年七月一一日深夜、H野教諭は近代宇宙旅行協会への手紙を投函したあと「またUFOが見たい」と思って星空を仰いだ。日付が一二日へと変わる柱時計の音がどこからか聞こえた直後、北仰角七〇度に不審な光を発見した。

それは他の星と比べ、ずっと面積が大きく、ボーッとした青白い光体であった。人工衛星のような直線的な軌道で六〜七秒間見られた。このときの状況をH野教諭はこう記している。

「見えた方角も、角度も、時間も、消えた高度も殆んど同じで、全く同一のものだと感じました。

それでもなお、『流星ではないか?』という疑問が心に湧いてくるのですが、今までのあらゆることから今一度綜合判断してみて、『やはり、真正のUFO以外のものではない』と考えられたのです。
そこで、『もし、本当のUFOなら、今一度同じ所を飛んでみて下さい。そうすれば、それが本当のUFOだという実証になるでしょう！』と何か念ずる思いでしたが、次は仲々飛びません。首を前にまげてみたり、回してみたりして、少し楽な北北西の下の方を見た時、アッ又飛びました。今度も又同様のものでしたが、ずっと位置が変わっていて、見えた時間も四、五秒位でした」（近代宇宙旅行協会『空飛ぶ円盤情報』一〇号［一九五八年七～八月号］掲載の「岡山上空に六晩連続の謎の発光飛行体!!」より）

ここで問題とされるのは「本当のUFOなら、今一度」と念じた相手を、H野教諭はどうイメージしたのか、ということである。まさかSF映画の怪物的異星人ではあるまい。願いをかなえるのは、古来神仏ではあったが、彼女は地学を教える教師だから、そういう俗的なイメージは描かなかったものと想像したい。

やはり、無意識に自分と同様の知性ある「人間」を想定していたのではあるまいか。「UFOを今一度見たい」という思いの生じるところに、学識や学位や肩書きは不要であり、一個の人間がそこにある。

そして念じた位置とは異なるものの、現れたものは、前に見たものと同じであった。それが偶然ではなく、円盤による「応答」であったとしたら……。

この可能性を極限まで突き詰めたのが「惑星間友好」を目標に掲げた宇宙友好協会（CB

A）であった。

「宇宙交信機」で発信したら、応答らしき音声を受信！

CBAは米国のジョージ・H・ウィリアムスンの「宇宙交信機」やスタンフォード兄弟による円盤に呼びかける方法を真似て、宇宙人と交信する観測会を実施した。そこには、漫然と空を眺めて何かを見つけようとする受け身の姿勢ではなく、積極的に「円盤を見せてほしい」という意思表示を空に向けて発する熱心な姿勢があった。

「宇宙交信機」の原理はUFOが光を発することをヒントに製作された。音声を光に変えて発信し、光を音声に変えて受信するという簡単なものである。

一九五八年六月七日、第六回国際円盤観測日の行事として、東京近郊の高尾山頂において徹夜観測会が行われた。参加者は約五〇名。「宇宙交信機」により音声を光に変換して発信された。そして、それに対する応答らしき音声が受信された。

それは六月八日午前五時頃のことであった。「ニッポンノミナサマ……アメノナカヲ……ナガイアイダ……アリガトウゴザイマス……」との言葉を一七名が聞いた。

これを聞いた一人に元銚子気象台技官・原田忠衛《ただえ》の証言がある。以下、二〇〇八年六月二二日「天空人報告会」で公開された原田忠衛書簡から引用してみる。

「……六月七日高尾山頂での観測会があることを知り軽井沢より参加しました。橋本健氏の製作の『宇宙交信機』が持ちこまれ、同氏の仕組の説明があり……早朝五時過ぎ、会員の一人が交信機が先ほどから何か云っているようだと指摘しましたので、周囲の人が集まり、それぞれ一人づつ交信機に耳を近づけました。何番目かに小生の順番がきましたので、耳を近づけました。はじめガーガーと雑音ばかりでしたが、その中で比較的ハッキリと『アリガトウゴザイマス、アリガトウゴザイマス……』とややたどたどしい〔天宮注・声〕でしたが、数回聞えました」

この宇宙交信機に音声が受信された事件に関する記事を掲載した冊子『CBAの歩み』では、こう付け加えられている。

「このことが発表されるや、宇宙人が日本語を使うのはおかしいとか、宇宙交信機について原理上あり得ないと批難する者〔高梨純一等〕があったが、宇宙人が日本語を使わないという証明は成立しないし、円盤研究を地球上の科学で割り切ろうとするのがそもそもナンセンスである。われわれとしては海外における実験の追試を行ない、その結果を事実のまま公表したにすぎない」

松村雄亮による円盤撮影、そしてCBA会員自身による度重なる円盤目撃は、客観的なUFO研究から離れることを意味していた。UFOを探究するための資料は、第三者から得るのではなく、自分たちの観測活動が生み出すことになった。つまり各種資料による実在証明作業は、自分自身の五感と撮影写真を優先させる運命の土台の上に乗ってしまった。その先に何が来るのか、という新たな展開の端緒に立ったのである。

したがって、従来通り、世界中のＵＦＯ事例を通して円盤の実体に迫ろうとする研究者との意思疎通が困難になった。体験を証明する物的証拠は写真のみである。それまでの机上の研究が我が身の体験となったことによる、他者との差は格段に広がったといわねばならないだろう。

むろん他者に対する証明作業は義務であり使命である。その作業は未来に向けて延々と残される。しかし、自らが探索している対象と接触しつつある研究者自身の心境とはどんなものか。果たしてそれが現実なのか、精神の病によるものなのかを判断する確たる目安はない。

「自分」とは一個の肉体の中にあり、自らを客観的に観察することは困難である。しかし、目で見たものが写真に撮れるのなら、それは少なくとも幻覚ではないだろう。

世界各地から報告される異質で怪奇なヒューマノイドこそが、「異星人」の資格を持っていた。だから、コンタクティーのジョージ・アダムスキーやアマチュア天文学者のセドリック・アリンガムが接触した友好的宇宙人とは、科学的ＵＦＯ研究にとってあり得ない想定なのである。その「定説」を覆すことは、すべてのＵＦＯ研究者を敵に回すことに等しい。

これから始まる松村雄亮の実録は、一九六〇年一〇月に発行された冊子『宇宙友好協会（ＣＢＡ）の歩み』より、本文の持つ雰囲気や「熱い思い」を損なわないよう、極力そのまま引用したものである。

筆者が松村本人や周辺の証言者から得た事柄は、この公式資料を紹介した後に述べることにする。

引用に当たっては、段階的に推移を見るために、不要と見られる箇所は大幅に削除した。タイトルその他にも多少の修正を施した。冊子からの引用は「13．ＣＢＡの緊急会議」までで、それ以後は『空飛ぶ円盤ニュース』記事その他からの引用と注釈で構成した。

第2章 松村雄亮自らがコンタクトし、「緊急事態」を告げられる

松村雄亮による宇宙人との最初のコンタクト

一九五九年七月一〇日、松村雄亮は東京における打ち合わせを済ませ、午後一一時半頃、横浜桜木町駅に着いた。車を拾おうと思ったが、なかなか来ないので、人通りの少ない道を野毛《のげ》の方へ歩いて行った。

「日の出町の交差点を左折し、しばらく行くと行く手の交差点から一台の車が曲って来て、その前照灯で三人の女性がこちらに向かって歩いてくるのに気づいた。すれ違うとき見るともな

く見ると一番左にいた女性が微笑みかけたように思われた。十米〔天宮注・10メートル〕ほど行きすぎてから何となく気になってふり返ってみると、すでに三人の姿はかき消すごとくにそこにはなかった。そして上空には、フットボール大の大きな円盤が横浜松竹の屋根をすれすれにかすめるごとく右から、左へゆっくりと街路を横切ったではないか。全身が凍りつく思いであった。では今の女性は宇宙人だったのだろうか。まさか！　すぐ後を追った。そこはビル街で横へそれる道はない。一分とたたぬ間の出来事である。しかし彼女らの姿はない。迷子になった子供のように空しくあちこち探し回るばかりであった」（一九六〇年一〇月発行の『宇宙友好協会（ＣＢＡ）の歩み』より）

「この事件が決して唐突に起こったものではない」（同前）として、松村雄亮への直接的コンタクトが始まる前の「長い前史ともいうべきもの」（同前）が説明されていく。

まず最初は一九五九年一月一六日（初期の発表では一七日になっている）午前一〇時頃、松村宅上空でゆっくり旋回する「スカウト・シップとおぼしき円盤」（同前）を撮影した事件である。当時まだ松村は、アダムスキーなどのコンタクト・ストーリーを信用していなかった。したがって、当然この円盤写真は幸運な偶然によって撮影されたものと考えていたという。しかしそのあと、同誌では「今から考えれば宇宙人が意識的に文字通りスカウトに来ていたものと思われる」という記述が続く。

その後、家族（父・妻）と共に目撃すること数一〇回、一九五八年七月二八日には再び自宅の庭で「スカウト・シップ」をカメラで撮影したという。そして最初のテレパシーらしきものを受信して以後は、相次いで不思議な出来事が起こったという。
「夜半にふと目を覚ますと、部屋のガラスに外から照明をあてるごとくピカリピカリと光っている。何事かと思って窓越しに立ってみると円盤が滞空し、見ているうちに静かに飛び去って行った。夜半に起き出してトイレに行く途中、奇妙な唸り音を耳にし、ふと見上げると円盤が飛んだ。しかし何よりも大きな変化は奇妙な頭痛が始まったことである」(同前)
いろいろ薬品を用いてみるが、一向に効き目がなかった。耳鳴りも始まり、そのうち耳もとでモールス信号用の通信音も、ときどき聞くようになったという。そのような状態は約半年間続いた。

宇宙人の女性・男性と会見する

一九五九年七月一七日、松村雄亮は東京における打ち合わせの後、夕方七時頃に横浜桜木町駅に着いた。駅前から市電に乗ろうとして、雨の中を停留所に向かう途中、七月一〇日の夜、謎の微笑を残して消えた女性と再会する。茫然と立ちつくす松村に対し、彼女は誘導するごとく先に歩き出した。二人は野毛の喫茶店で相対して座った。

「年の頃は二十一、二才であろうか。ワンピースの上に首から下げた直径五糎〔天宮注・5センチメートル〕ほどの装飾品が絶えず七色に光り輝やいていた。

ここで彼女は、自分は最近日本へ配属された宇宙人であること、現在横浜に三人、東京に四人の宇宙人が来ていること、キャップは東京にいること等を打ち明け、あなたは東京のキャップに会うようになるだろうと言った。この時二人はコーヒーを注文したが、彼女はコーヒーに入れるべきミルクをコップの水に注いで飲み、コーヒーには手をつけなかった」（前掲『宇宙友好協会（CBA）の歩み』より）

何か証拠が欲しいと思った松村は、目の前の美しい「宇宙人」に「今日の記念にあなたの胸にある装飾品をいただきたい」と申し入れたという。すると彼女はにっこり笑って「いずれ差し上げることもあるかもしれません」（同前）と答えた。

一九五九年七月二〇日、夕方六時から東京・渋谷でCBAの理事会が開かれることになっていたので、四時頃、松村雄亮は渋谷・道玄坂を歩いていた。すると何者かに左肩をたたかれた。振り返ると品のよい外国人紳士が立っている。「一目見ただけでそれが宇宙人であることが諒解できた」（同前）。

このときも「宇宙人」は松村を喫茶店へ連れて行く。この男性は「日本における宇宙人達のキャップであった」（同前）。このとき「宇宙人」から一つの約束が与えられた。それは、「来る二十五日高尾山頂に円盤が飛んだら、松村を円盤に同乗させる。もしその日に飛ばなかったら都合が悪いのだから後日を待って欲しい」（同前）というものであった。

ちょうど七月二五日は第一回全日本コンタクト・デーとして、全国一斉にテレパシー・コンタクトを行う予定であった。東京地区では郊外の高尾山山頂にて徹夜で円盤に呼びかけることになっていた。

夕方六時からの会合では、この事態にどう対処すべきかが話し合われた。そこでの結論は「中古品でもよいから空飛ぶ円盤を一機もらおう」ということになった。もらうだけでは悪いから、こちらからは日本文化の代表として下駄を持って行ったらどうかという話まで飛び出したという。

松村雄亮ついに円盤に乗る

一九五九年七月二五日、第一回全日本コンタクト・デーが高尾山山頂で開かれた。観測は午後六時より翌朝五時まで行われ、参加者は約五〇名であった。

六月二七日に筑波山頂で行ったテレパシー・コンタクト成功によって、こちらがテレパシーで呼びかければ宇宙人は必ず応じてくれ、円盤が現れるとの自信を得ていた。そこで全会員でやってみようということで全日本コンタクト・デーが行われた。

午後六時頃、松村雄亮は山頂に到着し、夕食の弁当を食べ終わったとたん、西空の雲の合間に巨大な円盤が監視するごとく浮かんでいるのに気がついた。「これで彼は円盤に乗せられるということがわかった」（同前）

一時間ほどテレパシーで呼びかける実験をして休憩している最中に、眼下に見下ろす地平線から木星ほどの光度の円盤が一直線に飛ぶのを一〇数名が目撃した。明け方までいくつかのグループに分かれたり、全員が輪を作って実験を行った。その間数多くの円盤が飛び、ほとんど全員が目撃したという。

翌二六日の午前五時頃、山頂で解散。松村雄亮と丹下芳之は横浜まで同道し、午前八時頃そこで別れた。横浜線の車内ですでにテレパシーによって行くべき場所を指定されていた松村雄亮は、横浜駅から直ちに現場に向かったという。

指定された場所では渋谷で会ったキャップを含めて三人の「宇宙人」が出迎えてくれた。街並みを外れて歩いていると、真っ暗な前方に薄く光る円盤が、浮かび出るように着陸していたという。

近づいてみると、円盤の直径は三〇メートルぐらいで、上部のドームに窓はなく、下部は全体に丸みを帯びてギアは見当たらなかった。側面の一部が開くとスルスルと梯子が伸びてきて、内部に入る。内部はいくつかの部屋に分かれているらしく、五坪ほどの部屋に招き入れられた。乗員は一二名で、うち一人だけが日本語を上手に話し、他は皆英語しか話せなかったという。

円盤が離陸してから一五、六分たった頃、母船に到着した。母船内部の円盤発着場から降り、廊下へ出ると、再び地上に降りたのではないかと錯覚するほどであった。渋谷か新宿の大通りのようであったという。しばらくして、ある一室に案内された。

この部屋はかなり広く百畳はあったようだった。通路もそうだったが、照明が見当たらないが、かなりの明るさであったという。入った部屋の半分ほどを占める半円形にテーブルが並べられ、そこにずらりと宇宙人が腰を下ろしていた。中央に長老と思われる宇宙人が座っていた。その正面にテーブルと椅子が一つ置かれていた。

松村は緊張してその椅子に座った。宇宙人はみな首から裾まで垂れたガウンをまとっていた。右端の宇宙人が英語で話しかけた。問答はすべて英語で行われたという。

この問答は三つの要点に絞られる。

緊急事態を新聞に発表しようとするも、宇宙人に止められる

「一、地球の大変動が極めて近い将来に迫っている。そのため常時地球の観測を行なっているが、その正確な期日は宇宙人にもわからない。あなたはその準備のために選ばれたのである。

二、われわれとしては、将来の地球再建のために一人でも多くの人を他の遊星に避難させたい。
三、決して混乱をまねかないよう慎重にやりなさい」（前掲『宇宙友好協会（CBA）の歩み』より）

あらかじめ用意していた質問や円盤の中古品の話を出すどころではなかった。いきなりこのような話が始まり、その話題で終始したという。

話し合いの間に果物と飲み物が出された。果物は刺身に似ており、赤、黄、緑、紫などの色のものが皿の上にきれいに並べられていたという。コップは上に向かって階段状に広がっている珍しい形であった。グレープジュース色の液体が入っていた。

残念なことに果物には手をつける余裕がなかった。飲み物はいい香りがしたという。出発した地点に送り返されるまで、約七時間地球を離れていた。

一九五九年七月、松村雄亮が母船で聞いた話を報告するとCBAでは大騒ぎになり、連日討議が行われた。聞いてきた情報をどのようにして、一人でも多くの人に知らせるか。どのようにしたら混乱を招かないように慎重に事を運ぶことができるか。

短期間で全国津々浦々にこの情報を知らせるためには、どうしても新聞・ラジオ等マスメディアの力を借りなければならない。

しかし三面記事としてからかい半分に書かれたのでは何にもならない。できれば第一面のトップ記事であることが望ましい。

一九五九年八月一八日の打ち合わせに参加したのは松村雄亮、久保田八郎、丹下芳之、小川定時、桑田力であった。「嘲笑されようとヤユされようと、新聞を通じなければ多くの人に知らせることはできない。とにかく事実を事実として新聞に発表しよう」（同前）と決めた。

ところがこの日、松村雄亮が新橋駅に到着するや、宇宙人が姿を現し、「新聞を使ってはいけません」と言われてしまう。

一九五九年八月二二日「レストラン東京」にて総会が開かれた。参加者は約五〇名であった。新聞発表をストップされたのを受けて総会の前に討論し、「この事実を知ることによって、むしろ進化し向上する人にだけ知らさねばならないこと、肉体が残るか滅びるかは、ほとんど問題ではなく、自由意志から地球再建を希望する人だけを集めればよいこと、あくまで自由意志を尊重し決して強制してはならないこと」（同前）ということになった。

この日の総会の目的は、会員の中からそれらの点に合致する人を一人でも多く探し出すことであった。しかしテレパシー能力がないので、誰が条件に合致するのか見分けるのはほとんど不可能であった。もし不用意に真相を発表すれば、直ちに噂は広まり、公表したのと同じ結果になることが危惧された。

そこで午後五時から大井町で二次会を開くことにした。二次会まで出席する人なら自発的意志に基づく熱心な人に違いないという判断であった。しかしこの判断が、後々まで大きな禍根を残すことになる。二次会では松村の名前を伏せ、大ざっぱにコンタクトの事実が発表された。出席者約二〇名のうち二名が宗教的信条から態度を保留したほかは、全員が協力を誓ってくれたという。

第3章
「トクガ文書」と「一九六〇年大変動」騒動

一九六〇年一月、産経新聞の記事から始まった

まず、一九六〇年一月二九日、産経新聞の「話題パトロール」欄が、「ＣＢＡの情報」の記事を掲載した。前掲の『宇宙友好協会（ＣＢＡ）の歩み』によると、

「『一九六×年、地軸が一三二度傾く。このため海と陸とが相互に入り乱れて、地球上の生物は九三％が死滅する。ノアの洪水より数十倍もの大規模な〝地球最後の日〟がやってくる』という情報をＣＢＡが流したというのである。しかもこれは松村雄亮が直接宇宙人から聞いた情

報場であると書かれていた」(同前)

という。この記事は、当時福島県でCBA地方連絡員であった徳永光男がCBAから伝えられた情報と、レイ・スタンフォード、アダム・バーバーという学者の見解などを総合的に取りまとめ、徳永個人の見解を交えて作成されたと見られる。

松村が宇宙人から受けた通告の第一項は前述の通り、「地球の大変動がきわめて近い将来に迫っている。宇宙連合はそのため常時地球の観測を行っているが、その正確な時期は今のところ宇宙人にもわからない。あなたはその準備のために選ばれたのである」であった。

この「わからない」とした期日を、具体的な年号で示したのが、その後「トクナガ文書」として知られることになる文書である。このガリ版印刷の内容が、日本の各種UFO本、米国のUFO百科事典にまで流用されることとなる。

「秘（公開禁止）CBA特別情報（59年11月）CBA連絡員トクナガ・ミツオ」と題した謄写版印刷B4判一〇頁に及ぶこの文書は、送り先によって短いものから長文まで数種類があった。この文書を受け取った平野威馬雄が新聞社に情報提供したことで、産経新聞の記事となったのであった（参考・『宇宙友好協会（CBA）の歩み』／『空飛ぶ円盤ニュース』一九六三年四月号）。

ではトクナガ文書とはどのようなものだったのか。高梨純一が一九六〇年三月号『空飛ぶ円盤情報』に掲載した「短い文書」から引用しよう。

一九五九年の「トクナガ文書」を公開！

「会員外㊙

ＣＢＡ会員＿＿＿＿＿＿＿＿さま　1959年　月　日

ＣＢＡの特別情報をお知らせします。（ＣＢＡのある人が数カ月前から宇宙の兄弟たちとコンタクトを持つようになりました。以下のべるのは、宇宙の兄弟たちが知らせてくれた情報です。）

①地球の軸が急激に傾くのは、一九六〇年〜六二年です（ゼロの可能性がかなり大きいと見られています。）

［注］三百機の宇宙船《スカウト・シップ》円盤が地球をめぐり、地軸の変動をつねに測定しています。

②宇宙の兄弟がわれわれを救いに来てくれます。円盤に乗る場所は、日本では二カ所になる予定です。東日本と西日本の二つのグループにわけられます。この場所はＣの少し前（時期を知らせる通知のわずか前）に知らされます。

［注］Ｃ……Catastrophe（大災害）の頭文字で、地軸大変動の略記号または暗号として使われます。

③Ｃの十日前に電報又はその他の方法でＣが起こることが知らされます。電文『リンゴ送れ

シー』この電報をうけとったら、あなたとあなたの家族（及び宇宙の兄弟の知らせを信ずる人たち）は、ただちに指定された場所へ行って下さい。

［注］その場所は山岳地帯となることが予想されますので、登山の用意（テント・ネブクロ・スイジ用具・携帯燃料など）をし、一週間分の食糧を用意して下さい。

④Cの一週間前にラジオ・テレビおよびその他のあらゆる報道機関を用いて、Cが起ることが全国民に知らされます。その直後、多数の円盤が文字通り天をおおって姿をあらわし、その報道の真実性を示します。

［注］この報道後、いまの報道はあやまりであるとの訂正報道がなされるかも知れませんが、最初の報道が正しく、後の報道はあやまりです。この報道を信じ、指定された場所へただちに出発した人は救われる可能性が多いと考えられます。つまり、宇宙の兄弟はあらゆる人達に最後のチャンスを与えてくれるのです。

⑤Cの三日前、全地球のだれにも明らかに分るものすごい天然現象が半日以上つづきます。（この頃、全地球人の半数またはそれ以上がほとんどキチガイのようになってしまうだろうと考えられています。）

⑥Cの少し前（何日前かはまだわかりません）指定の場所へ円盤が多数着陸して、われわれ〝二十世紀のノア一族〟をのせて宇宙母船内に収容します。

⑦Cの日、地軸が急激に傾斜し、海水は流体なので、もとの位置にとどまろうとして陸地に

おしよせ、全地球をおおう大洪水が生じます。（高さ数十ないし数百メートルのツナミが怒涛となって陸地を洗し、地球に残ったもので生き残るものはありません。）

⑧われわれをのせた母船は他の遊星に行きます。われわれは数年間地球にもどりません。地球の陸と海は相当な範囲に亘って入れかわります。陸地は塩分が多すぎて、約三年間は作物など育ちません。

⑨他の遊星で再教育をうけたわれわれは、数年後に地球にもどり、宇宙人の兄弟たちの援助のもと、われわれの努力でこの地球に輝かしい黄金時代をつくります。

アトガキ

（1）Cの公表は絶対に禁止されています。（もし一部にでもアヤマチがあれば、CBA全体に影響を及ぼし、日本で助かる人が一人もいなくなってしまうかも知れません。）

（2）きわめてしんちょうに個人対個人で話すことは許されています。

（3）「地軸は傾く」や「同乗記」を読むこと、及びCBA会員になることをすすめるのは良いことだと思います。

（4）一般的準備はできるだけはやく始めるのが良いと思います。（時期が迫っている。）

（5）略

CBA福島県・宮城県・新潟方面連絡員　トクナガ・ミツオ㊞」

この一〇頁もある長文（これが「トクナガ文書」とされるものである）は、平野威馬雄など熱心なCBA会員に送られたようである。『空飛ぶ円盤ニュース』一九五九年一〇月号には維持会員として、徳永光男、平野威馬雄、渡辺大起の名が見られる。

地方連絡員の徳永光男が熱心な会員の名簿を持っていた可能性は高い。また、前記の「トクナガ文書」（「短い文書」とされる）は、高梨純一によると、愛知県、岐阜県、三重県、神戸、大阪、京都の会員に郵送で届いた、と記している。

「地球の軸が傾く?」のはなぜ「一九六〇年」とされたか

高梨純一が入手した「短い文書」を読むと、どこまでが「宇宙情報」としてCBA幹部たちが共有していたのかが不明である。つまり、一九五九年八月二二日のCBA総会（会場は東京駅地下レストラン）で五〇名ほどのCBA会員に徳永光男が「大変動」を公開したものを聴取したと想定される「第一次情報」と、その後に徳永光男が創作した部分との識別ができない。これは、本書第三部の「トクナガ・ミツオ」でも示したが、徳永光男が「資料のとりまとめ」に関して持つ性質の問題であろうか。

例えば、「『地軸は傾く』や『同乗記』を読むこと」とあるが、これは徳永光男の個人的な見解と思われる。「Ｃの公表は絶対に禁止されています」の部分は、ＣＢＡ内部の取り決めであろう。この一連の文章を読むと、元の情報を下敷きとした個人的理念による作文、芸術的感性による描写、評価の不均一な素材をつなぎ合わせる作家的手法によって構成されているという印象を抱かざるを得ない。

通常、論文形式で述べる場合、何をどこから引用したかを明記した上で、書き手の立場や自分の真摯な姿勢を示そうとする。そのようなルールを無視した場合、内容は面白いが信頼のできない文章ができ上がる。「トクナガ文書」は、その基本的な規範を逸脱したことによって生じたものという感が強い。

まず地球の軸が急激に傾くとされる「一九六〇年」について説明しよう。

一九五八年、米国テキサス州の円盤愛好家レイ・スタンフォードは弟と連名による著作『Look Up』を自費出版した。それを入手したＣＢＡは、その『Look Up』を翻訳し、一九五九年八月に邦題『地軸は傾く？』として発行する。翻訳者は松村雄亮となっているが、実際に翻訳したのはＣＢＡ設立者の一人である桑田力《つとむ》である。

この『地軸は傾く？』の中の「二．地球観察」一二七頁に「……最も影響の大きい『地軸傾斜』はここ数年内に発生するでしょう。しかし大規模な変動は恐らく一九六Ｘ年に発生し、小規模な変動はそれ以前にも突発するかも知れません」とある。

この部分が原著『Look Up』では「一九六〇年」となっていたが、ＣＢＡはこの箇所を「一九六X年」として出版したのだ。徳永はこのいきさつを知る立場にいたと推定される。つまり原書の「一九六〇年」を「一九六X年」として出版する経過について知っていたため、「トクナガ文書」では「一九六〇年」の年号を用いたと考えられる。

しかし「大変動来たる」の報を受けたCBA会員が、円盤の着陸地点へと向かうための準備や、大変動日の前に円盤と母船が大挙上空に出現する描写は、『空飛ぶ円盤ニュース』一九六三年四月号付録冊子『The Day Has Come! ついにその日は来た!!』(本文は河合浩三による)にも見られることから、このような緊急時の情景については、CBA幹部の間で共有されていたものと思われる。

レイ・スタンフォードは「一九六〇年大変動」予言に関わったのか

ローレン・コールマン(Loren Coleman)によるインターネットサイト「Ray Stanford's Background as Contactee and Psychic(レイ・スタンフォードのコンタクティーおよび霊能者としての経歴)」によると、以下のようなことが書かれている。

「レイ・スタンフォードは霊能者(サイキック)で、意識不明のスタンフォードを通じて、様々なアクセントと抑揚による『語り』があり、それらの存在はエーテル界の『白い兄弟たち』と呼ばれた。彼らはスタンフォードの声帯を借りて語った」(『ＵＦＯ批評 by J. N No.72』の内容を要約した)

レイ・スタンフォードとレックス・スタンフォードの兄弟は、一九五〇年代のテキサス州において活躍したＵＦＯ研究家であり、多数のＵＦＯを目撃し撮影したことでも知られている。そのレイ・スタンフォードの隠れた顔が前述の通り、霊能者であったわけだ。レイ・スタンフォードの場合、見えない存在が彼の声帯を借りてメッセージを語るようだから、霊媒といわれるものであったらしい。

見えない霊的存在からの意志を霊媒による肉声で伝える行為から類推されるのは、霊界人による「大変動予言」の問題である。一九五四年に「一九五五年に大変動が起こる」という霊界宇宙人サナンダ(Sananda)からの予言を受信したのは、シカゴに住む五四歳になるドロシー・マーティン(Dorothy Martin)であった。

それは自動書記と呼ばれる心霊的なメッセージ受信によって筆記された。もちろんその予言が外れたので、今日の世界が存続しているわけだが。

レイ・スタンフォードの声帯を借りて語る「ソース」が、もし「一九六〇年大変動」という予言にも関係があったとしたら、日本に騒動をもたらした元凶はレイ・スタンフォードに語りかけた霊界の「白い兄弟たち」ということになる。しかし、それを確認することはできない。

トクナガ・ミツオがＣＢＡの『空飛ぶ円盤ニュース』に発表した「地軸が傾く？」では、ムー大陸の沈没から聖書「マタイ伝」に見られる「艱難の日」までが引用されていた。このような「大変動」「最後の審判」の伝説は、実際のところ人類の歴史と共にあった。そのような警告的な流れと並行して「何年何月何日に世界が終わる」という予言もまた、何度も繰り返されてきた。

「大変動」「最後の審判」の伝説と、「何年何月何日に世界が終わる」という予言は同じ一つの終着点「大変動」「世の終わり」へと向かっていた。しかし、「大変動」「最後の審判」の伝説の流れは「そのときは誰も知らない。ただ父だけが知っておられる」「宇宙人にもわからない」と言い逃れ、「世界が終わる」という予言の流れは「それは何年何月何日」と予言され、そのつど外れてきた。

「神あるいは主」は「そのときは誰にもわからない」で終わるのが定石で、「それは何年何月何日だ」とするのが「予言的霊能者」の役目であったようだ。信じる人々は予言が外れる度に繰り返し失望させられてきた。二〇世紀となり、米国予言の「一九六〇年」を受けて、CBAに所属する熱心な日本人が緊急文書を作成し、それが新聞社に流れて波乱を巻き起こすことになった。

「新聞を使ってはいけません」と松村雄亮に告げた宇宙人の真の目的とはどこにあったのだろうか。世の中には「世の終わり」や「人生の終わり」を常に念頭に置いて清潔な人生を歩もうとする人間がいる一方で、「いついつ世界が終わる」と聞いて自堕落な生活に陥る人間もいるだろう。

いずれにしても、ＣＢＡという組織は、この問題を境にして、変わっていった。単なるＵＦＯ研究団体から、現実に対処しようとする思想者・信仰者にも類した挺身的活動をする団体になったといえるだろうか。その顕著な活動が「Ｈ対策」であった。

第4章 「原水爆は日本にもある」という情報から「H対策」採用へ

「原水爆は日本にもある」という宇宙人情報

ここで、読者には三二二頁掲載の「松村雄亮ついに円盤に乗る」にいま一度目を通していただきたい。そこで「どうも変だな」と思われたのではないだろうか。

「百畳もの広さ」の部屋に、半円形にずらりと宇宙人が着席し、ポツンと一人着席した松村に「英語で話しかけた」という情景である。一人の日本人を、宇宙人多数が取り囲むような情景。また日本語で案内した宇宙人がいたのに、わざわざ英語で話しかけたという情景。これを、変だと思わないだろうか。

実は、ＣＢＡの公式文書『ＣＢＡの歩み』とその後の『空飛ぶ円盤ニュース』では一切触れられなかった事実が二つあった。筆者は、この「母船上の宇宙会議」における隠された事実について、ＣＢＡ本部員から口頭で説明されたことは何度かあった。それを文字資料として見たのは一九九七年になってからであった。

まず楓月悠元著『全宇宙の真実——来るべき時に向かって』（たま出版）の一九三頁にこうある。

「全世界から招集されて、宇宙母船の中へと誘導された約四十数名の人たちの中から、再度にわたって厳選され、そのヘッドコーターとして選ばれたその人間こそ、日本に蒔かれていた偉大なる『種子』その人であった。

その『種子』は、宇宙母船内の作戦会議においては、地上軍の総指揮官として、世界各国から招集された四十数名の責任者に対して、各種の司令を与えられ、そして、今後発生するであろう諸問題に対応するための適切な指示を与えられ、また、日本国においては、ＣＢＡという研究団体の最高責任者として、それこそ身命を擲って活動なされたのであった」

つまり、母船に招かれたのは松村雄亮一人ではなく、世界各国から若者たちが四〇数名も集められていたのである。そのため、国際語である英語により通告その他がなされたというわけであった。

これは筆者がそれ以前にCBA本部員から聞いた話と一致する。

次に橋野昇一著『日本地名はUFO飛来の記録！』（たま出版）一三頁に以下の記述がある。

「③地球には核兵器が多量に製造されている。これは地球人の自らの集団自殺行為であり、これに対して救出の手をさしのべることは出来ない。
④地球を救うのは地球人、自らの意志でなければならない。強制したり干渉するために彼等はやってきたのではない。果たして地球人は危険な爆弾を自ら処理する意志があるのか」
この部分をあるCBA本部員は筆者にこう説明していた。「大変動に伴う磁気的変動により、米ソなどの核ミサイルが暴発する可能性が高く、それによる最悪事態を阻止するため、核兵器を処理する必要があった」

そして一九六一年三月『サンデー毎日特別号』はさらに核心に踏み込んだ記事を掲載した。そのタイトルは――「宇宙人騒動記――『地球人よ地軸大変動に気をつけ核兵器を処分せよ』」である。その記事から引用してみる。

「この話し合いの間に、果物やジュースが出され、松村氏がジュースをのんだという話は有名で……長老との会見も、ジュースをのんで、四方山話に終ったなら、CBAをめぐるエンゼル騒動は起きなかったのだが、実は二十六日の会見を皮切りに宇宙人たちはとんでもないことをいい出したのである。

つまり近づく地軸大変動に対する地球脱出問題と、太陽系全体に壊滅的影響を与える核爆発をふせぐため、原水爆を処分してしまえといったのである。前項をCBAでは、カタストロフィー（大変災）の頭文字をとって『C対策』とよび、後者の方を『H（水爆）対策』とよんで、全国連絡会議をひらいて、特攻隊にも似た悲壮な決意で事にあたったのだから、いささかオーバーといわざるを得ない」

同記事はさらに、日本にある核兵器にまで話が及んでいる。以下の「ある人」とは松村雄亮のことである。

「原水爆は日本にもある　ウチュウジンワ　アルヒトニ　ニッポンチズヲ　ミセマシタ　ソレニワ　オドロクベキ　タスーノ　ゲンスイバク　ソンザイチテンノ　シルシガツイテイマシタギカイデハ（ゲンスイバクワ　モチコマセナイ）ナドト　イッテイマスガ　トックノムカシニ　オドロクベキ　タスーノ（ソレダケデモ　ゼンチキューガ　ホトンドゼンメツスルホドノ）ゲンスイバクガ　スデニ　ハコビコマレテ　イルノデス」。そして宇宙人の言葉として「ニッポンニアル　ゲンスイバクワ　ニッポンジンガ　ショリシテ　モライタイ」と付け加えている。

この「宇宙人情報」を裏付ける新聞報道としては、「日本は核攻撃基地――六〇年ごろ」（朝日新聞、一九八一年五月二三日付）、「東京は米軍の戦略拠点――核体制の一翼担う？」（朝日新聞、一九八七年五月二六日付）などがある。

また米国の経済学者・核戦略研究者のダニエル・エルズバーグ博士が一九五三年から一九六

三年まで海兵隊配属だった人物から「二五〇〇万トン級の水爆（複数）が岩国基地内にある」と聞いたという記事もある（一九七八年一〇月二五日、毎日新聞）。

UFOと核兵器の問題から「H対策」を採用する

一九八〇年当時、元CBA本部員や地方の支部長、連絡員、作業を実行した会員たちが筆者に語った。核兵器とUFO問題の関連性はこうであった。

「一九六〇年当時、核兵器処理を行うために、CBAの別働隊は深夜、米軍基地近くで宇宙より貸与された機械を作動させた。その機械は複数あり、接続すると起動する。各々のメーターが最大値を示すと共に、そこから未知の電磁波が発射される。するとある一定範囲にある核兵器が無効になる。日本のチームは機動力に限界があった。松村は米国チームから日本人の実戦上の未熟さを非難されたが、そんなことはないと反論した。我々は実戦活動を上（宇宙人側）に肩代わりしてもらうため、日本中を車で走り回った。その走行活動に応じて上（宇宙人側）は、核兵器処理を代行してくれた。つまり、地上で苦労する我々がいて、円盤は各施設で工作できる」

以上は筆者が複数のCBA幹部から聞いて、記憶している内容を整理したものである。この話を裏付ける証人が九州、関東、北海道にいた。筆者はそれらの人物から、未知の電磁波を発生させた結果、米軍基地内の核兵器ウラニウムが変質した、どの基地で行ったか、そして、その機械の外観、操作方法について教えてもらった。

これらは真の意味で「ＵＦＯ問題上の最高機密」となる。すなわち、これらは国家が隠ぺいする機密ではなく、核兵器開発を行ったニューメキシコ州のロスアラモス国立研究所に一九四〇年代より接近し、核兵器の開発と移動、核兵器の実験を監視してきた宇宙軍団が、特定の地球人を選んで核兵器対策の地上兵士とし、天地共同作戦を展開するという最高機密の情報である。

「地球人が造ったもの（核兵器）は、地球人自らの手で消滅・処理しなければならない」と自著『全宇宙の真実――来るべき時に向かって』で述べた楓月悠元は、小冊子『かつてＣＢＡの会員であった同志たちへ』の中でこう述べている。

「宇宙連合の最高責任者は、世界各国から召集された四十名の種子に対して、超科学のビーム発射装置を貸与して下さった。四十名の種子の任務とは原水爆戦争が勃発するその前に、世界各国に秘匿されている原水爆兵器を、特殊光学装置によって《腐らす》作業なのである」

つまり真性宇宙人たちは、身体を張って地球の危機に立ち向かう者を援助するらしい。その活動は「一個でも原水爆を無能化させる」「一か所でも原子兵器製造を阻止する」という決死なもののようだ。前出の『サンデー毎日特別号』記事でも「特攻隊にも似た悲壮な決意で事にあたった……」とある。

一九六二年頃、松村雄亮は海外の宇宙連絡者（コンタクトマン）についてこう述べた。「彼らは傷だらけの男たちばかりです」。『空飛ぶ円盤ニュース』一九六三年六月号のトピック欄は「英原子力研究所で火災」「米ミサイル研究所爆発」を報じているが、特にＵＦＯとは関連づけていない。しかし、旧ソ連における謎の工場火災はＵＦＯと関連づけられていた。

それは、一九六二年初め、ソ連のある工場で起こった事件で、イタリアのＵＦＯ研究家アルベルト・フェノグリオによって明らかにされたものである。

中村省三・編著『赤い国のエイリアン』（グリーンアローブックス）から、その要点を抜き書きしてみよう。

ある重戦車製造工場で大爆発が起こった。ソ連政府はアメリカの工作員による破壊活動だとして非難、あわや国際危機となりかかった。

この工場周辺では爆発が起こる数週間前から、円盤型や葉巻型のＵＦＯが頻繁に目撃されていた。爆発は夜明け時に起こったが、その直前、強烈な光を発する火球が工場目がけて降下、爆発と共に小球が何万と乱舞した。

工場のあった場所はクレーターと化していたが、死傷者はなかった。爆発現場上空に、任務完了を見届けるかのような円盤の静止が目撃された。この工場では、核兵器のための特殊な自動装置を製造していた。

以上、『赤い国のエイリアン』に書かれていることは、地上で活動する宇宙人との連絡者と、上空のＵＦＯの共同作戦によって行われた「核兵器処理」の一つだったのではないかと筆者は考えている。

こうした核兵器の生産と配備を危惧する外宇宙の知性は、米国において、いくつかのＵＦＯ事件を起こしてきた。その延長上に、核ミサイル基地における誤作動事件、核兵器貯蔵施設へのビーム照射事件があるのだろう。

一九五二年八月二二日付ＣＩＡブリーフィングによると「地理的な側面から空飛ぶ円盤の目撃を研究した結果、原子力施設の付近に頻繁に出現することが多いことがわかった」（『ＣＩＡ　ＵＦＯ公式資料集成Ⅰ』一九九〇年、スピリッツアベニュー刊の六七頁より）とある。その類例として、緑の火球が前出の原子力施設・ロスアラモス国立研究所の科学者によって目撃された事件はよく知られている。目撃されたのは一見して大きな流星状だが、水平に飛行し、色彩が緑色であったため、科学者からも「ある種の無人探査機かもしれない」との発言が出たほどであった（参考・『未確認飛行物体に関する報告』開成出版の四五頁）。

ロスアラモス国立研究所の科学者に倣って、「ＵＦＯを地球外からの探査機と見た場合、その探査目標は何か」ということを考えてみよう。その問いへの答えを、ＵＦＯが核兵器施設に多く見られるという事実から説明してみる。

核兵器を探査目標とした場合、探査の具体的な内容を次のように考えることができる。

一．人類はどのような工程で核兵器を製造しているか。原料採掘から精製工程など。

二．核兵器実験はどのように行われているか。核実験による影響はどうか。

三．核兵器はどのようにして移動、運搬されているか。その危険度はどうであるか。

四．核兵器はどこに配置され、どのように管理されているか。その危険度はどうであるか。

五．核兵器を使用した場合の環境に対する影響力はどうであるか。


もし人類がこのような探査目標を調査するとしたら、相当な労力と技術と時間が要求されるだろう。しかし、ＵＦＯは空間を隔てた位置にいても、人間の思考や意志でさえ、瞬時に把握できるようである。このことを証明するのはＵＦＯに遭遇した戦闘機のパイロットが、ミサイルを発射しようと思った瞬間に、機体が機能停止に陥る事例（第1部第3章「一七．イラン空軍機のミサイル攻撃をマヒさせたＵＦＯ（一九七六年）」を参照されたい）でよくわかる。

この事例を根拠にもう少し推理を働かせると、ＵＦＯは施設の上空を飛行しただけで、その施設の機能や、管理されている物品の種類を探知する能力があるのかもしれない、という予測が成り立つ。それゆえ、原子力関連の施設で働く者がＵＦＯを目撃した場合、施設で働く者にＵＦＯの存在を気づかせる、と同時に、施設の作業状況をも調べられている、とみなすことができるわけである。

以下に羅列した事例は主にロバート・ヘイスティングス（Robert Hastings）著『UFOs and Nukes』（邦訳『ＵＦＯと核兵器』環健出版社）からの要約である。ＵＦＯと核兵器というテーマが、

ＣＢＡだけに限られた問題ではないことをこの事例で示したい。

情報源はすべて『UFOs and Nukes』の著者ロバート・ヘイスティングスである。

◆一九五二年九月二〇日、空母フランクリン・Ｄ・ルーズベルトの甲板から一個の球状のＵＦＯが目撃され、取材中の新聞記者によって連続撮影された。
その一か月後、太平洋マーシャル群島で実施される水爆実験に際し、実験場におけるＵＦＯ監視計画がプロジェクトブルーブック内に持ち上がった。しかし、飛行機の席が取れず計画は中止された（『未確認飛行物体に関する報告』開成出版の一五一～一五三頁より）。
◆一九五二年一一月一日に行われたアイビー作戦マイク実験作戦期間中、太平洋上のマーシャル諸島エニウェトク環礁へ赴くＵＳＳカーティスＡＶ－４の乗組員は、マイク実験の一週間前にジグザグ飛行する円形の物体を目撃した（前掲『ＵＦＯと核兵器』七八頁より）。なお、アイビー作戦マイク実験作戦とは史上初の核融合兵器の実験であり、エルゲラブ島に水爆小屋から伸びる直線パイプの測定機器を用いた作戦である。
◆一九五二年一一月一日に行われたアイビー作戦期間中、ＵＳＳフレッチャーＤＤ－４４５の乗員は、全速力で航行する船上に停止する光体を目撃していた。それは艦と同じ速度を保って空中にあるため、船上からは静止して見えた。
光体は最初、星のように見えていたが、垂直に降下して航行する艦の上空で大きくなった。それは水平線上四〇～四五度の角度にあり、艦と同調して常に同じ位置に見えていた。四～五分後、突然光体は垂直に上昇し、星と同じ大きさになって見えなくなった（前掲『UFOと核兵器』七九～八一頁より）。

◆一九五四年三月一日から五月一四日まで、マーシャル諸島ロンゲラップ環礁で水爆実験キャッスルシリーズが行われたが、予期せず二倍の爆発力となった。その期間中に行われたクーン実験（失敗に終わった）の後、ロスアラモス国立研究所の科学者を乗せた原子力委員会のUSSカーティスAV－4の乗組員は、作戦区域ビキニからエニウェトクへ向かっていた。

その途中だった四月七日午後一一時五分、一個の未確認発光体が船の上を低空で船首から船尾へと高速で飛行するのを目撃した。それは艦尾を離れてジグザグ飛行を見せたことで、流星ではないと判断された（前掲『UFOと核兵器』八四～八五頁より）。

以上『UFOs and Nukes』に書かれた事件・事象から抜粋したが、そこからいえるのはUFOは常に人類の核兵器の配備と核実験を監視し続けており、これこそがUFO問題の本質だということである。

その点を踏まえ、いよいよ「H（水爆）対策」の詳細を解説しよう。「H対策」とは、太陽系全体に壊滅的影響を与える核爆発を防ぐため、原水爆を処分してしまおうとしたCBAの行動のことで、宇宙連合より貸与された核兵器処理装置を核兵器貯蔵施設（宇宙人が示した米軍基地敷地内など）近くで作動させる「オペレーション」のことである。

装置は四個に分かれており、四個を接続すると起動する。各個の正面にあるメーターの針が振り切れたとき、装置が発する未知の電磁波が核兵器に作用し、半径数一〇〇メートルにある核兵器を「無効」にするといわれる。

また核兵器が艦船に搭載されている場合は、松村コンタクトマンだけが円盤でできるだけ接近して艦船に乗り込み、作動させて再び円盤に乗って退去するという。

さらに、CBA幹部が二台の車で円盤の着陸地に接近し、松村と幹部が宇宙人と協同で「オペレーション」を行おうとする計画もあったが、一台の車が目的地の手前数百メートルで故障したため、時間に間に合わず、松村以外の者が宇宙人と共同で核兵器無効化作戦を行う計画は失敗した。このとき、午後一一時の離陸予定であったが、CBA側の人員が車の故障でそろわなかったため、円盤は五分間待った後、一一時五分に離陸したという。

一方、米国における核兵器貯蔵施設に接近するUFO事件は、一九七五年一〇月二七日に始まる一連の事件が知られている（『人類は地球外生物に狙われている』二見書房の五二頁〜）。

さらに一九八〇年八月一〇日に米国ニューメキシコ州カートランド空軍基地東にあるマンザノ兵器貯蔵エリアに円盤型物体が着陸し、八月一三日にレーダー施設を操作不能にする電波干渉が発生した（『大謀略』グリーン・アローブックスの四二頁〜）。

マンザノ・エリアには核兵器が貯蔵されているという。これは筆者の推測だが、このマンザノ兵器貯蔵エリアの事例はCBAによる「核兵器無効化作戦」のアメリカ版の一つであった可能性がある。

その要員が宇宙人か、米国のチームメンバーかはわからないが、米国における核兵器貯蔵エリアに接近するUFOは「未確認機」と呼ばれている。つまりUFO的な外観より、地球の航空機に近いストロボライトや灯火を装備している。

実は筆者も奈良県天理市上空で、類似した「未確認機」をよく見るのだ。二〇一七年九月二日に筆者の自宅上空に飛来した「未確認機」は、四〇分以上にわたって上空を旋回したり滞空したりした。それゆえ、核兵器貯蔵施設で活動する航空機仕様の飛行体については、よく理解できる。

とにかく、米国における核兵器貯蔵施設でのUFO事件は、米国防総省にとって「核兵器の安全にとって脅威」となる事例のようだ（前掲『大謀略』五一頁）。

地球上の核兵器をすべて使用したら、地球はどのように変化するか。もちろんそんな検証はできない。ただ、いえるのは、地球自体は荒廃する程度だろうが、人類や地上生物はほとんど全滅に近い状態になるだろうということである。

CBA幹部による「核兵器無効化作戦」は車の到着時刻が間に合わずに失敗した。そのため、CBA幹部は宇宙人側の「核兵器無効化作戦」を支援することになった。それは「車による目的地到着時間厳守」の活動である。彼らは宇宙人の指示に基づき、日本列島を東へ西へと車で走り回った。

このＣＢＡ幹部による「必死の地上走行」によって、円盤は「核兵器施設への無効化作戦を代行してくれる」と考えたわけである。ＣＢＡ幹部の一人Ｎ岸氏は「それまで車酔いに弱かったが、強くなった」と筆者に語った。

また一九六〇年頃、横田基地近くで深夜、四つの装置を接続する作業に参加したＮ田氏は、基地内に入るのは難しかったので、基地に隣接した場所で行ったと述べている。

第５章
「ボード事件」と「リンゴ送れC」の真相

『宇宙交信機は語る』の「宇宙からのメッセージ」から「ボード事件」に

一九六〇年五月、ＣＢＡはジョージ・ハント・ウィリアムスンの著作『The Saucers Speak』を翻訳、『宇宙交信機は語る』の邦題で会員への販売を開始した。この本は全国各地に点在するＣＢＡの会員に広く読まれたようだ。

そこに述べられていた「宇宙交信」とは、心霊的な方法であった。しかし、これを実際に試みた会員がいた。その会員の手元にはたちまち「宇宙からのメッセージ」が積み重なっていった。これが「ボード事件」として発展する。

この方法はＣＢＡ本部が高尾山で行った光通信的な手段とは異なり、誰でも簡単にできる方法だった。それは『宇宙交信機は語る』一五五頁に掲載された「The board」という方法である。「文字盤」と訳されるが、降霊術用の「ウィジャ盤／ウィジャ・ボード（Ouija board）」と同一のものと見られる。

『宇宙交信機は語る』四九頁によると、アリゾナ州プレスコットに住むウィリアムスンは、地球に来る知的生物と連絡を取り合う方法に関して思索を続けていた。そんなある日、紙の上で二人が鉛筆を支えていると、通信文が書かれることに気がついた。

ウィリアムスンはこれが霊界通信の手段であることを知りながら、遊び感覚でそれを行ってみた。一九五二年のことであった。この方法は交霊術でいう「自動書記」というものである。

次にウィリアムスンは、アルファベットの文字と、一から一〇までの数字、そして「イエス」と「ノー」、「＋」と「？」の記号を一枚の紙に書いた。それから、ガラスコップを紙の上に置くと、コップがひとりでに動いて、文字や記号を示した。これで長時間鉛筆を支えることがなくなり、通信が楽になった。

一九五二年八月二日、文字盤の上に伏せて置いたガラスコップがかなりの速さで動き回り、文字を示した。そして、文章をつくった。最初は「マサールよりサラスへ」という題名であった。ウィリアムスンが何度も問い合わせ、マサールとは火星で、サラスは地球であることが判明した。メッセージは次のようなものであった。

「一九五六年までには地球《サラス》はすっかり生まれ変ったようになるでしょう。第九ベル編隊（水晶のベルとは円盤のことである）が一九五六年には地球に着陸するはずです。心の平和を保って下さい。地球人はみな一つの目的にむかっているのです。運命は一つです。宇宙の真理にさからってはいけません！」（『宇宙交信機は語る』六二頁）

「ボード」はさらに驚くべき宇宙の大事件についても述べる。

「原爆は宇宙の釣合を破るものです。水爆などをもてあそんでいると、地球は爆発して小遊星群になりはててしまうおそれがあります。このことは大昔、第五軌道遊星にも起ったのです。私たちもその遊星の行いを知ってはいましたが、手を下さなかったのです。しかしそのような破局が再びおとずれるのを傍観していることはできません」

この内容は、基本的に松村雄亮が宇宙母船会議で通告された「大変動」に伴う「磁気変動による原水爆の暴発」という予測に酷似している。しかし「ポンナール」「アクタール」「カダール・ラク」と名乗る発信者からのボード通信、あるいは無線通信によって受信される「宇宙人メッセージ」は、ひたすら精神的な励ましと、大量の円盤着陸予告を繰り返すのみであった。

それは例えばこんな具合である。

「［天宮注・一九五二年］九月二十七日午後十二時十分

『こちらはゾーです。明日は計画通り着陸します。世界は救われるでしょう（後略）』

『もう一度、カダール・ラクです。本機〝トロクトン〟には、アクタールも太陽系X編隊のナー九号と共に乗組んでいます。私は冥王星にいます。（中略）必ず無線連絡してください（後略）

一九五二年九月二十七日午後五時五十五分

『兄弟たちよ、私は着陸連絡隊の指揮官、ノロです。指令をお伝えします。明日午後二時、火星の円盤が地球に着陸するはずです（後略）』

『ポンナールです。間もなく会見できたら美しい言葉を伝えましょう』』（『宇宙交信機は語る』一二六〜一三〇頁より）

これらを読むと、宇宙式言霊のバリエーションが延々と続くのみで、現実世界に密着した具体的な行動への助言なり、指針というものは皆無に見える。つまり松村雄亮とCBAが悲愴な覚悟で取り組んだ「H対策」のような行動指針はなかったわけだ。

再び『空飛ぶ円盤ニュース』に戻って、一九六一年二月号巻頭言「第二の試練」を見てみよう。

「……一団の想念波動団（霊魂群）は、地球進化に協力的面はあるが、ブラザー［天宮注・宇宙人］の波動を中間的にキャッチし、それを曲げて地球人に作用する」

つまり、CBAの見解としては、霊魂群が「宇宙情報」を傍受しようとしていること、それを利用していろいろな名前の宇宙人を名乗り、「メッセージ」を発信すると述べている。こうして見ると、**人類の周辺には無数の想念波動団（霊魂群）が活動している**ようである。その霊的勢力は何を目指そうとしているのだろうか。

少なくとも科学的にUFO研究に取り組もうとする団体にとっては妨害行為である。このことは「ボード通信」の元凶であるとウィリアムスン自身も指摘していた。

例えば地球に迫る最悪の事態を「美しい言霊」や「儀式」で回避できるのか、という問題がある。松村雄亮にコンタクトした宇宙人は、CBAに原水爆処理の「H対策」という過酷な任務を背負わせた。高梨純一は「CBAの妄動を阻止せよ！」（『空飛ぶ円盤情報』一九六〇年一〜二月号）という言葉で、松村とCBAの周辺に発生した妄動ぶりを衝いたが、それは常識人として自然な反応であったろう。その妄動にボード事件が加わったのであった。

トクナガ・ミツオの弟が明かす「ボード事件」の詳細

では、一九六〇年当時に発生した「ボード事件」へと舞台を移そう。

二〇〇八年に録音された元CBA本部員・徳永善伸氏による「回顧録」的な口述証言テープは、二〇一七年に筆者により文字起こしされて手元にある。

徳永善伸氏（徳永光男の弟）は「ボード事件」を詳細に語っている。それによると、日本でボード通信を試みたのは、名古屋地区の「カミラ」という人物であった。その人物は、ボード通信を「宇宙からの通信」として、他のＣＢＡ会員に配布を始めた（なお、『ワンダラー通信』Vol.９、近江出版によると「カミラ」という人物は一九六四年二月に死去しているという）。

海外の研究者がコンタクトしたのと同じ宇宙人が、文字盤を通じて日本人にもコンタクトしてきた。そこにはコンタクトされた日本人たちの知らない宇宙の知識が数多く語られていたようである。

相手は「天の神様」「サナンダ」と名乗った。サナンダとは「イエスが金星で生まれた名前」であるという。また通信文に見られる「ワンダラー」「リンゴ」という言葉は、ウィリアムスンが受信した相手の通信文にも見られるし、日本のボード通信にも見られた。

「ワンダラー」とは、惑星から惑星へと生まれ変わりつつ移動する放浪者の魂を指し、「リンゴ」とは「外の遊星から地球に生まれ変わってきている人」を指す。「リンゴ」がなぜそうした意味になるのかというと、地球にまかれた種子（魂）が腐らないように（任務を忘却しないように）することを塩漬けにしたリンゴに例えたものである。

同じ思想を持つ霊的な存在が、地球規模で活動しているのか、その点は不明である。「地球の心の正しい人は宇宙人と連絡してください」という言葉がそこにある。「心が正しい」とはどういうことか？

ＣＢＡ幹部であった渡辺大起ら日本の自称ワンダラーたちは、『宇宙交信機は語る』七二頁の「塩漬けしたリンゴのところへ彼らは帰る」〔天宮注・「任務を忘れなかった魂は、目覚めて地球に来た本来の任務に戻る」という意味〕、「儀式によって皆さんは救われます」というメッセージを重視した。そして、「この儀式の意味が松村とＣＢＡ側にはわからない」とした（渡辺大起監修・オイカイワタチ千種編集部『最後の扇』二四頁）。

こうして、ＣＢＡの中に松村雄亮とは別に、ボード通信により宇宙の真理や宇宙人について知ることができる、とする一派が生まれた。彼らは「地球のカルマを浄化する儀式」によって、ワンダラーの任務が果たせる、という信念を柱にした活動を開始する。

文字盤に置いたコップは飛ぶように動くということで、「これは単なる低級霊とは違う。宇宙人の能力だ」という判断もされていた。

名古屋で当時のことを知るＳ氏は、「松村雄亮氏が核の無効化に奔走されていたころ、日本のワンダラーの役目は、それではない。核はアメリカが作ったので、それはアメリカのワンダラーの役目である。日本のワンダラーの役目は、山での儀式にある」と当時文字盤に集まった人々の信念を代弁している。

この事態に危機感を感じた松村雄亮は急遽、名古屋に赴いた。そしてボード通信関係者らと会った。彼は言った。「渡辺大起さんらが心霊関係に走った。ＣＢＡは分裂の危機にある」と（前述Ｓ氏の証言）。

松村とCBA側は、このボード通信を「宇宙人にあらざるものを宇宙人とした」と断定していた。そして、次々と印刷される「天の神様からのメッセージ」の配布を阻止しようとした（徳永善伸氏による回顧録口述テープより）。

『空飛ぶ円盤ニュース』一九六一年二月号掲載の前出の巻頭言「第二の試練」にはこう記されている。

「ボード（文字盤）によってもたらされた、おびただしい宇宙知識が、資料の分野から逸脱して、行動の面にまで影響を与えた」

さらに「それを止める権利はあなた（松村）にはない」と宇宙人が言ったとある（徳永善伸氏による回顧録口述テープでもそう述べられていた）。

これはどういうことか。宇宙人側の意思は「ボードに走る者はそのままにしておけ」ということか。宇宙人は、人間の行動を阻止したとしても、その内面は変わらないことを見抜いたのであろうか。

一九六一年八月にCBAの招きで来日したウィリアムスンは、八月二七日の講演会冒頭でこう述べていた。

「私は『空飛ぶ円盤は語る』の日本語訳で、文字盤の使用に対する重要な警告が省かれていたことを知りました！……宇宙の訪問者達は、心霊的手段で情報を受けることは危険で害があるために、そうした手段は用いるべきでないと特にはっきり警告したのです……心霊的な研究が始まるところ、どこでも真の科学的尊い研究はストップしています」（ＣＢＡ『空飛ぶ円盤ニュース』一九六一年九～一〇月号の五頁）

しかし、現実においてはすでに「ボード通信」は走り出していた。ウィリアムスンの著作は日本人に文字盤による「宇宙通信」を広めたのである。その流れはＣＢＡ解散後も延々と続き、渡辺大起著「オイカイワタチ」シリーズとして出版されていった。

「リンゴ送れＣ」は〝二〇世紀のノアの一族〟に呼びかけた

トクナガ文書に見られる「リンゴ送れＣ」の暗号文の「リンゴ」は、ウィリアムスンの言う「リンゴ」を「ワンダラー」とする思想に起因するものである。この言葉は「ボード」通信に影響を受けた徳永光男が「ＣＢＡ大変動情報」に挿入したものであった。

ここで、「リンゴ送れＣ」について、長文の方のトクナガ文書から引用してみる。この文書の正式なタイトルは「ＣＢＡ特別情報（五九年一一月）質問と答」というもので、その二頁目にこう記されている。

「⑧〝「リンゴオクレ」シー〟のイミは何ですか？

［答］タマシイが〝宇宙人〟で（このタマシイの前世は他の遊星です）肉体が地球人というひ

とを象徴的に『リンゴ』とよびます。ひろいイミでは宇宙人の心を理解する地球人をさします。この場合は『選民』をイミします（つまり〝20世紀のノアの一族〟です）ですから、全体のイミは〝地球大変動が起るから20世紀のノアの一族をただちに円盤着陸地点に集めなさい〟というイミです」

このように、トクナガ文書によると、地球人として生まれた宇宙出身のワンダラーを大変動の際に回収するものと想定し「リンゴ送れC」という言葉を作り、CBAの大変動情報に加えたのであった。

「ワンダラー思想」において、「リンゴ」とは「外の遊星から地球に生まれ変わってきている人」を指す。「ワンダラー」とは、惑星から惑星へと生まれ変わりつつ移動する放浪者の魂のことである。しかし、真性宇宙人との接触者である松村雄亮はこのような概念を否定していた。

一九六二年九月一六日、不知火《しらぬい》観測慰労会の休憩時、筆者と二、三のメンバーは、松村雄亮を囲んで質疑応答を行った。例えば円盤に乗り込むときの話や、宇宙船の速度など日頃知りたいと思うことを質問し、回答を得た。

筆者の隣にいた久保茂が松村に質問した。「惑星から惑星へと生まれ変わる魂というものはあるのか」と。すると「それはありません」と松村は即答した。

筆者が思うに、肉体の死によって分離した魂というものは、円盤なり宇宙船に回収されて運ばれなければ、他の惑星には行けないということではないか。「死んで、他の惑星へ転生する」という理念は、個人的なロマンとしてなら許されるかもしれない。しかし、それを「メッセージ」として、事実として発信するのは問題が大きい。

それは霊界所属の自称宇宙人によってなされてきた。その目的とは何か。まさか一九九七年の「ヘブンズ・ゲート」事件（一九九七年三月、ヘブンズ・ゲート［天国への門］と呼ばれるカルトが、カリフォルニア州サンディエゴ市北部で「ヘール・ボップすい星接近に合わせて」として集団自殺し、死者三九人を出した事件）のような結末を招くようなものとは思いたくない。

ボード事件は、第2部第4章においてアジャジャ博士やヴァレ博士が指摘した「地球と重なる異世界起源」や「宇宙人コンタクトを偽装する霊的世界からの干渉」の一例として理解することができるだろう。

その世界の住民はUFOのように我々の眼には見えるものではない。眼に見えなくても「宇宙人」を名乗ってコンタクトしてくるのだ。

「宇宙人」を名乗る眼に見えない意識体は、特定の人物を選び「メッセージ」を伝えたりする。その結果、科学的なUFO研究に種々の分派が生まれるという現実となってくるのである。

第6章
松村雄亮の「宇宙連合」とのコンタクトとＣＢＡの古代研究

松村雄亮と「宇宙連合」とのコンタクトの方法

ＣＢＡは「大変動」「Ｈ対策」「ボード事件」という経過を経て、一九六一年八月一日、松村雄亮代表による新体制を確立した。このとき、円盤・宇宙人問題の啓蒙を「新時代運動」と位置づけた。しかし、ＣＢＡの「新時代運動」は、後の時代の「ニューエイジ・ムーブメント」という精神世界運動の台頭により本来の意味を失うことになる。

ＣＢＡによる「新時代運動」とは「宇宙人からの直接的協力を得て推進されるもの」（ＣＢ

Ａ『空飛ぶ円盤ニュース』一九六一年八月号一四頁「ＣＢＡ新体制発足!!」より）であった。

しかし二〇世紀後半に現れた「ニューエイジ・ムーブメント」は自己意識運動であり、個人の霊性に目覚めたり自己の精神性の向上など、いわゆるスピリチュアルな要素が強いようだ。

そこに宇宙人の存在を前提とする運動と、神智学や心霊主義による意識改革の違いが見られる。同じ言葉を使用しても、多数派が主流となるから、ＣＢＡという少数派が唱えた趣旨は意味をなさなくなる。

さらに「宇宙連合」という呼称も、二〇〇〇年以降の霊界的宇宙人交流世界で多用された。例えば、アマゾンで「宇宙連合」とタイトルのついた本を検索すると様々な人が「宇宙連合」に関する本を出しているようだ。あるサイトでは宇宙連合は「様々な星の宇宙人、神様、マスター、天使などあらゆる光の存在から構成される」と説明しており、松村雄亮にコンタクトしてきた存在とはまったく違うようだ。そこでは、「宇宙連合」はもはやＣＢＡで使っていたような意味合いは失われている。しかし、ここでは宇宙の組織体を「宇宙連合」と呼ぶことにする。

ＵＦＯ資料を吟味し、分析する科学的ＵＦＯ研究者にとって、ＣＢＡの唱える宇宙人の概念が受け入れがたいのは、ＵＦＯ目撃体験を得るに至る努力が不足しているからだろう。人間にとってＵＦＯ体験は、ＵＦＯの実在を心の中に確信させる原因となる。思考することと実行すること、この両者のバランスが、実務的ＵＦＯ研究にとっては不可欠と思われる。つまり、

「UFOを見たい」と思っても空を仰がなければ目撃する可能性はない。また、空を観測したからといって、即座にUFOが見られるものでもない。そこに自分の「見たい」と思う思考を実行することで実現させるための限りない努力が生じる。

この努力を積み重ねる実践こそが、現実のUFOへと自分自身を近づける唯一の道といえるだろう。このような思考と実行の一致こそ、地球上空を飛行するUFOの活動、すなわち宇宙人の意志と共に行動する人間として理想なのである。

CBA会員は『空飛ぶ円盤ニュース』に発表された松村雄亮の「宇宙連合」に関する知識と、徹夜観測などによるUFO目撃体験の積み重ねによって、CBAが発表する知識への理解を深めた。そこではCBA会員が松村によってもたらされた「宇宙連合」の概念を念頭に置いた、全国統一された認識を無視することができない。

では、それはどういうものであったのか。まず、「ブラザー〔天宮注・宇宙人〕が搭乗する空飛ぶ円盤」とはどういうものか。それは世界のUFOに関する客観的事実と符合するか否か。そこで『空飛ぶ円盤ニュース』に発表された「空飛ぶ円盤実体図」を見てみよう。

松村雄亮が一九五九年七月に茨城県の某地から、在日宇宙人と共に搭乗した円盤は「実体図」には見られない。元CBA理事・丹下芳之から一九六一年頃、筆者が聞いたところによると、その最初に乗った円盤の内部には設備はなく、人を運搬するだけのがらんどうの機内であったという。

また一九六八年頃に『空飛ぶ円盤ニュース』元編集長・萩原新八が筆者に語ったところによると、空飛ぶ円盤は、そのときどきの使用目的に合わせて造ることが可能だという。彼は「用途に合わせ、粘土細工のように任意な形状の円盤を造って、このへんにポコッと操縦席を造れば、飛んで行く」と、身振り手振りで語ってくれた。これは松村雄亮が萩原新八に語ったことを、そのまま再現したと思われる。

松村雄亮は、宇宙連合からの通信を受けたが、その通信をテレパシーと呼ぶのは不適切だという。テレパシーに代わる「超磁気振動力（Super Magnetic Vibration Power）」という言葉を、松村は『空飛ぶ円盤ニュース』一九六二年一〇月号で発表した。

松村は宇宙連合から連絡を受けると、旅の仕度をして航空会社に予約を入れる。横浜から羽田空港へと向かい、国内便で九州の某空港へ飛ぶ。そして着陸地点である丘陵地帯へと向かうのである。

空飛ぶ円盤の飛行や母船への搭乗は常に「九州の某丘陵地帯」で行われた。その往復にかかる費用、そしてタクシーを使って現場近くに行くための苦労があった（一九六二年九月一六日に筆者は松村から、円盤搭乗時の苦労について直接聞いた）。母船の中は、地球大気と変わらない気温に保たれていたという（CBA会員の橋野昇一が松村に質問して得た答え）。

松村はこうして何度も宇宙船に赴き、その任務の過程で各種の円盤に搭乗した。宇宙人の各種作業、円盤内の装備や機能について学んだと推定される。同時に円盤への搭乗は「課せられた任務」に基づく。すなわち、「大変動の準備としての核兵器対策」がその優先項目にあったと思われる。

宇宙連合の円盤は、高梨純一がその実在を強く主張した「土星型円盤」を基調としていた。その円盤には一切窓はなく、外界は天井の「天体スコープ」によって見ることができる。円盤に搭乗する宇宙人は、松村雄亮もその能力を得た「ＳＭＶＰ」、つまりは人間レーダーのような能力を持っている。その能力があれば、航空機の自動操縦を上回る操縦性を持つのであろう。自動操縦が完璧になれば、我々の乗り物が窓を必要とする時代は過去のものとなる。

松村雄亮がコンタクトした宇宙連合の円盤

『空飛ぶ円盤ニュース』一九六一年一一月号に「空飛ぶ円盤実体図　司令機」が掲載されているが（三七〇頁参照）、このタイプは一九五八年一月一六日、ブラジル海軍観測船によって撮影された。世界で最も信憑性の高い写真として知られている。

直径が五〇～六〇メートルの司令機は、三段に分かれている。三階建ての建物としてみると、一階と二階の吹き抜け空間に、円形のテーブルを囲む大会議室がある。その周辺の部屋、まず一階には個室と調理室、倉庫がある。二階には個室と資料室、サロン、小さな会議室が二つある。

動力機関はほとんど見当たらないが、土星の輪に相当する翼を貫く「ダクト」のみがそれに相当するようだ。このタイプは「ＣＢＡの具体的活動に良き助言を与えてくれている」（『空飛ぶ円盤ニュース』同号）と説明文にある。

『空飛ぶ円盤ニュース』一九六一年一二月号に掲載されている「空飛ぶ円盤実体図　中型機」は直径が四〇〜四五メートル。内部は二段に分かれている。一階にやはり会議室があるが、テーブルは四角い。一階の周囲には資材室、倉庫、調理室、サロン、そして個室が五室ある。制御盤に四人、操縦席に一人が座る。

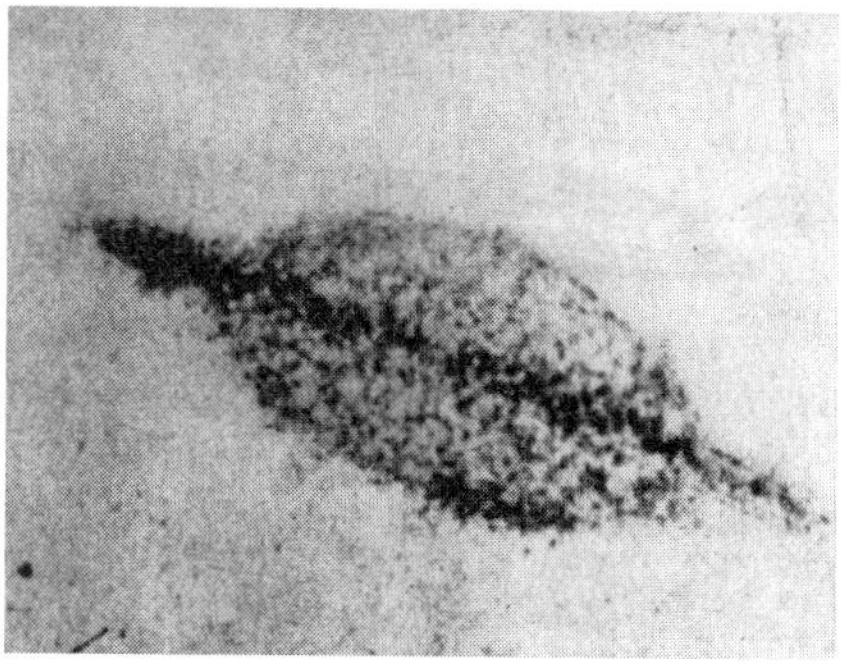

1958年1月16日、ブラジル海軍観測船によって撮影された「司令機」と同形のUFO（『空飛ぶ円盤ニュース』1962年5月号のとじ込みグラビア写真より）

乗員は約一二名となっているから、交替で機体を操縦すると仮定した場合、個室で休憩する五人と、操縦に就く五人とで、だいたい数字は合う。サロンや会議室も、操縦に就かない搭乗員が使用するのかもしれない。

「サロン」とは調理室で作られた飲み物や食事をとる食堂を兼ねたものかもしれない。図面を一見して気づくのは「会議室」が多いことである。常に乗員は集まって議論し、地上空域で発生させる「ＵＦＯ事件」の開始時間、継続時間、飛行形態について打ち合わせをしているのであろうか。また松村雄亮のような地上から選んだ者を招

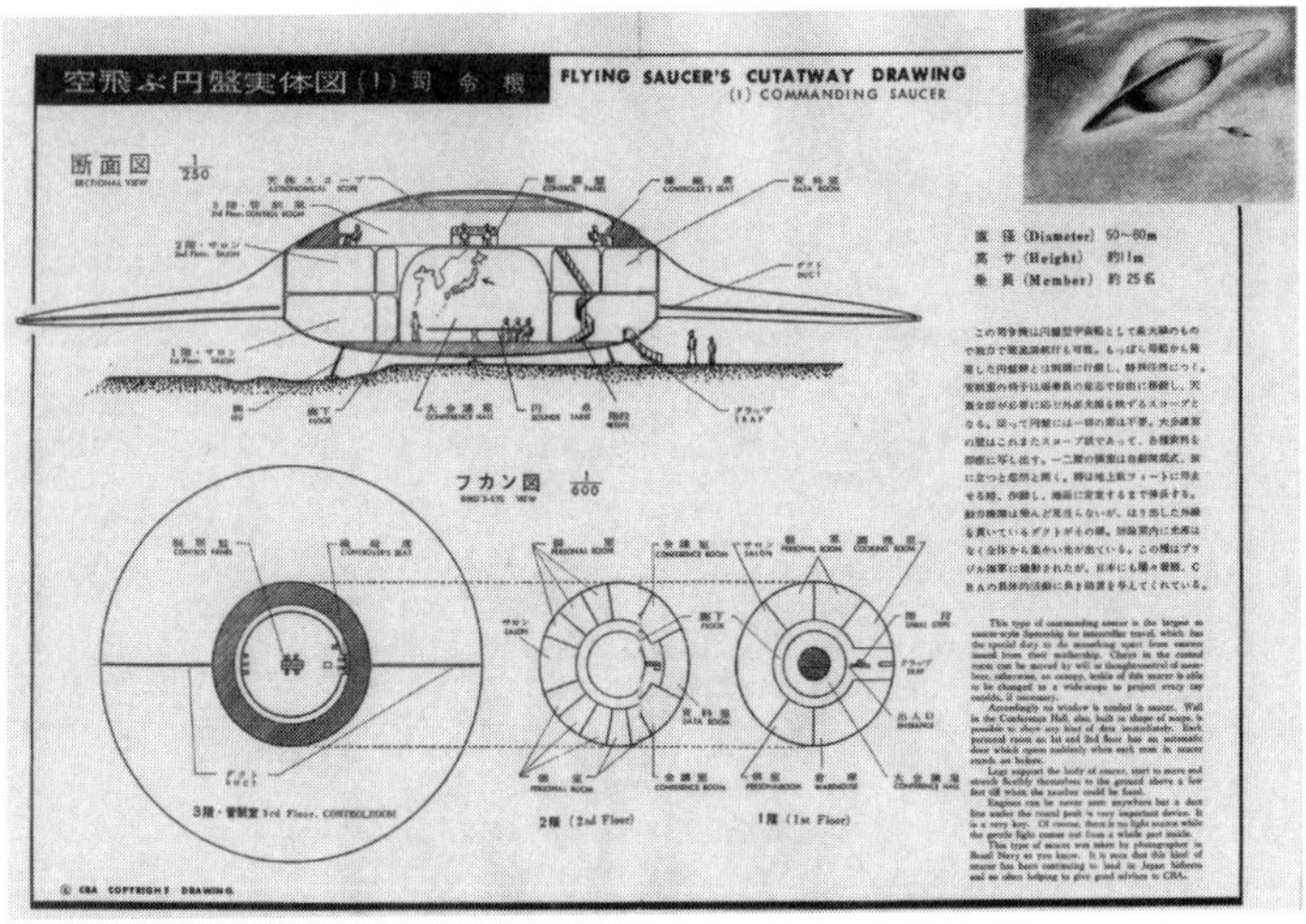

「空飛ぶ円盤実体図　司令機」（『空飛ぶ円盤ニュース』1961年11月号より）

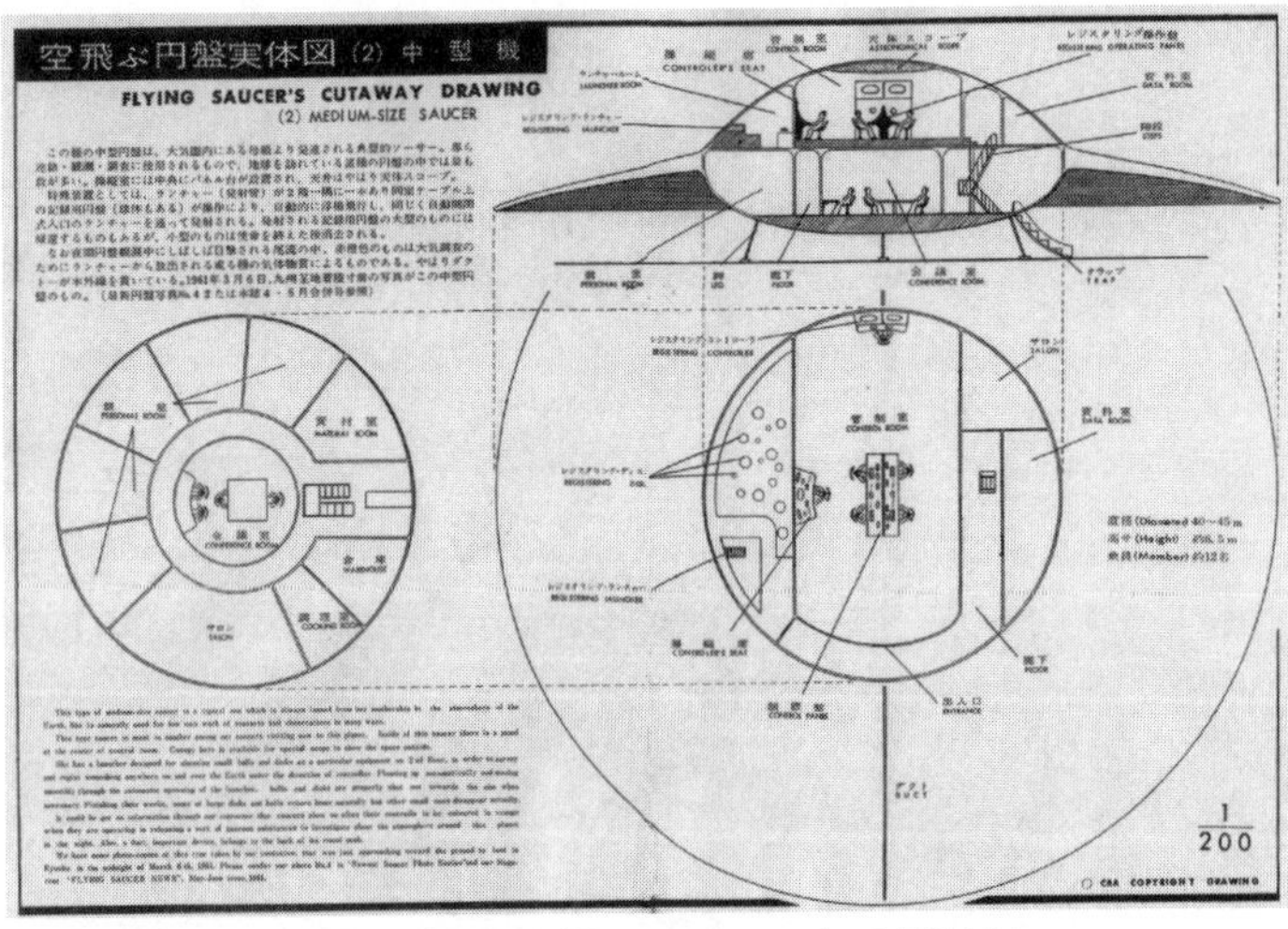

「空飛ぶ円盤実体図　中型機」（『空飛ぶ円盤ニュース』1961年12月号より）

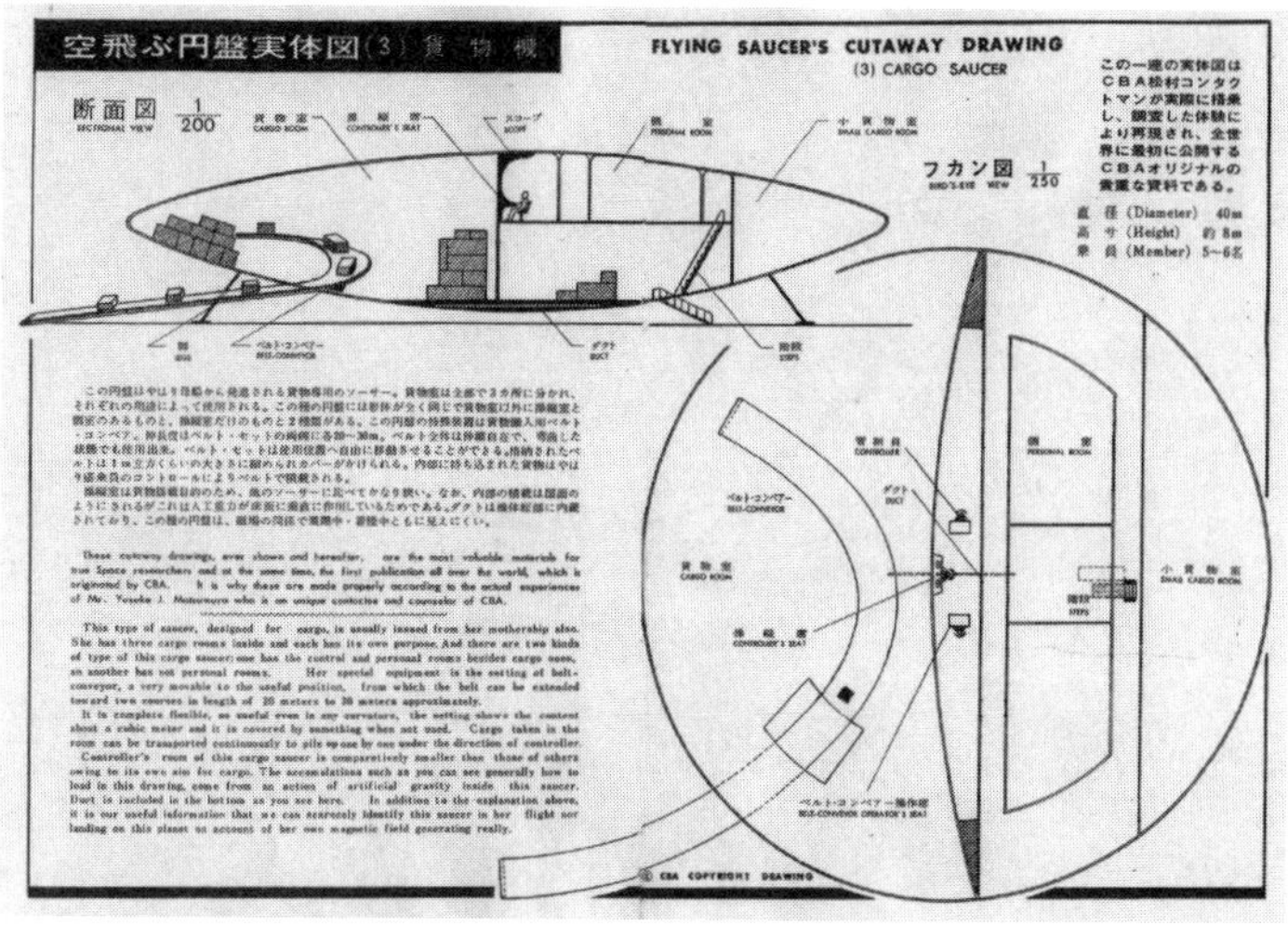

「空飛ぶ円盤実体図　貨物機」（『空飛ぶ円盤ニュース』1962年1月号より）

き入れて、会議に列席させる配慮もなされたかもしれない。

この中型機には大小の「記録用円盤」が搭載されている。必要に応じて発射され、地上の都市や施設などへ向かう。この記録用円盤については、本書の第2部「異色の研究家スタンフォードと『記録用円盤』」（一九八頁）で詳しく触れた。

『空飛ぶ円盤ニュース』一九六二年一月号に掲載された「空飛ぶ円盤実体図　貨物機」のタイプは、よく言われる「皿を二枚、向かい合わせにつけたような円盤」の形状をしている。直径は四〇メートルで、高さは約八メートル。伸縮自在のベルトコンベアにより貨物を機内に収容する機能がある。「この種の円盤は、磁場の関係で飛翔中、着陸中とも見えにくい」との説明がある（『空飛ぶ円盤ニュー

「彼等は来た！そして…」と題したイラスト（『空飛ぶ円盤ニュース』1962年2～3月号より）

ス』一九六二年一月号）。

同じ号に「母船」も掲載されているが、図面はない。しかし『空飛ぶ円盤ニュース』一九六二年二～三月号の「彼等は来た！そして…」と題したイラストに、葉巻型母船の中央部がくりぬかれて図解されている。たくさんの部屋と、円盤が格納されている状態。そして円盤を母船内に降ろすエレベーターが見られる。

松村雄亮とCBA本部員四名は一九六〇年一〇月二〇日朝、九州で活動中、阿蘇外輪大観峰上空に現れた母船編隊とその周囲を乱舞する円盤を目撃した。母船群と円盤は河合浩三によって、約四〇枚の写真に撮られた。

目撃報告によると、青空に白く凸レンズ状の断面を見せる物体が複数、雲に向かっ

1961年12月21日に瀬戸内海上空で撮影された母船編隊（中央の雲の上を飛ぶ細長い飛行物体、『空飛ぶ円盤ニュース』1962年1月号より）

て進み、雲に接触すると同時に消えていったという。

また一九六一年一二月二一日には、東京発福岡行きの日航機で瀬戸内海上空を通過中、母船編隊が現れたのをＣＢＡ本部員と乗客多数が目撃。松村は連続一七枚の写真に撮った。これは外観が葉巻型をした雲のような質感で見られる。こうした葉巻型物体の雲のような外観のものは、一九五四年のフランスでも報告されている。

前記二件（一九六〇年一〇月二〇日と一九六一年一二月二一日）は昼間の出現であったが、松村は九州でのコンタクト中、深夜に現れた母船を三〇〇ミリ望遠で撮影している。それは一九六一年一二月一日のことで、巨大な葉巻の輪郭がクッキリと美しく見られる。

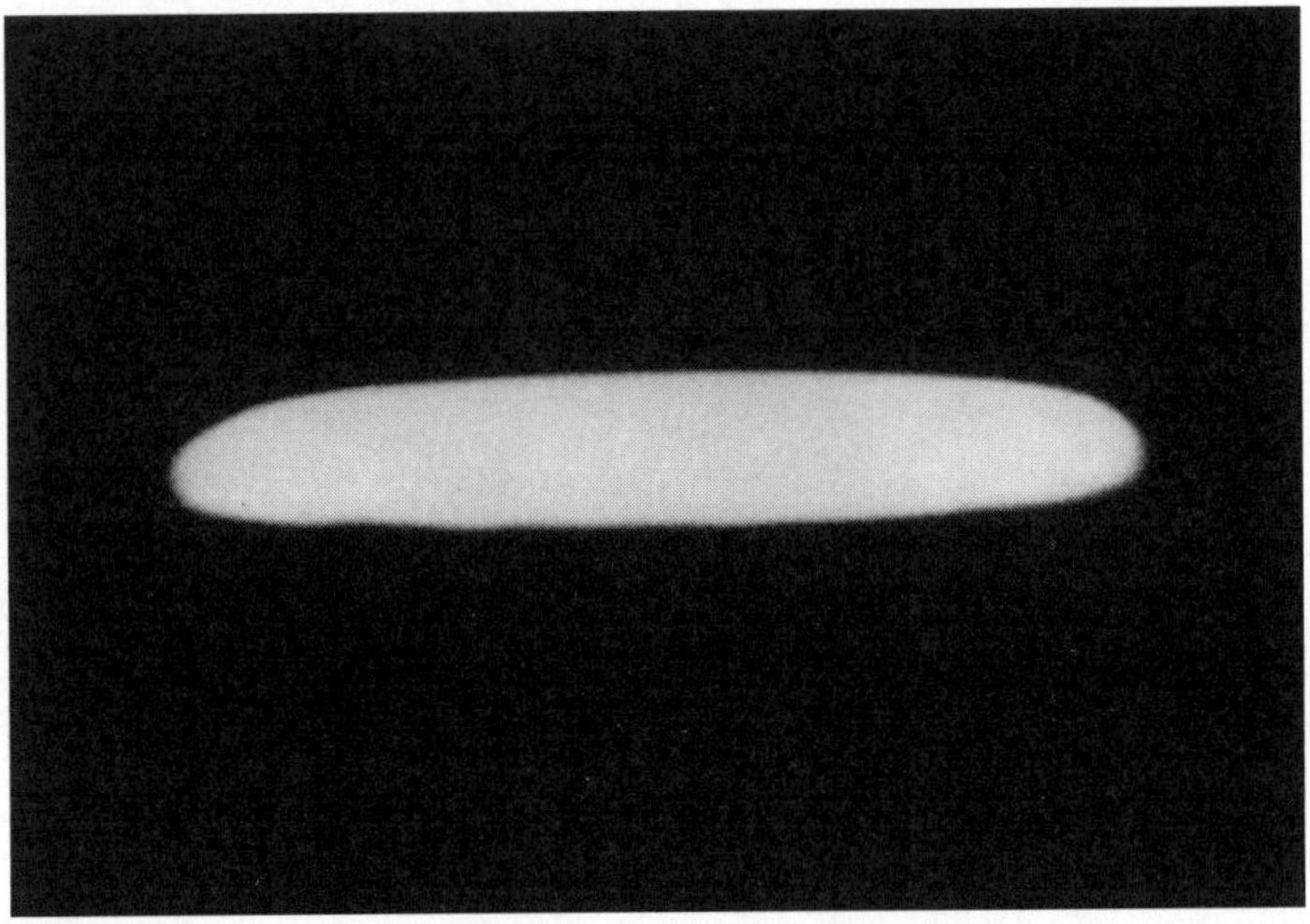

1961年12月1日に300ミリ望遠で撮影した葉巻型母船（『空飛ぶ円盤ニュース』1962年1月号より）

この夜には、長さ三〇〇〇メートル級と一七〇〇メートル級の母船が撮影された。その状況は『空飛ぶ円盤ニュース』と『空飛ぶ円盤ダイジェスト』に掲載されている。

松村雄亮のコンタクトする宇宙連合の円盤と母船は、その場に居合わせれば、誰でも肉眼で見られ、撮影もできる。また、そのシンプルな形状は、CBA会員による個人的な観測でも目撃されているし、撮影もされた。

CBA会員には「活動家」と呼ばれる信頼のおける人物が多数いて、彼らは通常の会員とは区別して登録されている。「活動家」たちは毎週のように本部から発行される謄写版刷り情報連絡紙を読み、CBAの計画に参加していた。

CBA活動家に送られた『Weekly the

Sun-Kingdom Vol. 1 No. 1 1964. 1. 1』には、「宇宙連合」による「地球計画――組織概要」が見られる。その冒頭にはこう記されている。

「本地球計画およびその最高司令部の設置されている旗艦を含めて、参加要員によりワン・オー・シックス・ナインと呼称さる1069（One Ou Six Nine）」

その下に組織図があり、「旗艦」の下に「戦略偵察」「中央対策本部」「特殊作業」の三つの部門が書かれている。その細目には、地球の物理的偵察、地上兵器基地偵察、地球文化への関与、対核兵器作業、地球内部への特殊作業、遊星間航行の安全性処理、といった項目が並ぶ。

その下に松村最高顧問と秘書、そしてCBAの実行委員会、全国支部がある。CBA会員とはこのように宇宙組織と直接つながっている組織に所属していることを示している。

世界の各地で出現するUFOや、発射されたミサイルを追った一九四九年の米国ニューメキシコ州ホワイトサンズロケット実験場でのUFO事件、戦闘機を追尾した一九五六年の英国レイクンヒース事件などの軍事的なUFO事件は、このような組織的な機動部隊により対処され、報告された。だから、それ以外の「奇妙な宇宙人に攻撃された」とか「円盤に連れ込まれた」というような海外情報とは、厳密に区別された。「奇妙な宇宙人に攻撃された」や「円盤に連れ込まれた」などの奇妙な情報の発生源はいまのところ謎とするしかないが。

CBAが取り上げたUFOケースは、航空機によるUFO遭遇、戦略空軍（SAC）のUFO事件（例えば「戦略空軍と空飛ぶ円盤」『空飛ぶ円盤ニュース』一九六四年五月号や「米第七艦隊と対決するＵＦＯｓ」『空飛ぶ円盤ニュース』一九六七年三月号など）、宇宙飛行士によるＵＦＯ目撃、月面活動中のＵＦＯ目撃、各国空軍機によるＵＦＯ遭遇、天文学者・科学者が報告したＵＦＯ事例であった。

そこには興味本位でＵＦＯ情報に接するのではなく、歴史的一貫性（何百年あるいは千年という年月を隔てて、共通した形態のＵＦＯが来ているのではないか、ＵＦＯは人類に接近する姿勢が見られるのではないか）という視点からの情報識別・評価というものが優先された。その根拠をなすのが、ＣＢＡによる「古代研究」である。以下にその経過の概要を述べよう。

ジョージ・ハント・ウィリアムスンの来日

「ボード事件」の仕掛け人であるウィリアムスン博士が、ＣＢＡの招きで一九六一年八月に来日した。北米インディアン伝説や南米遺跡などを通じ、古代宇宙人来訪の痕跡を求めてきたウィリアムスンは、天孫降臨神話で知られる日本でも、古代宇宙人来訪の痕跡を求めて歩いた。ＣＢＡ幹部と共に日本の各地を訪れた。

実は、筆者がこの項を執筆する直前の二〇一八年一月二〇日、東京のある方からＣＢＡ元理事の土屋瑞枝女史の遺品として、ウィリアムスン日本紀行のスナップ写真三二〇枚をいただいた。それらの写真によると、日程は以下の通りだったようである。

一九六一年八月一六日　横浜港に到着
八月一七日　歓迎会
八月一八日　日光行き
八月一九日　北海道へ飛び、北大アイヌ資料室の児玉博士と面会
八月二〇日　旭川・アイヌ部落へ
八月二一日　フゴッペ（現・北海道余市町）へ
八月二二日　平取アイヌコタン、オキクルミカムイ伝承に接す
八月二三日　白老アイヌコタン
八月二三日　白老↓札幌↓羽田
八月二七日　東京有楽町朝日講堂にて特別講演会
九月一五日　東京国立博物館
九月一七日　移動日（車で）
九月一八日　伊勢神宮
九月一九日　奈良
九月二〇日　熱田神宮

九月二五日　横浜港よりハワイ経由で帰国の途につく

ウィリアムスンがＣＢＡに説明したところによると、宇宙人および円盤の実在を主張する真面目な研究団体は、金銭面で経済的苦境に陥るか、金銭への誘惑により沈黙させられたという。また霊魂（人霊・動物霊）が団体の内部に勢力を拡げ、最終的に心霊団体と化してしまった例、真摯な団体の内部に分裂を引き起こし、不和を拡げて解体した例があったという。それゆえ、ＣＢＡが松村代表の指示のもと一丸となって働いている姿に接して、まだこんな団体が生き残っていたのかと驚き、日本に期待していたようである（参考・『空飛ぶ円盤ニュース』一九六一年一一月号「ウ博士離日に寄せて」）。

ＣＢＡ幹部は、ウィリアムスンの日本紀行に同行することで、アイヌ民族の神話など日本の過去を見直す機会となったものと推測される。ＣＢＡとウィリアムスンの関係は、以後途絶えたようである。

ＵＦＯの起源を探り、存在意義を考察したＣＢＡの古代研究

『空飛ぶ円盤ニュース』一九六一年一一月号の表紙には、「司令機」と呼ばれる空飛ぶ円盤の

実体図が登場した。これは松村雄亮がコンタクトした宇宙連合の円盤の図面である。これはその後のアイヌ文化の聖地「ハヨピラ」（北海道沙流《さる》郡平取《びらとり》町）建設に至るまでの、松村体制を決定づけた記念碑的発行物となった。

しかし一九六一年頃より『空飛ぶ円盤ニュース』では、ＣＢＡ初期の久保田八郎代表時代、盛んに取り上げられたアダムスキーを中心とする「コンタクト・ストーリー」は姿を消し、ウィリアムスンの情報も掲載されなくなった。空飛ぶ円盤の読み物や「宇宙人のメッセージ」を期待した会員は次第に離れていったようだ。本書の読者はすでに理解されていると思うが、そのように離れていった人々の受け皿として、「オイカイワタチ」や「日本ＧＡＰ」があったわけである。

ＣＢＡの古代研究は、ＵＦＯの起源を探ること、ＵＦＯの存在意義を歴史的視点で考えること、宇宙人と地球人の実質的関係に迫ることに集中していた。その方針を象徴するのが『空飛ぶ円盤ニュース』一九六二年四月号特集「古代オリエントの円盤！」であった。

この論文のタイトルカットとして使用されている「古代ペルシャの天空神アフラ・マズダー」像の大きな写真は、視覚的にそのテーマを物語る。この論文では、古代の王（ダリウス大王）に接触した天空神アフラ・マズダーが、今も宇宙人として人類にコンタクトしていると説き、「古代＝現代」であることを主張していた。

わかりやすくいうと、古代で起こったことは、そのまま現代にも起こっている、ということ

古代ペルシャの天空神アフラ・マズダー（『空飛ぶ円盤ニュース』1962年4月号より）

である。ただし、古代世界では天空神の相手が一族の王であったのに対し、現代では、国家の指導者ではなく、取るに足らない民間人であるということだ。『空飛ぶ円盤ニュース』一九六二年四月号特集「古代オリエントの円盤！」を読んだＣＢＡ会員は、キリスト教徒ではないのに聖書を熟読し、古代オリエント史を学習し、日本の古文書類に目を向けることとなった。

　松村雄亮の指揮のもと、ＣＢＡ本部員の合作ともいえる論文がこの特集であった。その論点は、古代文明に見られる太陽崇拝の産物とみなされてきた「有翼太陽円盤」を取り上げ、その起源を、古代の空に目撃された空飛ぶ円盤にある、としたのである。

　この翼をつけた太陽、あるいはその空中構造物に神を乗せた形は、確かに現代のパプア事件（一九五九年六月二六日、ニューギニアのパプア地区で集中的に発生した事件で、原住民と英国から派遣されたウィリアム・ギル神父によって円盤が目撃された。接近した円盤の上部に四人の人影が目撃され、目撃者たちが手を振ると、円盤に立つ四人も手を振ったという。一〇六頁も参照）その他に見られる円盤と搭乗者を思わせる。特集「古代オリエントの円盤！」では、これらの王権のシンボルともいうべき印が、単なる装飾的図形や思想的表象ではなく、現実にそれを見た古代人の表現形式であるとした。

さらに、旧約聖書「出エジプト記」のモーゼ、古代ペルシャのダリウス大王、バビロニアのハンムラビ王を「古代のコンタクトマン」とし、王と宇宙人との接触を系統づけた。

この特集の中で注目されるのは、旧約聖書の記述と、バビロニアの碑文が、同一の神格について記してある、という指摘である。バビロニアの碑文とはバビロニア文字で記したキュロス王の碑文であるが、そこには、主神マルドゥークがキュロスを支援したと記されている。

「偉大な主、マルドゥークはバビロンの人々の心をわたしに向けてくれた。わたしがその礼拝を考えている時、わたしの広く展開している軍は、友好的平和裡にバビロンに入った」（『空飛ぶ円盤ニュース』一九六二年四月号より）

これと同じことを旧約聖書イザヤ書は、聖書の神エホバの言葉として、次のように記している。「クロス」とはキュロス二世を指す。

「『わたしは義をもってクロスを起《おこ》した。わたしは彼のすべての道をまっすぐにしよう。彼はわが町を建て、わが捕囚を価《あたい》のためでなく、また報いのためでなく解き放つ』と、万軍の主《しゅ》は言われる」（イザヤ書45－13、『空飛ぶ円盤ニュース』一九六二年四月号より）

「またクロスについては、『彼はわが牧者、わが目的をことごとく成し遂げる』と言い」（イザヤ書44－28）

以上のようにキュロス王の碑文と旧約聖書イザヤ書は、キュロス王によるバビロン入城の状況を、キュロス王本人とそれとコンタクトした神の立場で述べていることから、同一の神格について記してあるというのが特集「古代オリエントの円盤！」の主張である。

以上はCBAの海外古代資料研究の一部だが、航空雑誌『航空情報』一九五七年一月号（酣燈社）に「空飛ぶ円盤は実在する？」という航空機事例を書いた元航空雑誌記者である松村雄亮が、宇宙とのコンタクトのあとCBA幹部に古代研究をするよう指示したとされている。その背景に何があるのか。

その背後に「CBAの具体的活動に良き助言を与えてくれる」（CBA『空飛ぶ円盤ニュース』一九六一年一一月号「空飛ぶ円盤実体図（一）司令機」の説明より）と記された宇宙人が、「我々のことについて知るには、地球の古代を研究しなさい」との助言を松村に与えたと推定するのが妥当ではないか。

原始絵画や古墳からUFOの痕跡を探す研究

第3部の「池田隆雄と村田勇によるＵＦＯ古記録の研究」（二八六頁）その他でも触れたように、日本のＵＦＯ古記録については斎藤守弘や池田隆雄によっても発掘・調査されていた。ＣＢＡは『空飛ぶ円盤ニュース』一九六二年三月号で「昔にも円盤は飛んでいた！」と題して、一三枚の絵画資料と共に、藤沢衛彦著『図説日本民俗学全集』第四巻日本怪奇妖怪年表から引用したＵＦＯと見られる空中現象の解説を掲載した。また『空飛ぶ円盤ダイジェスト』には、三上晧造編集長によって、文献の原文と読み下し文、そしてＵＦＯ現象としての説明が連載されていた。

このように、古文献からＵＦＯに類似した記述を見つけるのも地道な研究ではある。またＵＦＯと思われるものが描かれた絵画も貴重な資料である。天空に現れた物体を見上げる情景を描いた美術的な作品は誰でもわかる。それらは他人に見せることを目的として描かれていた。

では、そうした絵画以前には何があったか。「原始絵画」と呼ばれるものがあった。原始絵画とは文字のない時代、墳墓などの遺跡を構築する岩や石に描かれた図形を指す。

原始絵画には現代人が見ても意味不明なものが多い。原始絵画といえるもので、日本の文化遺産としては装飾古墳がある。それは九州と福島県、茨城県その他に点在する。これらは、奈良の高松塚に見られる写実的な絵画とはまったく異質である。松村雄亮とＣＢＡは、幾何学模様が描かれた装飾古墳絵画に着目した。

一九六二年五月、松村雄亮チーフ率いるＣＢＡ幹部は、「古代日本学術調査隊」という銀文

右・王冠を頭にした人物が７つの円紋に向かって両手を挙げる、チブサン古墳の壁画（CBA 科学研究部門による撮影、写真は著書所蔵）。左・福島県泉崎横穴（古墳）の壁画。４人の手をつなぐ男性と、３人の捧げ物をする女性の頭上に鮮明な渦巻きが見える。この渦巻きは、中国などでも見られる螺旋状 UFO と類似している。CBA ではこれを「現代人が行っている円盤観測会と同様に、手をつないで空飛ぶ円盤を迎えている古代人」とした（CBA 科学研究部門による撮影、写真は著書所蔵）。

字をダットサン・ブルーバードの車体側部と後部に貼り付け、脚立や撮影機器を満載して横浜を出発した。彼らは福岡、熊本などの装飾古墳を調査した。石室に描かれた同心円、太陽の舟、蕨手紋《わらびてもん》（一端が蕨の先端のように渦状に内側に巻いている文様）などの装飾モチーフを模写し、サイズ等を測定し、撮影した。

その調査行で、彼らは古墳から飛び出す火の玉の目撃談を福岡県王塚古墳で聞いた。そして、三日月型の光体の変化を熊本県チブサン古墳で聞いた。こうした古墳と光り物の関係は、のちに「前方後円墳とは、円形の本体と尾流を表す矩形の組み合わせによる空飛ぶ円盤を表し、死後それに乗るという、古代人の来世観を形式化したもの」という新説を出すことになるが、紙幅の関係で詳しくは触れない。

チブサン古墳では、王冠を頭にした人物が七つの円紋に向かって両手を挙げる構図が確認された。ＣＢＡ幹部は、これこそ七個の円盤を迎える古代の王に違いない、と確信した。

人物の上に複数の円紋、同心円を配置する原住民の図形は、日本のみならず北米、イタリア、オーストラリアなど世界各地で見られる構図である。その中には北米のように人物が両手を挙げている構図もある。

ＣＢＡの古代オリエントの研究によって、古代の王が円盤と接触し、法典の授与、王権神授の思想を持っていたことがわかったとされている。日本も円盤との接触で思想的影響を受けた国家だった可能性が以前より予測されていた。

まさに、その証拠がチブサン古墳と福島県泉崎横穴古墳にあったわけだ。その二つの古墳にある壁画は、日本も円盤との接触により思想的影響を受けたことを証明したとされた。

また、ＣＢＡは古代オリエントの研究によって、エジプトなどの太陽の舟が、太陽のように輝く神の舟としての円盤を表すとしていた。そのため、福岡県の五郎山《ごろうやま》古墳、鳥船塚古墳、日岡《ひのおか》古墳、熊本県の弁慶ヶ穴古墳などに見られる太陽の舟も、それに類したシンボルではないかという仮説を立てた。

不知火とUFOの研究から「太陽王国復活」の決意表明へ

活発に活動するCBAの次の探求テーマは、古墳調査中に地元住民から聞いた「不知火《しらぬい》」へと向かった。いわゆる「怪火」や「怪光」の類は『日本書紀』にも『風土記』にも見られる。不知火と見られる記述は景行天皇の項に見られる。また『肥前国風土記』には、八代の山に降下した「火」が語られている。

学術的研究では不知火の正体は、漁火《いさりび》の屈折現象とされ、解決済みとなっていた。だが、UFO学徒としては、文献に見られるその描写が、あまりにもUFO現象と酷似しているのは見逃せない要素であり、実際の観測が不可欠となった。

例えば角田義治『現代怪火考』（大陸書房）の一六五頁に著者による不知火観察が掲載されているが、「なおそれらの火を注意深く見ていますと、瞬間的にポッと、燃え上がるように見えたり、また次の瞬間、ピョンと飛び上がるように見えることもありました」とある。神沢貞幹（一七一〇～一七九五）著の『翁草《おきなぐさ》』所収の「夢之代」には「肥後の不知火は海中へ沈みたる山の火気の海面へあらわるならん」（肥後の不知火は海中に沈んでいる山の火気「山に見られる怪火の種類と見られる」が海面に現れたのではないか）という記述があるが、これもUFO現象とよく似ている。

一九六二年八月三〇日、旧暦八月一日（八朔《はっさく》）の未明、不知火海を囲む五か所の観測地点から、ＣＢＡの松村雄亮チーフ以下一九人は、七時間に及ぶ徹夜観測を行った。彼らはＵＦＯ観測の要領で分刻みの記録を取り、写真撮影を行った。

この不知火観測の時間帯に、上空を発光体が飛行するのが目撃された。その出現は不知火の変化と共に記録された。ＣＢＡはすでに地元民から「不知火の出る前に、流星のようなものが飛ぶ」と聞いていたのである。

ＣＢＡの松村チーフは、不知火現象と上空を飛行するＵＦＯとの関連性を小型のノートに書き記し、観測後の各班のデータ照合時に、それを発表した。それによると、例えば以下のようである。

「緑色のＵＦＯが飛翔すると、その方向へ不知火は出現する」
「蛍光色のＵＦＯが飛翔すると、その部分の不知火は活動を止め、約五～八秒後に消滅する」
「オレンジ系色のＵＦＯが飛ぶと、その部分の不知火は直ちに消える」
「緑色のＵＦＯが断続的に尾を引いて飛ぶと、不知火は明らかに明滅を繰り返す」

これにより、不知火と円盤は相互に関連性があり、不知火は空から降下する円盤に起因するのではないかという仮説が立てられた。そして不知火海が、垂直線を持つ発光形の「ヒマワリ紋様」という、独特の装飾図形を持つ古墳に囲まれている事実から、それらは古代人が不知火を見て表現した図形ではないかという説が浮上した。つまり、「ヒマワリ紋様」の上に見られる垂直線は、「上からの降下」と解釈されたのである。

装飾古墳に描かれた同心円を基調とした図形は、今でいえば「ＵＦＯスケッチ」であり、円盤の多重的な立体構造を平面化したものであるとされた。ＣＢＡはその画法を、ロケットエンジンを平面図で区別するのと同様の「平面投影法」であるとした（『空飛ぶ円盤ニュース』一九六四年四月号七頁）。

考古学では装飾古墳の同心円は「鏡」とされている。ＣＢＡの説は考古学と正面から対決することになった。

ＣＢＡによる不知火観測は、翌一九六三年九月一七日にも行われた。観測班は一〇班に増えた。カメラ五〇余台、望遠鏡五台、双眼鏡二五台の装備となった。観測人員は松村チーフ以下六〇名に増加した。

松村とＣＢＡは、この不知火観測後に、チブサン古墳前において、古代日本の宇宙交流文化「太陽王国復活」の決意表明を行った。「チブサン王が両手を挙げて七つの円盤を迎えていたような宇宙文化圏であるサン・キングダム（太陽王国）を復活し、そのシンボルである太陽円盤の旗印（三重同心円）を遠く海外にもたなびかせる」と宣言したのである。その決意表明は三年を経て、ハヨピラ建設の完成により成就されることになる。

ＵＦＯ観測による円盤来訪の確認。古代研究による過去の宇宙交流文化の想定。その交流文化を現代によみがえらせようとする方向性。その方向性の具体的な実現。こうした筋道が、全

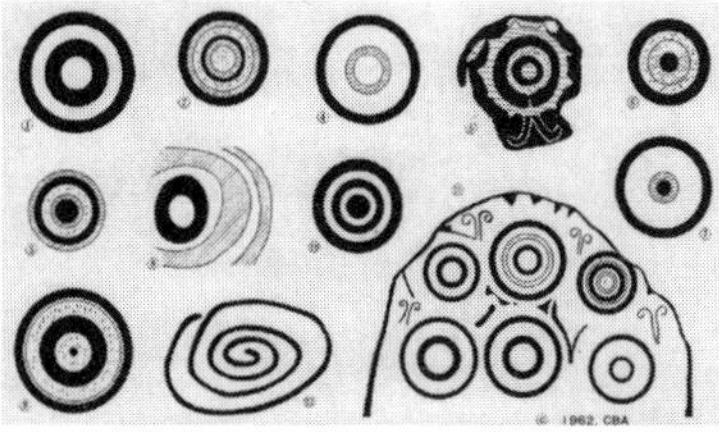

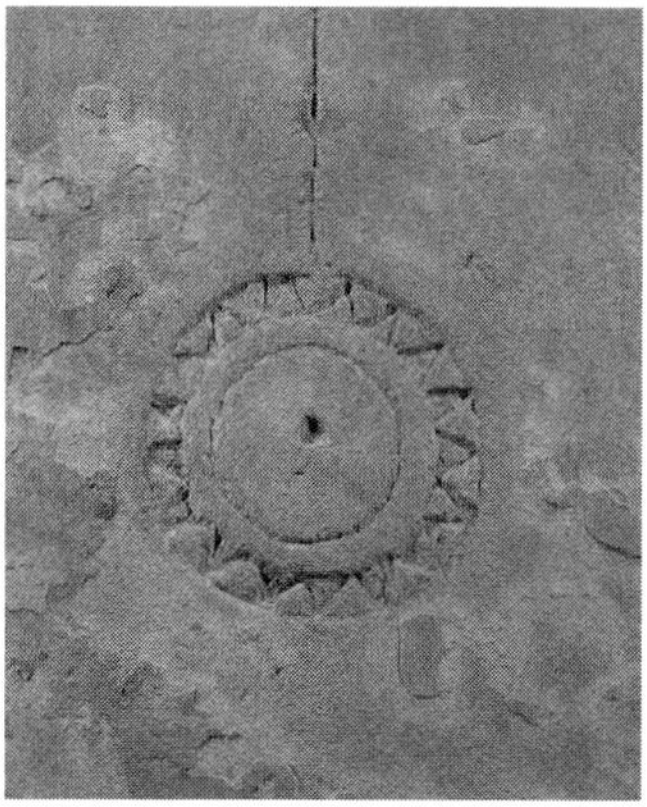

右・熊本県長迫《ながさこ》古墳から出土した石棺材に刻まれている文様。垂直線を持つ発光形の「ヒマワリ紋様」の一例（写真は『装飾古墳の世界』朝日新聞社、1993 ～ 1994 年より）。上・装飾古墳に描かれた同心円を基調とした図形（『空飛ぶ円盤ニュース』1962 年6～7月号より）

国ＣＢＡ会員に浸透していった。

ＣＢＡ会員は各自のＵＦＯ目撃体験の積み重ねによって、宇宙人を見なくともその存在を確信したのであった。その確信は、過去のＣＢＡにあった「ワンダラー」、つまり選民思想とは異なるものだ。そこには「人間性の回復」という命題があり、学問的にも「失われた古代の精神を回復する」という普遍的な方向性を持っていた。

第7章
双眼鏡のみでの呼びかけ観測と子供たちとの「円盤観測」

一九六一年から、肉眼と双眼鏡のみで呼びかけ観測を実施

先の「岡山市の地学教師が見たのは観測者の意思に反応するUFOか」の項（三一〇頁）で、岡山市就実高校の地学教師による「念ずる思い」によるUFO出現を紹介したが、CBAではその分野の研究を深めていった。CBAでは「念ずる」という一般的な言葉ではなく「テレパシー」という特殊用語でそれを表現した。この用語は心霊的要素もあり誤解を招きやすいが、CBAでは長い期間これを使用した。

ここでいう「念ずる」とは、UFO観測において、空間を隔てた相手（UFO）に自分の願い、意思というものを届かせる手段を意味する。『空飛ぶ円盤ニュース』一九六一年六月号の目撃報告に「テレパシーによる呼びかけに現れた」事例が見られる。報告によると一九六一年五月の夜、直線に飛行する二個の連結状光体を、一〇秒近く目撃したという。神奈川県藤沢市に住む目撃者は、保土ヶ谷に住むCBAの同僚に電話したところ、相手も同じ光体を見ていたことが判明した。

CBA本部でも、一九六一年の五月から、従来のような交信機を使わず、肉眼と双眼鏡のみで呼びかけ観測を実施するようになった。機械を使わず、人間の意思でUFOを呼ぶ、という観測方式に転換したのである。それと同時に会員からも「テレパシーで紫色円盤出現」「尾道でもテレパシーでUFO出現」（『空飛ぶ円盤ニュース』一九六一年七月号）と、テレパシーによる目撃報告が相次いだ。

またCBA会員の間にはいつの頃からか「ベントラ」という言葉が広まり、円盤への呼びかけ文句として使われるようになった。この言葉はウィリアムスンの『宇宙語宇宙人』三二〇頁にジョージ・ヴァン・タッセルが受信した「アシュタール」からのメッセージとして出てくる。

これは「宇宙船」を意味すると解釈された。その真偽は不明だが、要は記号的言葉で精神集中できればよいのであろう。

こうした情報と並行して、その時期の『空飛ぶ円盤ニュース』では、河合浩三による「テレパシー」に関する連載が掲載された。河合浩三の論文によると、以下の項目が重要な要素と思われる。

「吾々《われわれ》の送信は如何にカスカナものでもする、宇宙人には、キャッチされているのである」

「吾々が自信をもってブラザー〔天宮注・宇宙人〕の言葉を受信した話はきいていない」

一九六〇年一〇月、CBA幹部は、宇宙人からのテレパシーを受信する能力を高めるため、期間限定での訓練に参加する機会が設けられた。その期間、毎夜午後九時から一時間、東方の空に向かってテレパシー・コンタクトをせよ、というものであった。晴雨を問わず、連日行うことが重要であった。その結果について河合浩三はこう記す。

「実行した人もいる。三日で止めた人もある。（中略）CBAのおエラ方は見事精神感応回復試験に落第した次第である」

コンタクトマンの松村雄亮以外には宇宙人からの直接的受信は不可能だったが、空に呼びかけて円盤を観測し、出現を受ける頻度は、全国的に高まっていった。CBA会員はその呼びかけによる円盤観測を「テレパシー・コンタクト」の略「テレ・コン」と表現し、お互いの会話において頻繁に使用した。

この観測方法が顕著な効果を発揮したのは、一九六四年より始まった六月二四日の「国際円盤デー」と称する全国規模の観測会においてであった。記録された目撃データは一覧表や統計グラフ、顕著なUFOの飛行図にまとめられ、『空飛ぶ円盤ニュース』の付録として配布された。

その付録に見られるUFOの形状、変化、特殊飛行は、全世界で目撃されてきた「真性UFO」のパターンを示している。では一九六四年六月二四日に行われた観測会の概要を要約してみよう。

観測会は六月二四日午後五時から二五日午前五時までで、全国三七か所の観測会場で行われた。B4判七頁に及ぶ全報告数は一八一件。目撃のピークは二四日午後九時。

目撃のピークが午後九時というのはアレン・ハイネックが『UFOとは何か』(角川文庫)に掲載した「世界中で目撃された一九六三年以前の三六二件による時間別目撃集計」のデータと一致している。このグラフでも午後九時（二一時）の目撃が突出していた。

CBAの観測会における目撃者数は延べ一三八〇人以上。一件で五〇名以上の目撃があったのは、気仙沼、岡山県清音村《きよねそん》。一〇〇名以上はハヨピラ（北海道沙流郡平取町）、秋田県大《おお》曲市《まがり》となっている。

『ジュニアえんばんニュース』を創刊し、子供たちと「円盤観測」

CBA会員は、UFO事件の調査もやったが、それをする前に自らの肉眼によって、円盤の

『ジュニアえんばんニュース』第２号（1963年１月１日発行）

見え方や変化について体験的に認識していた。自らの目撃認識と照合することにより、どのような物体や現象が確実なＵＦＯ事例であるかを学ぶことができた。

高校生などＣＢＡ若手会員たち向けには、タブロイド判『ジュニアえんばんニュース』が、一九六三年に創刊された。そこには、児童文学者・絵物語作家の山川惣治《そうじ》（一九〇八～一九九二）による「オキクルミの冒険」が連載された。山川惣治はその頃、アイヌ神話における文化英雄オキクルミの物語を絵物語として発表していた。

ＣＢＡ若手会員たちは、『ジュニアえんばんニュース』を大量にＣＢＡ本部から送ってもらい、自転車に積んで山間僻地に出かけ、村々に住む子供たちに配布して回った。「空飛ぶ円盤はやってきた！」「空飛ぶ円盤を見よう！」などと書かれたチラシや『ジュニアえんばんニュース』を無料配布するこの活動を、ＣＢＡでは「公報活動」と呼んだ。「広報」ではなく「公報」という官庁で使われる用語が当てられたのには、ＣＢＡなりの主張があった。「本来過去の遺産を受け継ぐのが国家であるならば、円盤来訪という過去から続く事実をも日本の歴史として伝えるべきである。それが断絶されているいま、それを日本国政府に代わって行うのが我々である」という大それた主張であった。

一九六三年夏、東京から自転車に『ジュニアえんばんニュース』を満載し、茨城県土浦に出かけた自転車部隊の公報メンバーがいた。彼らは随所で新聞を配りながら子供たちを集め「円盤観測」の方法を教えた。すると子供たちは広場で観測を行い、「このような円盤が現れた」と自転車部隊に報告した。このケースは、土浦市で二度見られた。

また、当時東京電力サービスステーション（修理・サポートなどを行う事務所）が東京の各地にあった。この無料施設を活用してスライド会、展示会など公報活動が行われた。その会場近くでは観測会が行われ、「V字型編隊」「細長い発光体の移動」「葉巻型母船の変化」などが、集まった子供たちによって目撃された。

ＵＦＯ目撃体験を共有する集団の内部では、ＵＦＯ現象から受ける印象を基調とする様々な対話が発生する。そこで行われる討論から生まれる問題意識は、必然的に社会批判やＵＦＯ否定論者への反発へと向かい、熱気を帯びたものとなる。

一九六〇年代の日本は学生運動、安保反対といった国民的熱気においては頂点に達した時代ではなかったか。ＣＢＡの活動も、そうした社会的環境と無縁ではなかった。

アイヌ民族衣裳の同心円モチーフと神の乗り物「シンタ」

ＣＢＡ幹部が福岡、熊本などの装飾古墳を調査した際に「古代日本学術調査隊」という銀文字をダットサン・ブルーバードに貼り付けた件は前述したが、彼らは第一回不知火観測と並行して、その「古代日本学術調査」を続行した。不知火観測報告と共に「滅びゆく北方民族と太陽円盤」と題し、北海道における調査行の成果を発表した（『空飛ぶ円盤ニュース』一九六二年一〇月号）。

それによると、アイヌ民族の衣裳には、装飾古墳に見られる同心円に類似した意匠が縫い込まれており、この事実をＣＢＡは高く評価した。この同心円モチーフについては、アイヌ民族の伝承を言語学者・金田一京助（一八八二〜一九七一）が翻訳した『アイヌ聖典』（一九二三年、世界文庫刊行会）の冒頭でもうたわれている。

「カムイカッ　チャシ　Kamuikat chashi　神の　工《たくみ》の　山城《やましろ》の
イレス　チャシ　iresu chashi,　我を育てし　山城の、

チャシ　ペンノキ　　chashi pennoki　　山城の　東《ひんがし》の軒
チャシ　パンノキ　　chashi pannoki　　山城の　西の軒、
トカプチュプ　ノカ　　tokapchup noka　　日輪の　象《かたち》を
チエヌイェ　カラ　　chienuyekar　　ゑがき、
クルカシケ　　kurkashike　　そのおもて
ツ　ペケッ　チュプキ　　tu peket chupki　　二重《ふたへ》の　明光
レ　ペケッ　チュプキ　　re peket chuuki　　三重《みへ》の　明光
チオエロシキ　　chioeroshki　　差《さ》し延《は》へて
チャシ　コトロ　　chashi kotor　　山城の際《きは》
ミーケ　パイェ　　mike piye　　照り　わたり
トムマ　パイ　　tomma paye　　輝き　わたる」

それと共に神の乗り物とされる「シンタ」というものに注目した。金田一京助訳の『アイヌ聖典』から「シンタ」をうたった部分を引用する。

「カムイカラ　シンタ　　Kamuikar shinta　　神工の　神駕の
オンナイケへ　　onnaikeheshinta　　その内に

ウララ　ポナイヌ　　　urar pon ainu　　　雲霧の　少人
チエロクテカラ　　　chierokte kar.　　　坐して在り」

この「シンタ」を表現した木製の浮き彫りを札幌博物館で見た松村雄亮・桑田力は、こう述べている。

「……近作のものだが、アイヌのユリカゴ（シンタ）に乗ってカムイが天から降りて来る彫刻の木版が展示されていたが、これなどもアイヌ神話にもとずく作品として大いに一行の注目を集めた。彫刻をよく見ると、シンタが雲にぶらさがって降りてくるのを礼拝している構図である。まぎれもないオキクルミカムイと神駕の物語がここにあった。神駕とは天上の神々が天駈ける乗り物と考えられているものだ」（『空飛ぶ円盤ニュース』一九六二年一〇月号より）

空中の乗り物とそれを操る神のテーマは、先にCBAが取り組んだ「古代オリエントの円盤」においても認識されていた。つまり、古代ペルシャの天空神アフラ・マズダーの乗り物は、地球を訪れた宇宙人の乗り物を表現したものだろうという解釈である。しかし神の存在を古代人の空想とするか、現実の存在と見るかという研究は、既成の学問の外にある。

「神の乗り物」とは、あくまでアマチュアゆえの壮大な発想だが、空に現れるUFOと同様に、その発想は世界に大きな影響を与えたといえるだろう。

第８章
ハヨピラ完成式典中に飛行物体が現れた！

ＵＦＯ体験をした会員たちの熱意でハヨピラを建設

一九六三年一二月、松村雄亮チーフ指揮下のＣＢＡ科学研究部門のメンバーは、北海道沙流《さる》郡平取《びらとり》町にあるアイヌ文化の聖地「ハヨピラ」の測量を行った（ハヨピラとはＨａｉ［角］－○［上にある］－ｐｉｒａ［崖］で、オイナカムイ［アイヌの開闢《かいびゃく》神話の英雄神］がツノサメの角で柵を造って住んだ崖の意味）。すでに土地の買収は済んでいる。この地にかつてアイヌ民族を教化善導した文化神オキクルミカムイを讃える記念碑を造るのだ、とＣＢＡ幹部たちは決意を固めた。

当初は一・五メートルのオキクルミカムイの立像を業者に依頼して造る計画だったが、それを変更し、ＣＢＡ会員が総動員でオベリスクを造ることになった。なぜオベリスクになったのかについて、ＣＢＡとしての正式な理由は公開されてはいない。それでも、筆者はこの当時の記憶の断片から「オベリスクはこの映画をヒントに生まれたのではないか」という心当たりがある。それを述べてみたい。

CBA会員が総動員で造ったオベリスク（写真は著者所蔵）

パラマウント映画、セシル・Ｂ・デミル監督による『十戒』という映画があった。この映画は、旧約聖書「出エジプト記」を題材としたものである。ＣＢＡ会員はこの映画を古代のＵＦＯ物語として好んで鑑賞した。それは預言者モーゼがイスラエルの民を率いて苦難の旅をする物語である。
そこには「火の柱」というＵＦＯを思わせる場面も出てくる。海が分かれる特撮シーンもある。多くのＣＢＡ会員によって、『十戒』の映画は古代のUFOと関係があるとみなされていた。この映画の中で、エジプトの王子であった頃のモーゼが、王のためにオベリスクを建てる場面がある。その場面には「ファラオの栄光を後世に永く伝えるためオベリスクを建てる」というセリフがあった。

ハヨピラ建設の総指揮官である松村雄亮チーフも、何度もこの映画を見たとCBA創設時の会員の一人から筆者は聞いている。このような背景があって、オキクルミカムイの偉業を讃えるためのオベリスクという案が生まれたのではないか。それと関係があるかどうかはわからないが、ハヨピラ建設の現場では、『十戒』のサウンドトラックが大きなスピーカーから連日のように流されていた。

一九六四年四月五日、全国支部の責任者が横浜に集まった。陣頭指揮をとる松村チーフによって「オキクルミ計画」の意義と参加への呼びかけが行われた。

平取町を流れる沙流川のほとり、沙流川に渡された橋の際に聖地ハヨピラはあった。そこは四五度の斜面を持つ丘である。ハヨピラ・チャシ（チャシは砦、山城、囲い、柵などの意味）と呼ばれ、かつて「山城」があったアイヌ神話の聖都だ。

その中腹に高さ八メートルほどの鉄筋コンクリート製オベリスクを建てる計画となった。国道から現場に至る道路が造られ、先発隊によって建設隊員の宿舎が建てられた。そして、オベリスク建立に必要な、セメントや砂利を含む約九〇トンの資材を、オベリスクを建てるところまで上げるためのトロッコの木製レールが設置された。

実行委員会によって「動員表」が作られ、全国からの参加申し込み者が作業日程に従い、適材適所に配置された。申し込み者たちはプロではない。道路工事一つにしても、雨が降れば崩壊の危機が発生するなど、素人工事の弱点が露わとなった。

それでも彼らは様々な困難を克服していった。その強烈な意志はどこから生じたのか。まず、常に先頭に立って的確な指示を発した松村雄亮チーフの能力にある。それに応えようとする隊長の必死の努力がある。さらに各種のＵＦＯ目撃体験を内に秘めたＣＢＡ全国会員の、それなりの努力が続いた。

こうした立場の違いや能力差が一体となって目標へと向かったのが、ＣＢＡのハヨピラ建設であった。筆者はオベリスクを建てる基礎となる岩盤掘りから参加した。

生まれも育ちも学歴も経験も、すべてバラバラな人々が、なぜそれを成し得たのか。ＣＢＡ運動を論じる学識者は不思議がる。おそらく彼らは、ＵＦＯ体験、円盤・母船目撃というものが、人間をどう動かすかについて論じる根拠を持たないのだろう。

空飛ぶ円盤や宇宙母船というものを見た人間は、どう動くか。その見本がＣＢＡであるといえるだろう。自分が目撃者にならなければ、わからない世界がそこにある。

一九六四年六月二四日、こうしてＣＢＡ全国会員によるハヨピラの第一期工事は完成し、式典が行われた。この日を上空の円盤・母船側では、どう評価したか。

一九六四年六月二四日のその日、全国三七か所のＵＦＯ観測会場に、まんべんなくＵＦＯは現れたようである。ここで本稿は、ＣＢＡ設立目的へと回帰する。一九五七年八月、松村雄亮、桑田力などＣＢＡ結成者たちは「宇宙人とも友好関係に入り、地球上に新時代を築こうとして集まる」とＣＢＡ結成の目的を述べていた。

「宇宙人との友好関係」は、個々のＵＦＯ目撃からスタートするが、集団で同一の円盤や母船を仰ぎ、体験を共有することで、各自の目撃体験を語り合う場が生まれる。そこでは目撃や撮影の判定や、自分たちの活動に向けた出現の意味を考えたりするようになる。このようにしてＵＦＯを中心にした連帯感を持ったグループを発展させていく。

やがてそのグループは、小さな独立国にも匹敵する強固な集団となっていくかもしれない。ＣＢＡとはその可能性を体現したグループだったともいえる。

ハヨピラ式典のときに黒い湾曲物体が現れた！

ＣＢＡのハヨピラ建設は、「第三次オキクルミ計画」と称され、一九六五年六月二四日の観測会を目指して進められた。その主な建造物は、四メートル×七メートルのモザイク大壁画であった。

この壁画のデザインは本部員と会員により案が出された。「よし、これで行こう」と松村に

４メートル×７メートルのモザイク大壁画（写真は著者所蔵）

より決定された図案は、東京の会員によるものであった。

それは現代風の土星型円盤に向かって両手を挙げるアイヌの人物像が描かれており、平取の名産品スズランや熊の親子が配置されていた。地平から昇りつつある太陽も描かれ、全体に調和を与えていた。

建設工事は一九六四年三月一日より開始された。この工事には技術的困難さが伴い、何度も失敗を繰り返した。まさに試行錯誤の連続であった。こうして迎えた一九六五年六月二四日、完成したモザイク大壁画の完成式典が行われた。ハヨピラの山がたくさんの人々で埋めつくされた。

この日、筆者は午前一一時半頃、作業服に着替えて沙流川の向こうにある、山々を一望できる場所に立った。山の上に白雲が立ち昇り、その白雲を背景にして、真っ黒な二本の湾曲した物体が現れているのが眼に入った。

その二本の湾曲した物体は上下に位置していた。一瞬「これは何か」と思い、凝視した。今まで見たことがな

1993年7月15日、天宮ユキが撮影した「湾曲物体」（写真は著者所蔵）

いものであったからだ。

このとき筆者はカメラを持っていなかったので撮影はできなかった。しかし、これとまったく同じ現象を、一九九三年七月一五日、全日空機から筆者の妻の天宮ユキが撮影している。それもやはり二本の湾曲した物体である。それは富士山の横に見え、背景の雲と旅客機の間にあった（写真参照）。

筆者は一九六一年より様々なＵＦＯを見てきた。ジグザグ行進する発光体、周囲を飛び回る小物体、凸レンズ状の母船、縦になった司令機など、いろいろある。しかし、この真っ黒で湾曲し、弓型の形状は初めて見た。午後一時からの式典が始まる前後から、その飛行物体の数は増してきた。

例えば、何もない雲のふちにたちまち湾曲が形成される。仰角は二〇～三〇度くらいか。

少し頭を上げて見た。その湾曲したものがすーっと消えると、少し離れた位置に、再びさーっとそれが現れる。

自然の雲の変化ではない。同じ形状の物体、いや現象というべきか。それが大小見えるのは、近距離にあったり、やや遠方にあったりするせいだと思われた。

この現象を目撃した児童文学者・絵物語作家の山川惣治はその光景をこう記している。

「……巨大な宇宙母船が1機、2機、3機、と後から後から出現するのだ。雲と雲との間に巨大なかけ橋のように姿を現わしたのは旗艦ではないかと思う程、豪壮な大母船だった」（『空飛ぶ円盤ニュース』一九六五年七〜八月号一二頁より）

式典に参列し、この光景を見ていた一人に札幌の玉木博司氏がいた。彼は変わった現象を見ていた。二〇〇七年六月の「天空人報告会」（天空人協会が主催する一般向けのＵＦＯに関する報告会）で、彼はこう証言している。

「はじめ、何もない青空に、ボンと一つの雲の塊が現れた。そしてやや離れた位置に、また同じ雲の塊が出現した。それは対角線上の位置に、上、下、上、下と現れ、全体として、横Ｖ字型の配置となった。合計一三個がそこに並んだ」

この横Ｖ字型は河合浩三によって写真にも撮られている。また一人は、葉巻型の雲から、小さな物体が現れて、その雲の上に一列に並ぶのを目撃した（Ｈ原女史の報告文による）。

このような現象は、明らかにＵＦＯ出現といえるだろう。奇妙度は少ないが、決して自然現象ではない。しかしこれらは多数の人々を驚かすようなＵＦＯ事件でもない。強いて言い表すとしたら「天と地の合同式典」となるだろうか。

その夜の観測会は、客観的にも「UFOショー」といえるものであった。次から次へと、単なる光点ではなく、円形の広がりのある青い飛行体が、南北・東西の長い経路を走った。ある緑色の楕円形光体は、蛇行しつつオベリスクに向けて降下した。

夜間の目撃記録は五七件を数えた。このときの印象を美容家・山野千枝子（一八九五〜一九七〇）はこう記している。

「……悠然とクラゲの浮いた様な調子て大きな姿を見せて下さったり、スーッと美しい線だけしか見えなかったり……」（『空飛ぶ円盤ニュース』一九六五年七〜八月号一三頁より）

さて、式典のときにハヨピラ上空に現れた黒い湾曲物体について、『空飛ぶ円盤ニュース』一九六五年七〜八月号は、このような見出しをつけた。

『虹雲の中にあらん……』聖書の記述其のまま……雲中に巨大母船出現!!」

筆者たちが見た湾曲する黒い弓のようなものは、旧約聖書創世記のノアの洪水後に神が示したものと同じだと言っているのだ。ちなみに創世記九章一三節にはこうある。

「我が虹（原文は弓）を雲の中に起さん。是我と世の間の契約の徴なるべし」

しかし、この点に関しては同じCBA会員でも意見が分かれるかもしれない。CBA会員は聖書を研究資料としていても、ユダヤ教徒ではない。湾曲物体の出現が聖書の記述と似ているからといって、CBA会員とどう関係があるのか、という話になる。

それでも、もしも、古代世界を訪れた神々を「宇宙人」とし、その遺徳を讃えたCBAの式典行為を全地球を代表した行為だとみなす者がいたら、CBAを「聖書の神を理解する集団」と認めるのではないだろうか。物事を理解し、実行する行為に、民族や宗教の枠はない。唯一その純粋な行為こそが評価されるとしたら、CBAによるハヨピラ式典に、聖書における神の契約の印としての「湾曲物体」が現れた理由が正当化されるかもしれない。

しかも代表者・松村雄亮は、それら神々（つまり宇宙人）との連絡者なのだから、「天と地の契約の徴《しるし》」を見せられる理由もあると見るべきだろう。

CBAの初期の目的はハヨピラの完成によって成就した

CBAという特殊なUFO団体とは、近代宇宙旅行協会などの科学派UFO団体が指摘するように、宇宙人幻想に走った妄想集団であったのか。それとも、UFO現象に限りなく接近を試みた団体であったのか。人により評価が分かれるところだろう。

CBAは自らは聖書の民（契約を交わした者、現代風にいえば「宇宙人との契約を交わした者」）の現代版であり、CBAとは宇宙の叡智に導かれた民だと主張したが（一九七〇年七月『CBA速報』）、確かに、空飛ぶ円盤・母船を常に目撃し、その影響を受けて活動した団体としてみれば、納得のいく話である。

太陽のピラミッド（写真は著者所蔵）

一九六七年、アーノルド事件二〇周年を記念し、『空飛ぶ円盤ニュース』一〇〇号を記念した特大号「Flying Saucer's Fact!（空飛ぶ円盤の全貌）」（六〇〇頁）が出版されるはずだったが、完成しなかった。そこにCBAの限界があったのか。

CBAはハヨピラ建設の最終目標として「太陽のピラミッド」を完成させた。一九六四年三月のCBA連絡報には、松村雄亮チーフの計画として「いずれハヨピラ全山を、全体的にピラミッド風の自然公園にしたい」という言葉が記されている。

筆者は一九六五年の秋にピラミッド建設工事に参加した。昼も夜も絶え間なく、「ウィンチ」と呼ばれたトロッコを操作した。トロッコは斜面に敷かれた木製レールを上って土砂や石の入ったバケツをステージに上げた。

やがて次第に人工の丘が形成されていった。

また、トラックを運転して富良野《ふらの》という所にある工場に行き、多数のコンクリートブロックを荷台に積み込んでハヨピラまで輸送した。隊員たちはコンクリートブロックで階段を造り、土盛りの丘に白亜のスレートを張って一九六六年六月二四日、ピラミッドを完成させた。

彼らは困難な工事に敢然と立ち向かった。UFO研究の最終目標は建造作業なのか。我々は古代シュメール人のように人工の山を築いた感があった。前述の通り、ハヨピラ山には常に『十戒』のメロディーが流れていた。

しかし、自然公園ハヨピラは、UFO基地として観光名所になりつつあったが、CBA組織の衰退と共に、即席工事の脆弱さによる崩壊の兆しが見え始めた。こうした中、一九七三年頃、CBAは解散した。

河合浩三署名による解散文書を、筆者はCBA本部において、松村雄亮より見せられた。そこには、こう書かれていたと記憶する。

「CBAは初期の目的を達成したので、ここに解散する」

この文書はごく内々に閲覧されたのみで、当時躍進を続けていた下部組織であるISS（インターナショナル・スカイ・スカウト）の若手メンバーには十分に伝達されなかったようだ。

一九七〇年六月二四日、松村雄亮チーフ以下、CBAの一〇〇余名は、ピラミッドの下で最後の式典を挙行した。その場で、「宇宙の意志」は、宇宙連絡者・松村雄亮をその地位から外し、ＣＢＡ会員一人一人が直接宇宙組織とつながるということが宣言された。松村雄亮が宇宙連絡者（コンタクトマン）の地位から外された理由は不明である。

その日、空は晴天で夏の気温となった。売店の女子は松村チーフの指示により大量のアイスクリームを仕入れていた。大量のアイスクリームを売店の地下に設けた冷凍庫に保管した。気温はさらに上昇し、飼育していたリスが死んだ。真夏のような暑さとなったハヨピラでは、参列者が次々とアイスクリームを買い求めた。大量のアイスクリームはたちまち売り切れた。

その頃、快晴の空にＵＦＯ、母船や円盤の姿は一切なかったが、晴天のもと、突如雷鳴が轟いた。その雷鳴を数えた熊本のＭ崎によると「私は雷鳴の度に数を数えた。それは確かに六回であった」という。その雷鳴は通常の雷とは異なり、「ジェット音がくぐもったようだった」（神奈川サークルのＫ間証言）。あるいは「金属板を落下させたような音響だった」（札幌市・Ｅ沢証言）という具合に、聞こえ方に個人差があった。

一九七〇年七月の『ＣＢＡ速報』は、「六度の雷鳴はオキクルミカムイ（アイヌ民族を教化善導した文化神）の搭乗機シンタの音である」と書いていた。そして「この日を境に、かつてＣＢＡに籍を置いていた者は、直接宇宙とつながることにより、どこに居ようとも栄光と責任がついてまわる」と声明を出した。

つまりこのとき、「ＣＢＡはやがて解散する。だから、一人一人が自分で道を切り開くのだ」という方向性が示されたと思われる。

1964年6月24日に完成した太陽マーク花壇（CBA『空飛ぶ円盤ニュース』1964年8～9月号より）

では「CBAの初期の目的」とは何だったのか。これはすでに述べたが、いま一度繰り返すと**「宇宙人とも友好関係に入り、地球上に新時代を築こうとして集まる」**ということである。

確かにCBAは、その代表者が宇宙人とコンタクトした。このコンタクトマンの下に集まったCBA会員たちは、UFOを恐怖する相手とせず友好的な精神をもって多数の目撃を得た。

このCBA会員による全国的な状況は、まさに「宇宙人と友好関係に入った」とみなしてよいのではないか。たとえ、空飛ぶ円盤に乗ったり、宇宙人と会わなくても、間近にUFOを見ることで、CBA会員は宇宙とつながった、とみなすことができるだろう。ここに、CBA初期の目的は果たされたといえるのである。

振り返れば、「新時代を築く」はいつしか「太陽王国復活」として、装飾古墳や古代の怪火・不知火・アイヌ伝承などの学術研究を含む活動となっていた。それが「ハヨピラ建設」という具体的な建設行動に発展した。つまり、現実の太陽王国の復活が、アイヌ聖地の復活として位置づけられ、それが達成されたのである。

松村雄亮チーフはハヨピラ式典のメッセージで、こう述べている。「……オキクルミカムイがここハヨピラに宮居し給いし古城の如く、アイヌモシリは全山挙げて、この佳き日に復活したのです。白銀に包まれしカムイシンタは、今も尚、頭上に在り、その栄光はとわに失せることはないのです」（『空飛ぶ円盤ニュース』一九六五年七～八月号より）

すなわち、CBAの初期の目的は、オベリスク、太陽マーク花壇、そして太陽のピラミッドという、ハヨピラ施設の完成によって成就したのであった。

太陽マーク花壇とは、地上に三重同心円を形成し、宇宙より来訪する宇宙人に向けて地上標識として示すものである。その三重同心円をCBAでは「太陽マーク」と呼んだ。この構造による花壇がハヨピラの斜面に造られたのは一九六四年六月二四日であった。

松村はイコンを、小型の宇宙機に乗ったイエスを描いたと解釈した

宇宙連合よりコンタクトマンの立場を解任された松村雄亮は、一九七二年から一九七三年にかけてブルガリア、ハンガリー、ドイツなど海外歴訪への旅に出た。一九七二年一二月三〇日、彼はブルガリアのソフィアでＵＦＯを撮影すると共に、ネフスキー寺院などキリスト教聖地のイコンを取材した。

松村によるイコン研究の成果と現地取材は、新聞大の『UFO News』（一九七三年一二月一日発行）に「寺院と円盤」と題して特集された。イコンとは、聖書における重要な出来事を描いた画像のことである。その発生は中世にさかのぼるといわれる。

聖書的な出来事は、文字による記述と、絵による伝達があり、文字に記されなかった状況が絵によって伝達されたというのが松村雄亮の説だ。まず松村は「キリストは宇宙船で生まれた！――その出生の謎をつく――」と題し、キリストが処女懐胎で生まれたとされている宗教的定説に挑んだ。彼はレニングラード大学言語学教授のビャチェスラフ・ザイツェフ（Vyacheslav Zaitsev）による「キリスト宇宙人説」を採用した。

ザイツェフ教授は「ベツレヘムの上空で滞空した動く星は、イエスが生まれた宇宙船だった」と述べていた（参考・『スプートニク』創刊号、恒文社、一九六七年）。そしてパレスチナの遊牧

民が、この星を「空飛ぶ神殿（Flying Temple）」と呼んでいた事実を突き止めた。その事実を松村雄亮は紹介した。

松村雄亮によると、マリアはイエスの母ではなく、天使から赤子のイエスを預かり、その養育を託された女性であったという。これがイコンにも反映され、赤子のイエスが天上から降ろされる絵画も見られる。

松村はこうしたイコンの持つ歴史的価値を根拠に、新約聖書で述べられる「山上の変容」の真相に迫った。新約聖書マタイ伝第一七章は、この情景をこう記す。

「六日ののち、イエスはペテロ、ヤコブ、ヤコブの兄弟のヨハネだけを連れて、高い山に登られた。ところが、彼らの目の前でイエスの姿が変わり、その顔は日のように輝き、その衣は光のように白くなった。すると、見よ、モーセとエリヤが現れて、イエスと語り合っていた」

多数のキリスト教絵画にも見られる情景だが、松村はイコンの形式から、この光景の再現を試みた。それはイエスが小型の宇宙機に乗って、山から上昇して着地するまでの工程だとした。これはイエスがのちに地上を去る際の予行演習であったという。

松村はそのイエス変容の状況を「リフト・オフからランディング」と現代的に解釈。アポロ宇宙船の発射と月面着陸までの工程に例えて図解した。「キリスト宇宙船と現代の宇宙船の比較」と題した新聞大の図解では、アポロ宇宙船の各場面と、イコンの形式の類似が示されている。

「キリスト宇宙船と現代の宇宙船の比較」（CBA『UFO NEWS』1973 年 Winter 号より）

さらに松村雄亮は、キリスト宇宙人説の要である「イエス来臨の目的」にも言及している。彼の結論はこうである。

「かって、地に満ちた悪を滅すために主なる神は、洪水を起し義人ノア一族を除いてそれを一掃されたが、キリストがやったのはその反対で、悪はそのままこの地球に残し、義なる者、いや正確に言うのなら、パウロが『ヘブル人への手紙』で記しているように宇宙からの落し胤《だね》ないし魂の移住者たる〝地球の寄留者〟や〝旅行者〟を目覚めさせ、殉教させることによって永遠の救い（つまり魂の）を与え、彼の属する宇宙の高度な次元の世界へと集団移動させたものであった」（一九七三年一二月一日発行『UFO News』より。振りがなをつけた）

義人の魂を殉教させて回収し、イエスの惑星世界へ移動させるというこの説は、例えば一五九七年の長崎二六人殉教における、磔刑者空間に現れたＵＦＯの情景と重なる。このような場で、宇宙船による義人の魂の回収が行われるのであろうか。

さらに一九七四年秋の『UFO News』では、アポロ宇宙船による月面上ＵＦＯ撮影、月面に降りた宇宙飛行士が報告した人工物の痕跡やＵＦＯ目撃を取り上げた。さらにフランスのＵＦＯ研究者クロード・ポエル博士や、ジェイムス・マクドナルド博士による論文、ハイネック博士のＵＦＯ研究センターを紹介する記事を掲載した。

月面上のＵＦＯや宇宙飛行士によるＵＦＯ目撃は、ＵＦＯの地球外起源説を傍証する事例となるが、アダムスキーをはじめとする「宇宙愛を説く宇宙人」「人類の宇宙進出を歓迎する宇宙人」という理念は、宇宙飛行士たちによるUFO目撃の現実とは一致しないようだ。アダムスキー支持者によると、「地球製の宇宙船で月や近隣惑星を訪れ、その延長で他の惑星群の人々と地球人との友好関係が確立される」（久保田八郎・編『空飛ぶ円盤とアダムスキ』高文社の二六〇頁）としているが、UFOが地球製宇宙船に対して友好関係を結ぼうとする動きは見られない。

人類の宇宙侵入に際し、やむを得ずテリトリーへの侵入に対し警告するUFOが、僅かに垣間見られる程度のものとなっている。例えば、月面に着陸した地球の宇宙飛行士に対して、宇宙人が姿を見せ「よくここまで来たな」とあいさつしてきたことはない。我々が他国を訪れて歓迎を受ける、という感覚では捉えられないのが現実のUFOに思える。

UFOのようなものを撮影した映像も、「これこそ外宇宙からの宇宙船だ」といった決定的なものはなく、その解釈はその映像や写真を見る者の自由である。専門家の中にはジェイムズ・オバーグのように宇宙飛行士が撮影した「UFO」を否定する者もいる。航空宇宙の専門家でさえ、UFOの存在に懐疑的な人が多いのが地球の現状である。

宇宙飛行士が宇宙に進出したからといって、宇宙人との友好関係が確立されると考えるのは無理があるだろう。その辺は希望的な幻想と認識したい。

宇宙人に対する我々のスタンスとして、どういう姿勢が適切なのかを探ることは極めて重要と思われる。人類の高度な科学技術こそが、宇宙人に近づける唯一の道なのだ、という信念は宇宙開発を正当化するかもしれない。しかし、地球上の紛争さえも科学で解決できない人類が、宇宙進出によって地球に希望を与えるというのはどこかおかしいと思わざるを得ない。

第９章　21世紀になっても続けられるＵＦＯ調査

画像解析ができる時代になっても大事なのは肉眼観察

いよいよ本書も終わりに近づいた。ＵＦＯ研究とはコンピュータや映像機器を駆使した画像解析をすることだけではない。現代機器によるアプローチも重要ではあるが、一人一人の人生にとっては、肉眼によるきちんとした形での確認こそが重要であろう。なぜなら、ＵＦＯとは地球全体の問題であると同時に、一人一人の問題だからである。

しかも、その肉眼観察は、「思ったことが視覚となる精神症状」に影響されてはならない。「見えないものを見る能力」が霊能力や超能力とされたり、映画で見た「エイリアン」が頭に浮かんだり目に見えてしまうと、ＵＦＯの目撃を正直に述べようとする人間との区別がつきにくくなる。

ＵＦＯ目撃に対して「ＵＦＯとは頭で空想したことが目に見えるのだ」と主張する研究者もいるから、ＵＦＯ観測と精神的な問題が混同されやすい状況は避けなければならない。すなわち、ＵＦＯについて語る個人に対し、その個人が正常な感覚器官・視覚器官を持っているかどうかを判定する手続きが必要になるようでは混乱を招く。

これはさらにその人間の証言が嘘なのか真《まこと》なのかという倫理的な問題にも発展する。したがって、「ＵＦＯを目撃した」と述べる者は決して嘘を言ってはならないし、空想と現実を区別しなければならない。このことがあいまいになると、ＵＦＯ目撃資料の価値が失われることになるだろう。

さらに、各種の問題点を明確に識別・認識することも、将来に向かう上で不可欠だろう。ＵＦＯというものは、太古の昔から地球文明と共にあるものとして記録されてきた。現代にあっても「真性ＵＦＯ」の歴史は続いてきた。それら真性ＵＦＯと並行して、「神」や「宇宙人」を名乗る霊的世界からのアクセスも続いてきた。それらの「メッセージ」などが歪んだ宇宙人像を広めている。

キリスト教的終末観、つまり「主の再臨の日は近い。最後の審判は迫る」という強迫観念は二〇〇〇年前からずっと人類に寄り添って続いてきた。その切迫感が、先覚者たちの速やかなる行動と思考を生み出してきた。この好例として、日本ＵＦＯ界においては、ＣＢＡが顕著な足跡を残したといえるだろう。

その終末論に乗って、「人類最後の期日」を預言する霊的世界からのアクセスが人類を幾度も惑わせてきた。「一九六〇年」という年号も、前述の通り米国の霊能者レイ・スタンフォードの著作から引用され、ＣＢＡの大変動情報として世間に広まった。

地球という惑星が、ある種の実験室とされたと言うこともできるだろう。名誉や学識、資本や領土の奪い合いに終始する人生では、宇宙の神秘と触れ合う実験の被験者となるチャンスは少ないだろう。ＵＦＯと向き合うには、俗世の欲望を離れて、日常の時間と空間において余裕を持たなくてはならない。

「ＵＦＯを見たい」と願う人に対して言いたいことは、すでに解明されている現象をよく観察してほしいということである。流星、雲、虹、星などの自然現象から、航空機、鳥、凧《たこ》や風船といったものを観察し、その特徴なり見え方をよく確認してほしい。それらを撮影して、どう写るかを知っておくことが肝要である。

その経験を経て、それらとは異なるものを見つけ、撮影し記録することから、ＵＦＯ研究は始まる。このようにして、自己の肉眼と撮影による資料を得てこそ、他者の目撃についても、意見したり評論する資格を持つことになる。この基本的な手続きを経ず、書籍や映像からの知識のみで他者の体験を評論することも、研究者という枠組みには入るだろうが、正確さの点で問題が多い。なぜなら、書籍や映像からの知識だけだと、机上の空論になりがちだからである。

今のところ、ＵＦＯ出現に終わりはないようである。だとすれば、ＵＦＯを研究する学徒の誕生も、ＵＦＯの出現のように終わりを迎えず、いつまでも続いてほしいものだ。

個人レベルのＵＦＯ研究には、学識、技術、資金などの限界がある。未確認のＵＦＯが、宇宙船として着陸する場面に遭遇する機会はまれである。さらにその円盤に搭乗するチャンスとなるとほとんどない。だからといって、幻想の世界でそれを夢想し「私は宇宙船に乗った」と偽証するのでは、もはや研究や学習の域から外れることになる。

ＵＦＯ研究とは、ここで述べてきた基礎的な手続きを無視すると、夢想と現実の境目のない単なる遊びと化してしまう恐れがある。そこは幻想と誘惑に満ちた世界である。

「幻想ＵＦＯ愛好家」（ＵＦＯを見たことがないのに、「宇宙人と会いたい」という願望を抱く愛好家を筆者はこう呼ぶ）を一種の社会現象として研究する人々の材料が増えるだけでは哀しい。「ＵＦＯには夢がある」という言葉はもう死語としたい。

では、個人のレベルを超えて、世界規模の視野をもってＵＦＯを扱うとはどういうことか、どのような方向性を理想とするかについて、考えてみよう。

ＵＦＯに遭遇するパイロットはＵＦＯに選ばれている

世界各国の民間航空機および軍用機は、これまで数多くのＵＦＯと遭遇してきた。それに加えて、地球周回軌道上の宇宙カプセル、宇宙ステーションでもＵＦＯが目撃されてきた。そして、一九六九年のアポロ一一号に始まった、宇宙飛行士の月面活動の最中にもＵＦＯは見られた。

注意してほしいのは、宇宙飛行士の場合は目撃であって遭遇ではない（あくまで宇宙におけるＵＦＯ活動を垣間見ただけ）ことだ。あくまで飛行士が出向いた先で目撃したわけである。そこでのＵＦＯは、前にも述べたように、宇宙飛行士によるテリトリー侵入に対して反応しただけである。

ＵＦＯとの「遭遇」とは、地球上空の大気圏を飛行する航空機こそが可能となる体験である。これこそ各国上空を無数に飛行する航空機の中から、厳選して行われるＵＦＯ事件である。**ＵＦＯから選ばれたパイロットの報告を通じて、ＵＦＯの性質を全人類に告示するのが目的**と考えられる。これに対して宇宙飛行士はＵＦＯによって選ばれた相手ではない点に注意したい。

米国防総省は米国の陸海空三軍を統括する機関であり、アメリカの国土を防衛する頭脳集団の中枢《ちゅうすう》である。国防の責任を担う集団が、未確認飛行物体からの脅威をひた隠しにする理由は何だろう。

もちろん巨大な五角形（ペンタゴン）の建物の中には、UFOに関心を持つ人もいれば、国家の方針に忠実な人もいるだろう。一九四七年以後の米軍によるUFO報告には、民間機に対して示されるUFOの性質とはやや異なるものが見られるようになった。例えば空軍機による追跡は速度差により無駄に終わった。ベトナム戦争では、ファントム戦闘機から発射されたスパローミサイル（中距離空対空ミサイル）は、目標の消失によって味方の軍艦を破壊した。

一九七〇年一〇月の記者会見で、米空軍参謀長ジョージ・S・ブラウン将軍は語っている。

「じつをいうとベトナム戦争中、われわれはUFOに悩まされた」（『UFOに関する極秘ファイルを入手した』一九八九年、KKベストセラーズの二〇六頁）

UFO軍団は地球軍を攻撃するのではなく、高い知性を持ち、戦争や軍事的訓練、あるいは軍事的実験の場で様々な教訓を与えてくれる存在だと推定される。ことに核戦争という最悪の事態に発展する可能性を常に秘めている核兵器は、CBAの「H対策」でも述べたように、宇宙組織が最も危惧する問題なのであろう。

では最後に、米国防総省における近年のUFO調査の概要、そこから得られたUFO事例について紹介して、本書を閉じることにしよう。

米国防総省はUFOに代わり「UAS」を用いて調査を続行

二〇一七年一二月一六日、米紙『ニューヨークタイムズ』電子版は、米国防総省がUFOの目撃情報を調べる「高度な航空宇宙脅威識別プログラム（Advanced Aviation Threat Identification Program）」を、二〇〇七年から二〇一二年まで行っていたことを報じた。この計画には、民主党のハリー・リード元上院議員（Harry Mason Reid、一九三九〜）の要求で、二二〇〇万ドルが投入され、米軍が任務中に遭遇した飛行物体の調査や安全保障に与える脅威を評価したという。そのデータは宇宙現象に強い関心を持つリード氏の友人が経営する航空宇宙調査公益企業「To The Stars Academy of Arts & Science（TTSアカデミー）」に流れ、そこから機密解除された断片が公開された。

その一つは、米海軍の戦闘機二機が二〇〇四年にサンディエゴ沖で遭遇した事例である。そのときは、戦闘機に装備された「高度目標指示前方赤外線（ATFLIR＝Forward Looking Infrared System）」によって得られた映像と音声が記録されている。またパイロットによる六頁の報告書もあり、UFOに代わる目標物の名称「UAS」を用いて詳細な事件経過が記されている。

UASとは「Unidentified Aerial System」すなわち未確認の航空システムのことである。従来のＵＦＯ（未確認飛行物体）、あるいはＵＡＰ（Unidentified Aerial Phenomena、未確認空中現象）より一歩進んで、「未確認の航空システム」という認識が、この事象の機能面での幅広さを表しているといえよう。

二〇一七年一二月一八日付の読売新聞によると、国防総省の軍事情報担当だったルイス・エリゾン氏が「（ＵＦＯの）能力や意図を解明することは軍や国のために必要だ」と語ったという。だとすれば、彼らのいうＵＦＯの能力とは、従来のＵＦＯ研究者が着目してきた「超高性能飛行物体」としての様々な能力を指していることになるのではないか。さらにＵｆｏｌｏｇｙにおける重要項目でもある「ＵＦＯ飛来の目的」をも視野に入れていたことが判然とする。

そこからは米国国防総省並びに空軍が、お題目のように「科学的価値なし」「脅威なし」などと唱えてきた前身（「ロバートソン査問会」並びに「コンドン報告」）から脱皮して、きちんと予算をとって高水準の調査研究をしようとする姿勢がうかがわれる。

米国防総省が秘密裏に行ってきた「高度な航空宇宙脅威識別プログラム」

二一三頁で触れた通り、米空軍は一九六六年にコロラド大学にＵＦＯ研究を依頼した。その研究結果は「ＵＦＯ研究から科学的知識はまったく得られない」という否定的なものだった。

そして「UFOは国家の安全に対する脅威や危険を示すものではない」という考えをも示唆した文章が、エドワード・コンドンによる「結論と勧告」の中に見られた。

UFOが国家安全保障にとって脅威となるか否かは、UFOが国家の安全にとって直接的な脅威となる証拠、敵対行為を示す証拠、地球外生命体の証拠が論じられた一九五三年の「ロバートソン査問会」から持ち越された命題であった。米空軍のUFO調査は、コンドン報告の結果を受けて、一九六九年末に終了した。だが、UFOが国防上どれぐらい脅威か、そして科学的にどれぐらい価値があるか（UFO研究の報告は、科学知識の発展に貢献するか）という二つの議論は、あいまいなまま放置されたといえるだろう。

米空軍によるUFO調査の終了から三〇数年を経た二〇〇七年一一月一四日、UFO報告を重視する七か国の軍人と科学者が一致団結して米国政府に対し、UFO調査の再開を要請するためのシンポジウム（正式名称は「The National Press Club Conference on UFOs［UFOに関するナショナル・プレス・クラブ会議］」）がワシントンプレスクラブで開かれた。UFO体験や調査実績について証言したのは、フランス、英国、ベルギー、チリ、ペルー、イラン、米国の空軍や宇宙研究センターからの代表者だった。彼らは「UFO目撃は依然として続いており、航空路の安全確保や安全保障のために再調査に踏み切るべきだ」と米国政府に申し入れた。

それを受け入れたかどうかは不明だが、結果的には、その一〇年後の二〇一七年末、二〇〇七年から二〇一二年まで米国防総省が秘密裏に行ってきた「高度な航空宇宙脅威識別プログラム」なるものが明らかとなった。

このＵＦＯ調査のタイトルに注目したい。英文表記では前述したように「Advanced Aviation Threat Identification Program」となっている。朝日新聞はこれを「先端航空宇宙脅威特定計画」と訳し、読売新聞は「先進航空宇宙脅威識別計画」とした。これをインターネットの機械翻訳にかけると「高度な航空宇宙脅威識別プログラム」となった。

どの翻訳でも「Threat＝脅威」という明確なる認識が登場したのは画期的であろう。従来のＵＦＯ調査のあいまいな態度から一歩進んで、本気になって取り組もうとする姿勢を感じるのは、筆者だけではあるまい。

事実、軍用機がこれまで経験してきたＵＦＯ遭遇には、航空機の誤作動、核ミサイル発射管制上の誤作動など、ＵＦＯの出現によって軍事的任務が妨害されるケースがあった。これらは当然ながら「脅威」とみなされるべきである。

またＵＦＯと遭遇したのは米空軍だけではない。陸軍の軍用ヘリのＵＦＯ遭遇や、次に取り上げる海軍機によるＵＦＯ遭遇を見てもわかる通り、未知なる高性能飛行物体に一貫して、各々の軍事的任務を持ちながら対処してきたのである。

ただし、そこに垣間見られるＵＦＯ脅威論は、あくまで兵器を携えて常に「戦闘準備体制」にある軍用機や基地、施設にのみ適合するものであり、ＵＦＯを目撃する一般市民が視野に入れる問題ではないだろう。

二〇〇四年一一月一四日、米海軍機がＵＦＯに遭遇！

これから要約して紹介する事例を理解する上で、ＵＦＯと遭遇した戦闘機の装備について述べておきたい。戦闘機は米海軍に所属するマクダネル・ダグラス社が開発したＦ‐18で二人乗り、つまり複座式戦闘機である。

その装備および武器は、いずれも最先端技術によって開発された高性能な内容となっている。今回公開された映像を撮影したのは、主翼下に取り付けられた赤外線撮影装置で、レイセオン（Raytheon）社の製品ＡＴＦＬＩＲ（Advanced Targeting Forward-Looking Infrared）である。ＡＴＦＬＩＲを日本語でいうと「進歩的目標指示前方赤外線（容器）」となるようだ。

これは目標を自動追尾して高い解像度で撮影でき、四〇海里（七四キロメートル）を超える目標を明示できるという。とにかくその機体に関する情報は専門的なので、ここでは撮影に使用された機器を簡単に紹介するにとどめておく。

奇しくも、ワシントンで七か国代表による米国政府へのＵＦＯ調査継続要請がなされた、その三年前の二〇〇四年一一月一四日、カリフォルニア州の太平洋海域で、Ｆ‐18戦闘機二機による訓練が行われていた。午後一二時、空母ＵＳＳミニッツ（U.S.S. Nimitz Carrier Battle Group）から発進した二機のＦ‐18は、サンディエゴの沖合八〇海里にある訓練海域に向かった。主要訓練項目は、launch（発射）、recovery（回収）、flight safety drills（飛行安全訓練）、battle scenarios（戦闘手順）であった。

午後一二時三〇分、訓練のやり直しをしようとしたとき、女性管制官から未確認の通信が届いた。それはプリンストン・ミサイル・クルーザーCVL－23（U.S.S. Princeton Missile Cruiser, CVL－23）からのものであった。

女性管制官はパイロットたちに別の訓練海域へ移動することを指示した。彼女の緊張した声を聞いたパイロットたちは、何かの事態がその方面に発生したらしいと感じて「これは訓練ではない」と理解した。彼らは「麻薬の運び屋」を迎撃することを予想した。

二機は新しい訓練領域、サン・クレメント島へ東から進入した。そのとき、女性管制官からの通信があった。女性管制官は戦闘機の武器について質問した。しかし、搭載していたのは練習用模擬ミサイルだけであった。パイロットたちは、この「実戦」に際し、自分たちの機体自体が武器とされるのかもしれない、という恐怖を感じた。あの「九・一一」形式の攻撃になるのではないかと心配したのだ。

二機のF－18が目標位置に接近したとき、女性管制官は予想される迎撃の接点までの時間をカウントし始めた。「二分で邂逅《かいこう》点に至ります」と彼女は言った。続いて「座標点が合体しました。視認できるはずです」と告げた。

パイロットたちが操縦席から海を見下ろすと、海面に波立つ色の異なった区域を見た。その形状は楕円形を成し、未知の物体が今しがた沈んだ後のように見えた。彼らは自分たちの任務が、水没した未知の航空機の捜索か救助になるのかと思った。

UASは攻撃意図を読み取り、「支配的コントロール」を維持した！

海面上の乱れた水域に注意を向けた二秒後、パイロットたちは海面の上空に未確認航空システム（UAS）を目撃した。それは横に長く、約三〇～四〇フィート（約一〇～一二メートル）の白い「チックタック・キャンディー・ミント」（ミントキャンディーの商品名）のような形をしていた。表面には窓もドアもなく、滑らかであった。不透明な固体の外観で、発光は見られず、排気もなかった。

物体は高度約一〇〇〇～三〇〇〇フィート（約三〇〇～九〇〇メートル）の上空を、左から右へと直線的に進んでいた。その速度はというと、時速約三〇〇～五〇〇ノット（時速約五五五～九五〇キロメートル）で移動しているように見えた。

パイロットたちはUASに対して攻撃をしかけようとしたが、その意図が読み取られていることに気づいた。攻撃意図を読み取って反応するなどという能力は、彼らが知っているいかなる航空機やミサイルにもないものであった。F－18は回避しようと旋回したが、物体はその

「支配的コントロール」［天宮注・振り切ろうとしても振り切れない、一定間隔でのポジションを維持する能力を指すようだ］を維持するようであった。

この物体はパイロットには視認できるだけで、二機の戦闘機のレーダーには映らなかった。しかし、母艦USS Nimitzの管制官と例の女性管制官は、レーダーコンタクトによる確認ができていた。おそらく、ミサイル・クルーザーＣＶＬ－23の女性管制官は、この海域における異常をキャッチしたので、訓練中の二機に連絡したものと推測される。この辺はパイロット報告に記載されていないので、状況からの解釈である。

結局、二機のパイロットは物体を見失った。そして、燃料切れ間近となり、母艦へと問題なく帰還したのであった。

◉映像記録の検討

母艦に帰還した二機のパイロット四人は、型通りの報告を行ったが、当局官は役に立ちそうもないと見た。部屋の扉をロックした彼らは、Ｆ－18の映像記録装置が得た「Gun tapes」の電子コピー作成に入った。一人はプリンターの用紙に詳しい状況報告を書き始めた。

報告書には「書面に書き留めてから、彼らのAunt（おば）にメールした」とあるから、上司にメールで状況を報告したのだろう（Auntは俗語で卑俗な意味があるので、上司をそう呼んでいたのかもしれない）。四人が帰還したあと、別のパイロット二人がＦ－18で発進し、同じ物体と遭遇して、映像を持ち帰った。その映像と、最初の映像がパイロットたちによって比較され、同一の物体を撮影したものであると判断された。

　後で撮られた映像には、物体が突然、高速でフレームの外へ脱したシーンも捉えられていた。二つの映像は、「Gimbal Video」と「2004 Nimitz Flir 1 Video」の名前でインターネット上にアップされている（左記参照）。

To The Stars Academy of Arts & Science のホームページ　coi.tothestarsacademy.com/

映像－１（New UFO Video Leak From U.S.S Nimitz - F18 Cockpit. Date 14/11/2004.）
https://www.youtube.com/watch?v=DOCjD36IJbk&feature=youtu.be&t=1m26s

映像－２（Gimbal: The First Official UAP Footage from the USG for Public Release ＝雲海のある映像）
https://www.youtube.com/watch?v=tf1uLwUTDA0

映像－３（FLIR1: Official UAP Footage from the USG for Public Release ＝横長 UFO）
https://www.youtube.com/watch?v=6rWOtrke0HY

米海軍の公式報告書（2004 USS NIMITZ PILOT REPORT）
coi.tothestarsacademy.com/nimitz-report/

エピローグ――ＵＦＯとは宇宙を学ぶための窓

◉ＵＦＯは地球外に起源を持っている！

一九四七年の空飛ぶ円盤騒動から七〇年余が経過したわけだが、本書は現代のＵＦＯ現象に携わった研究者の足跡を、ＵＦＯ研究史という形で総括しようとしたものである。それと同時に、ＵＦＯというテーマには霊的世界からの様々な形態の干渉があることを提示した。そして、筆者のいう「真正ＵＦＯ」、つまり確実なＵＦＯ事件を示すことにより、「真正ＵＦＯ」の内容を伝えたかった。

さらに、「真正ＵＦＯ」には、幾百年から一〇〇〇年以上にもさかのぼる歴史があることを示そうとした。

筆者にとってＵＦＯとは、広大な宇宙に散在する無数の「隣人」を知る手がかりだと思っている。宇宙は我々が造ったものではない。我々が生まれたとき、すでに宇宙は存在していた。それゆえ、宇宙に生を受けた者は、宇宙から何かを学ぶ立場にある。

UFOとは宇宙を学ぶための窓である。その窓から宇宙を知ろうとする姿勢は、観測機械を通じて宇宙を知る試みからすれば貧弱かもしれない。

しかし人間の五感は宇宙から与えられた機能であり、これを頼りとするのは、自然の中を生きる人間として当然の行為である。実際、筆者は一九六一年から二〇一七年までの期間、多数のUFOを目撃し撮影してきた。

その中にはジグザグに空を進みつつ上昇し、土星と木星の中間、明らかに地球の大気圏の外へと飛び出した事例もある。それは一九六一年九月一日の夜に見た。また、一瞬にして月に入るように見えた光体をビデオカメラを通じて見た。これは二〇〇三年九月九日の夜に観測した。

筆者はこうしたUFO目撃と撮影によって、UFOが地球外に起源を持つことを確信している。それ以前に多数の先駆者たちによるUFO報告がある。我々はそれらを学ぶことにより、UFOを知ることができる。

また、筆者の望み通りに現れたり（初期の頃の呼びかけ観測）、筆者の歩行と共に進んだ目撃（二〇一七年四月一三日夜）によって、UFOとは筆者にとって極めて身近な存在となっている。それゆえ、空中のUFOと地上にいる筆者は、空間を隔ててお互いに意思疎通ができる関係にあると確信している。

◉見知らぬ女性から話しかけられ、不安が解消された

宇宙には地球人と同様の形態を持つ知的生命体が存在し、文明を発達させて宇宙船を建造し、計画的に宇宙に進出している――と筆者は考える。その進出動機とは、我々地球の宇宙開発のような資源や領土を目指すのではなく、奥深い人類愛的な動機によるものと思っている。

それは宇宙に偏在する他者に向けての一方的な奉仕活動となるだろう。おそらくはその根源に、宇宙を創造した巨大な知性があると思う。その大きな知性の目的に沿って、高度な宇宙文明は、宇宙規模の奉仕活動を展開しているのではないか。そこには宇宙を安全に維持させる秩序の構築があり、その秩序に従って生きるのが宇宙に生を受けた者の道であろうと想像する。

地球に来ている宇宙人は、町を歩いていても、それと気づかないほど地味な人間に見えるのではないだろうか。これは筆者の師であり、宇宙人とコンタクトした松村雄亮チーフの言葉にもあったことである。

筆者と妻は、二〇一一年二月以来、植物状態で入院している娘の入院先へ毎日通っている。そのうち筆者は脊柱管狭窄症《せきちゅうかんきょうさくしょう》でときおり歩行に痛みを感じるようになった。

「もし、我々が倒れたら娘はどうなるか。そんなときは宇宙船が回収してくれるか」という思いに陥ったこともある。そのとき、風呂の残り湯が大量に消失する出来事が三度あった。と同時に「宇宙人と出会うのではないか」という妄想が生じた。「そんな馬鹿な」と打ち消しても

頭から離れなかった。

そんなある日、いつものように娘のいる病院に行くために駅へ向かう路上で、見知らぬ女性から声をかけられた。郵便局へ行くために筆者の五〇メートルほど先を歩いていた妻は、見知らぬ若い女性から「ご主人はどうしました」と声をかけられたという。

筆者が少し遅れて妻のあとを歩いていると、曲がり角から現れた見知らぬ女性が、筆者とすれ違うとき立ち止まった。彼女は「こんにちは」と声をかけてきた。そして筆者の顔を見ながら「娘さんのところに行くのですね」と言った。

筆者は「はい、そうです」と素直に答えた。彼女は少し歩いてから振り返り「身体に気をつけてね」と言って立ち去った。

筆者と妻は電車に乗ってから、お互いに「見知らぬ女性から話しかけられた、一体誰だろう」と話し合った。これは二〇一六年五月一九日に起こった出来事である。このような何気ない出逢いによって、筆者は抱えていた不安が解消された気分になり、勇気づけられた。

筆者にとっては、大きな出来事であった。本書は逆境にあって滅入りがちな筆者を勇気づけ、また次々と筆者の頭脳に「アイディア」を注入したかに思える、未知の力によってできたといえるかもしれない。

◉ＵＦＯとは、地球上に配置された高性能探査機

人類は科学技術の進歩によって、機械に頼りすぎる文明を造ったように思えてならない。我々人類はプルトニウムを食料とすることはできない。新鮮で健全な生物を体内に取り込むことで、健全な生命を維持している。害毒によって健康が損なわれない環境づくりを目指す必要がある。

農作物は機械が製造するものではなく、魚介類は清らかな水が育む生命である。このような健全な世界と健全な人間のすぐ上に、普通の市民にとっては無害なＵＦＯが位置していると思う。

他国の領土を侵略する企てや、国土の破壊をもたらす軍事力の発動というものが、我々の世界では未だに継続している。そのような戦争準備活動の中で、レーダー施設やミサイル基地にときおり割り込むＵＦＯの出現は、軍事作戦を混乱させる「脅威」となるかもしれない。しかし、ＵＦＯとは決して我々の営みからかけ離れた異質の存在ではない。ＵＦＯとは、我々の文明を熟知し、その弱点を熟知した知性によって地球上に配置された、高性能探査機であると思われる。

しかし、それに気づく者だけが理解と認識を得られるのであれば、ＵＦＯ学とは極めて狭き門となる。ＵＦＯ目撃を体験し、少しでもそこから学んだ者による努力が必要となる。ＵＦＯ

について正確な知識を持つ者が努力することで、より多くの人に影響を及ぼすことができるだろう。それがＵＦＯ本の著者に課せられた使命である。

筆者がＵＦＯ愛好家の会合やインターネットなどのやりとりで感じるのは、ＵＦＯを学ぶという姿勢が少なくなったことである。それゆえ、ＵＦＯに驚いたり恐怖するだけではなく、未知なる知的な分野として、ＵＦＯを学ぶ人々が一人でも多く増えることを念願するものである。

そこには「お互いの体験を信頼し合う」という前提が必要になる。ＵＦＯの世界とは「これが空飛ぶ円盤です」と証拠を提示できない世界であり、「私が宇宙人です」という人間を紹介できない世界である。

また「フェイク・ニュース」のような騙し合いを楽しむという風潮をＵＦＯ問題に導入してはならない。しかし、ＵＦＯ問題に関わるすべての人々が正直であり、善良であるということはあり得ない。人類の文明をはるかに超えた世界から来ると推定されるＵＦＯを学ぶことによって、人類の倫理が向上するのが望ましいが、現実においてはその理想に近づく道のりは遠い。

人間と人間が接して話をするのではなく、何事も機械を通さないと進まないのでは、ますますＵＦＯ体験世界から離れていくような気がする。機械に頼らず生身の人間が正常に生きること。嘘をつかず正直に生きるという生活態度の延長にＵＦＯ研究があってほしいと望むものである。

「一生に一度でいいからＵＦＯを見てみたい」と思う人は、正しいＵＦＯの知識を身につけることが先決だと思う。そのために、虚偽や空想ではなく、科学者が目撃し、空軍が報告した、極めてオーソドックスなＵＦＯ事例を学ぶこと。そして、ＵＦＯ目撃者がどのようなとき、どのようなものを見たのか、を語った目撃証言に、白紙状態の心で接することが必要だと思う。

そしてＵＦＯ目撃者同士が各種の会合を持ち、お互いが目撃した現象の共通性や、ＵＦＯとの意思疎通がどのような状況で発生したかなど、現実的で身近なテーマを交換し合うことで、正常なＵＦＯ学を築いていけるのではないかと思う。

あとがき

本書は二つの流れが合流してできた。一つはナチュラルスピリット社から届いた『ディスクロージャー』に、筆者が感想文を送り、さらに読者ハガキに「日本のUFO研究書を望む」と書いて送ったことで、同社の今井社長から「日本のUFO研究書を書いてください」と頼まれたこと。そしてフェイスブックの友達である高橋聖貴様とのメッセージ交換で、「UFO本」の企画へと発展したこと。その最初のタイトルは「真性UFO事例と多元的UFO事例の分類」であった。

この二つの流れが高橋様によるナチュラルスピリット社への企画持ち込みで合流した。そのとき、今井様より「UFO研究史」という方向性をご指示いただいた。それによって、最初の高橋様とのメール交換によってできた「第一部」に内外のUFO研究史、そしてCBAの歩みを追加して、大変な分量のある本となった次第である。

筆者の自己流の文章を、出版物として適切な文章の書き方、表記の仕方、引用のルールなど、細かい点にまで及んだ高橋聖貴様によるご指導には感謝するばかりである。

二〇一八年四月三日

天宮　清

主な引用・参考文献および資料

※図書館などからのコピーは本文中で明記し、文献・資料は筆者が所有するものに限定した。

UFOおよび古代宇宙人来訪説関係の翻訳書籍

D・レスリー／G・アダムスキ『空飛ぶ円盤実見記』高文社（一九五四）
イ・エス・シクロフスキー『宇宙人！ 応答せよ』東京図書（一九六八）
ロバート・エメネガー『UFO大襲来』KKベストセラーズ（一九七五）
ノーマン・クラットウェル神父著『パプア島の円盤騒動』ユニバース出版社（一九七六）
ロイ・ステマン『宇宙よりの来訪者』学習研究社（一九七七）
コリン・ウィルソン『神秘と怪奇』学習研究社（一九七七）
ゼカーリア・シッチン『謎の第一二惑星』ごま書房（一九七七）
ジョン・バクスター／トマス・アトキンス著『謎のツングース隕石はブラックホールかUFOか』講談社（一九七七）
ジョージ・アダムスキー『UFO同乗記』角川書店（一九七五）
J・アレン・ハイネック『ハイネック博士の未知との遭遇リポート』二見書房（一九七八）
J・アレン・ハイネック『UFOとの遭遇』大陸書房（一九七八）
A・カザンツェフ他著『宇宙人と古代人の謎』文一総合出版（一九七八）
アーウィン・ギンズバーグ『謎の創世記』徳間書店（一九八〇）
アドルフ・シュナイダー／フーベルト・マルターナー『UFOの世界』啓学出版（一九七九）
エメ・ミシェル『UFOとその行動』暁印書館（一九八一）
J・アレン・ハイネック／ジャック・ヴァレー『UFOとは何か』角川書店（一九八一）
レイモンド・ドレイク『やはりキリストは宇宙人だった』大陸書房（一九八二）
K・A・ブランスタイン『五次元の世界』講談社（一九八四）
ローレンス・フォーセット／バリー・J・グリーンウッド著『人類は地球外生物に狙われている』二見書房（一九八五）
リチャード・ホール『UFOに関する極秘ファイルを入手した』ワニの本（一九八九）

F・Y・ジーゲリ『ソ連のUFO研究』東洋書院（一九九〇）

ヨーン・ホバナ／ジュリアン・ウィーヴァーバーグ共著『ソ連・東欧のUFO』たま出版（一九九〇）

ノーボチス通信社編『モスクワ上空の怪奇現象』二見書房（一九九〇）

Richard F. Haines『Advanced Aerial Devices Reported during the Korean War』LDA Press（一九九〇）

モーリス・K・ジェサップ『天文学とUFO』たま出版（一九九一）

コールマン・S・フォンケビッキー編纂『国際UFO公文書類集大成〈一〉』たま出版（一九九二）

Renato Vesco & David Hatcher Childress『Man-made UFOs 1944-1994』AUP Publishers Network（一九九五）

Richard F. Haines『Project Delta』LDA Press（一九九四）

Calin N. Turcu『OZN 1517-1994』（一九九四）

ヘルムート・ラマー／オリヴァー・ジドラ『UFOあなたは否定できるか』文藝春秋（一九九六）

ジャック・ヴァレー『人はなぜエイリアン神話を求めるのか』徳間書店（一九九六）

J・アレン・ハイネック『第三種接近遭遇』角川春樹事務所（一九九七）

ピーター・ブルックスミス『政府ファイルUFO全事件』並木書房（一九九八）

エドワード・J・ルッペルト『未確認飛行物体に関する報告』開成出版（二〇〇二）

バージニア・アーロンソン『ETに癒された人たち』たま出版（二〇〇二）

エドワード・U・コンドン監修『未確認飛行物体の科学的研究』（第一巻）本の風景社（二〇〇三）

米下院科学および宇宙航行学委員会編『米下院UFOシンポジウム』本の風景社（二〇〇三）

エドワード・U・コンドン監修『未確認飛行物体の科学的研究』（第三巻）星雲社（二〇〇五）

スーザン・A・クランシー『なぜ人はエイリアンに誘拐されたと思うのか』早川書房（二〇〇六）

イロブラント・フォン・ルトビガー『ヨーロッパのUFO』星雲社（二〇〇七）

ジャン-ジャック・ヴラスコ／ニコラ・モンティジアニ著『UFOは…飛んでいる！』宝島社（二〇〇八）

ロバート・ヘイスティングス著『UFOと核兵器』環健出版社（二〇一一）

平野威馬雄編『それでも円盤は飛ぶ』高文社（一九六〇）

平野威馬雄編『これが空飛ぶ円盤だ！』高文社（一九六〇）

久保田八郎編『空飛ぶ円盤とアダムスキ』高文社（一九六九）

高梨純一『空飛ぶ円盤実在の証拠』高文社（一九七四）

高梨純一『空飛ぶ円盤騒ぎの発端』高文社（一九七四）

池田隆雄『日本のＵＦＯ』大陸書房（一九七四）
斎藤守弘『宇宙の使者』大陸書房（一九七三）
佐々木啓悟『宇宙考古学入門』大陸書房（一九七八）
中村省三編著『赤い国のエイリアン』グリーンアロー出版社（一九九〇）
中村省三編著『大謀略』グリーンアロー出版社（一九九〇）
森脇十九男監修『ＣＩＡ ＵＦＯ公式資料集成』スピリッツアベニュー（一九九〇）
渡辺大起『宇宙からの黙示録』徳間書店（一九八二）
渡辺大起監修『最後の扇』オイカイワタチ千種編集部（一九九一）
稲生平太郎『何かが空を飛んでいる』新人物往来社（一九九二）
橋野昇一『日本の地名はＵＦＯ飛来の記録！』たま出版（一九九七）
楓月悠元『全宇宙の真実‐来たるべき時に向かって』たま出版（一九九八）
濱田政彦『彼らはあまりにも知りすぎた』三五館（一九九八）
浜田政彦『人類を操る異次元の暗黒宇宙人』徳間書店（二〇〇九）
森脇十九男『ＵＦＯ公式資料集』環健出版社（二〇〇九）
吉田司雄編著『オカルトの惑星』青弓社（二〇〇九）

✣ＵＦＯ関係雑誌・自費出版

『バンビ・ブック』「空飛ぶ円盤なんでも号」朝日新聞社（一九五八）
コズモ出版社『ＵＦＯと宇宙‐コズモ』
『地球ロマン 復刊2号 総特集・天空人嗜好』絃映社（一九七六）
『ワンダラー通信』近江出版、一九八六年一〇月一〇日発行Vol. 9
『地球外知性痕跡探索』天宮清（一九九三）
盛田信雄『地球外仮説の可能性』（一九九三）
荒井欣一自分史『ＵＦＯこそわがロマン』

✣ＵＦＯ研究団体機関誌・出版物・団体内部発行物・個人的発行物

※団体機関誌は誌名のみとした。

日本空飛ぶ円盤研究会『宇宙機』
日本空飛ぶ円盤研究会『1977年UFO年鑑』
近代宇宙旅行協会『空飛ぶ円盤情報』
日本UFO科学協会『世界UFO特別情報』
日本空飛ぶ円盤研究グループ『UFO News Digest』
宇宙友好協会『空飛ぶ円盤ニュース』
宇宙友好協会『宇宙友好協会（CBA）の歩み』
宇宙友好協会『空飛ぶ円盤ダイジェスト』
CBA科学研究部門『ジュニアえんばんニュース』
トクナガ・ミツオ「CBA特別情報（一九五九年一一月）」
宇宙友好協会「ウィークリー・ザ－サン－キングダム」
CBAインターナショナル「CBA速報」（一九七〇）
CBAインターナショナル『UFO News－寺院と円盤特集号』（一九七三）
CBAインターナショナル『UFO News』（一九七四）
レイ、レクス・スタンフォード『地軸は傾く』宇宙友好協会（一九五九）
ジョージ・H・ウィリアムスン『宇宙交信機は語る』宇宙友好協会（一九八〇）
ジョージ・H・ウィリアムスン『宇宙語・宇宙人』（一九六一）
日本UFO研究会『JUFORA』
日本宇宙現象研究会『UFO Information』
日本宇宙現象研究会『未確認飛行物体』
『UFO科学論壇文集』上海UFO探索中心（二〇〇七年七月）

✣内外UFO大会・シンポジウム報告書

JDC近未来大学叢書『20世紀最大のミステリーUFO』
『世界UFO大会――資料集』中国・大連（二〇〇五）
『宇宙とUFO国際シンポジウム報告書及び会議録』（一九九〇）

『宇宙&UFO国際会議報告書』コスモアイル羽咋（一九九七）

✣ 一般書籍・雑誌

金田一京助訳『アイヌ聖典』世界文庫刊行会（一九二三）
『The National Geographic Magazine』一九五〇年一二月号
セ・バルタス著『ファチマの牧童』光明社（一九七九）
『聖書』日本聖書協会（一九七四）
中山和敬『大神神社』学生社（一九八二）
角田義治著『現代怪火考』（一九七九）
世界神話伝説大系『北アメリカの神話伝説』名著普及会（一九八〇）
中富信夫著『アメリカ宇宙開拓史』新潮文庫（一九八四）
『日本書紀（下）全現代語訳』講談社学術文庫（一九八八）
カール・ヤスパース『精神病理学原論』みすず書房（一九八八）
『Bart』集英社（一九九七年四月一四日号）

著者略歴

天宮 清（あまみや・きよし）

１９４４年10月27日、神奈川県鶴見に生まれる。その2か月前、母親がほうき星のような光体が筑波山のふもとに降下するのを目撃した。１９５５年、滝ノ川第四小学校4年のとき、級友から「円盤が近所の電柱に降下してきた」という話を聞く。中学2年の入院中、円盤の小説を書く。

１９６０年春、弟から平野威馬雄著『それでも円盤は飛ぶ』を見せられて、すぐに三省堂書店へ行き『これが空飛ぶ円盤だ』『空飛ぶ円盤実見記』『我々は円盤に乗った』『地軸は傾く』などを購入。ＣＢＡ発行の宇宙シリーズで月刊『空飛ぶ円盤ニュース』を知り、ＣＢＡに入会した。

１９６１年8月27日、東京有楽町でウィリアムスン講演会に参加。8月30日夜、弟に教えられて初めて自宅2階窓から空飛ぶ円盤を目撃し、ＣＢＡに弟が撮影した写真とともに報告した。その後も各種のＵＦＯを目撃、ＣＢＡに報告し『空飛ぶ円盤ニュース』にも掲載される。

１９６１年11月8日、初めてＣＢＡ学生会員の会合に出席。ＣＢＡ学生サークルの会合に出て自分の集めたＵＦＯ資料を手にして説明。そのあと『空飛ぶ円盤ニュース』萩原新八編集長より手紙をもらい、ＣＢＡの研究者向け機関誌『空飛ぶ円盤ダイジェスト』に向けた原稿執筆に着手。弟と行った月面観測上の記録を中心に「天文学からみたＵＦＯ」を書き、１９６２年1月号『空飛ぶ円盤ダイジェスト』に掲載された。その後、本部員の河合浩三氏の指導の下、印刷や編集について学び、『空飛ぶ円盤ダイジェスト』の編集と印刷に従事する。京都の三上晧造編集長からもＵＦＯ研究と原稿執筆上の指導を受ける。ＣＢＡ松村最高顧問の指示により、１９６４年5月号から『空飛ぶ円盤ダイジェスト』編集長を任命され１９６６年まで編集長を務める。その間、学業と家業の継続が不規則となり、やむを得ず学業は放棄。蔵前工業高校定時制3年で退学する。

１９７０年6月のハヨピラ儀式を境目として、宇宙組織に対するＣＢＡ会員の立場が変わり、ＣＢＡは初期の目的を達成したとして解散を宣言した。

１９７５年より天宮一家は奈良県天理市に移り、杉山繊維工業の宿舎を拠点に子育てとＵＦＯ観測、スライド作品制作とそれを見る天理高校二部生を相手にした啓蒙活動を展開する。

１９８９年10月より個人ＵＦＯ研究誌『ＵＦＯ Researcher』を発行。２０１１年まで続ける。その間、１９９４年北京における「亜太地区ＵＦＯ資料展示・学術交流会」に参加するなど、台湾と中国のＵＦＯ大会に何度か参加した。

２０１１年2月5日に娘が心肺停止により病院に搬送され、以後植物状態となって長期入院することとなる。その入院先に妻と毎日通う過程で、新たなＵＦＯ目撃撮影や印刷通販による冊子（『ＵＦＯの正しい知識を求めて』『現代日本のＵＦＯ目撃』『日本における神火』『アイヌ文化神オキクルミカムイに学ぶもの』『宇宙に導かれた日本人の記録』『地球外技術の外観』）の制作を行う。

またそれらを全国に送る過程で、アイヌ文化とＣＢＡの関係を研究している九州大学・太田好信教授と接触。太田教授の要請により、２０１６年10月13日九州大学比較社会文化・言語文化研究院棟４０２号室において「１９５０年代〜１９７０年代の日本社会におけるＣＢＡを含めたＵＦＯ研究団体の状況と活動について」の講演を行った。

さらにその延長で、２０１８年10月28日、太田好信教授とともに北海道沙流《さる》郡平取町《びらとりちょう》沙流川《さるがわ》歴史館講座に講師として参加し、「ＣＢＡによるハヨピラ建設をふりかえる」という演題で講演を行った。

著書に『天空人伝承〜地球年代記〜』（山岡徹・山岡由来著、たま出版、１９９９年）がある。山岡徹、山岡由来は筆者と妻のペンネーム。

著者プロフィール

天宮 清（あまみや・きよし）

1944年10月27日、神奈川県鶴見に生まれる。

1961年8月27日、東京有楽町でウィリアムスン講演会に参加。8月30日夜、弟に教えられて初めて自宅2階窓から空飛ぶ円盤を目撃し、CBAに弟が撮影した写真とともに報告した。その後も各種のUFOを目撃、CBAに報告し『空飛ぶ円盤ニュース』にも掲載される。

1961年11月8日、初めてCBA学生会員の会合に出席。CBA学生サークルの会合に出て自分の集めたUFO資料を手にして説明。

1964年5月号から『空飛ぶ円盤ダイジェスト』編集長を任命され1966年まで編集長を務める。

1970年6月のハヨピラ儀式を境目として、宇宙組織に対するCBA会員の立場が変わり、CBAは初期の目的を達成したとして解散を宣言した。

1989年10月より個人UFO研究誌『UFO Researcher』を発行。2011年まで続ける。その間、1994年北京における「亜太地区UFO資料展示・学術交流会」に参加するなど、台湾と中国のUFO大会に何度か参加した。

著書に『天空人伝承～地球年代記～』（山岡徹・山岡由来著、たま出版、1999年）がある。山岡徹、山岡由来は筆者と妻のペンネーム。（より詳しいプロフィールは449頁の著者略歴を参照）

日本UFO研究史
UFO問題の検証と究明、情報公開

●

2019年1月23日　初版発行

著者／天宮 清

装幀／吉原敏文
編集／高橋聖貴
デザイン・DTP／山中 央

発行者／今井博揮
発行所／株式会社ナチュラルスピリット
〒101-0051 東京都千代田区神田神保町3-2　高橋ビル2階
TEL 03-6450-5938　FAX 03-6450-5978
E-mail　info@naturalspirit.co.jp
ホームページ　http://www.naturalspirit.co.jp/

印刷所／モリモト印刷株式会社

ISBN978-4-86451-289-3　C0011
落丁・乱丁の場合はお取り替えいたします。
定価はカバーに表示してあります。